Sprache und Mathematik in der Schule

Peter Gallin

Urs Ruf

Sprache und Mathematik in der Schule

Auf eigenen Wegen zur Fachkompetenz

Illustriert mit sechzehn Szenen aus der Biographie von Lernenden

Kallmeyersche

Die Deutsche Bibliothek – CIP-Einheitsaufnahme

Gallin, Peter:
Sprache und Mathematik in der Schule : auf eigenen Wegen zur Fachkompetenz / Peter Gallin ; Urs Ruf : Kallmeyer, 1998
ISBN 3-7800-2014-9

Impressum
Peter Gallin/Urs Ruf. Sprache und Mathematik in der Schule.
Auf eigenen Wegen zur Fachkompetenz. Illustriert mit sechzehn Szenen aus der Biographie von Lernenden

Durchgesehene Ausgabe für die Bundesrepublik Deutschland und für Österreich
(Originalausgabe 1990; ISBN 3-85809-071-9)
Druck: Jütte Druck, Leipzig. Printed in Germany
ISBN 3-7800-2014-9

Für Bernhard, Bruno, Christina, Christoph, Claudio, Cyrille, Fränzi, Gaby, Jean, Jonas, Luc, Manuel, Manuela, Martina, Oliver, Pascal, Patrick, Sabina und Valeria

Inhalt

Rückschau. Sprache und Lernen

Ausblick. Relativistisches Denken – auch in der Pädagogik

Anhang

Hinweise zum Weiterlesen

Wie es zu diesem Buch gekommen ist

Was kann einen Mathematiker und einen Germanisten dazu bringen, zehn Jahre intensiv zusammenzuarbeiten und darüber sogar ein Buch zu schreiben? Die Antwort ist in unserem Fall sehr einfach: Es ist nicht in erster Linie das Interesse am Fach des andern, es ist, so paradox das klingt, die Liebe zum eigenen Fach. Sie hat uns vor zehn Jahren zusammengeführt, sie hat unsere gemeinsame Arbeit begründet, und sie hat die Distanz zwischen unseren gegensätzlichen Wissenschaften aufgehoben.

Ein vorerst ganz privater Dialog

Die Fächer Mathematik und Sprache liegen in der Empfindung der meisten Menschen weit auseinander. Man muß sich schon recht geduldig und beharrlich in der Kunst des Zuhörens üben, wenn man trotz der großen Unterschiede in der Denkweise der beiden Wissenschaften miteinander ins Gespräch kommen will. Aber es lohnt sich! Der Dialog zwischen weit voneinander entfernten Polen wirkt befruchtend und befreiend, wenn die Partner einander als gleichwertig akzeptieren und sich die Mühe nehmen, sich in die Sprech- und Denkweise des Gegenübers einzuleben und einzuarbeiten. Oft ist ein beträchtlicher Aufwand an mündlicher und schriftlicher Kommunikation nötig, um sich über einen vergleichsweise einfachen Sachverhalt verständigen zu können.

Geht es den Schülern nicht ähnlich? Wenn es schon schwierig ist, daß zwei Lehrer verschiedener Fachrichtungen sich über ein Thema aus ihrem Fachgebiet verständigen können, wie viel schwieriger muß es da für einen Schüler sein, seinen Lehrer zu verstehen. Die Schüler müssen nicht nur die Distanz zwischen ihrer Sprache und den verschiedenen Sprachen der Lehrer überwinden, es besteht auch noch eine Distanz im Alter, in der sozialen Stellung, in der Rolle und in den Erfahrungen. Aus solchen Distanzen kein Wertgefälle abzuleiten, das ist der Kern dessen, was wir aus unserem vorerst ganz privaten Dialog gelernt haben. Wenn uns heute ein Schüler etwas Unverständliches mitteilt, halten wir die unwirsche Reaktion des Fachmanns für einen Augenblick zurück. Wir erinnern uns an unsere eigenen Dialoge: „Hat das, was mein Kollege aus der Germanistenzunft neulich über Brüche gesagt hat, in meinen Ohren nicht ähnlich wirr geklungen?" Oder: „Haben mich Aussagen über Gedichte, wie sie mein Mathematikerkollege gemacht hat, nicht schon ähnlich entsetzt?" Nicht selten enthalten scheinbar widersprüchliche und unverständliche Aussagen eines Laien Keime für Entdeckungen, die sogar den Fachmann überraschen können. Solche Keime können sich aber nur dann entfalten, wenn der Mathematiker, der sich im Fachgebiet des Germanisten exponiert, oder der Germanist, der sich an ein mathematisches Problem heranwagt, als Gesprächspartner ernst genommen und in seiner Unbeholfenheit nicht bloßgestellt wird.

Unbehagen im Deutsch- und Mathematikunterricht

Der Versuch, Schule mehr aus der Optik der Schüler wahrzunehmen und ihren Beiträgen mehr Bedeutung beizumessen, war vorerst einmal nur Ausdruck eines vagen Unbehagens. Der Germanist fühlte sich in seinem Unterricht durch den 45-Minuten-Takt des Stundenplans und durch die starren Fachgrenzen mehr und mehr eingeengt. Sobald das

Interesse der Schüler für einen bestimmten Gegenstand einmal geweckt war und eine intensive Auseinandersetzung hätte beginnen können, läutete die Glocke. Beim Unterrichten kam er sich vor wie ein Bus-Chauffeur, der sein Gefährt mit dem Anlasser in Fahrt halten muß, weil der Motor nie anspringt. Der Mathematiker dagegen ärgerte sich darüber, daß die Schüler in seinem Fach zwar willig auf alle Prüfungen lernten, daß sie aber vieles wieder vergaßen, sobald es nicht mehr gebraucht wurde. Mathematik war für sie ein reines Handwerk, das man ohne große innere Anteilnahme betreibt: Hauptsache, man weiß, welche Formel man in welchem Moment nehmen muß.

Erst im Rückblick ist es uns klar geworden, daß die unterschiedlichen Schwierigkeiten, mit denen wir in unseren Fächern kämpfen, eine gemeinsame Wurzel haben. Die Wirkung, die vom Stoff ausgeht, ist offenbar in beiden Fächern zu gering. Der Stoff vermag kein konstantes und dauerhaftes Engagement der Schüler zu erzeugen. Weder Mathematik noch Sprache wecken Neugierde und Liebe. Wo liegen die Ursachen?

Man könnte sich die Antwort leicht machen, und man wäre der Zustimmung von allen Seiten sicher: Die Schüler sind eben noch nicht reif genug, sie müssen zuerst harte Fronarbeit leisten, bevor ihnen aufgeht, wie schön, klar und zwingend einfach ein Gedicht von Goethe oder eine Formel von Einstein sein kann. Oder: Der Erwerb von Grundkenntnissen ist eben immer eine eintönige Sache; nur wer sich da durchbeißt, wird später belohnt. Schuld sind also die Schüler oder der Stoff. Wir sind anderer Meinung.

Die Sicht der Schüler

Es liegt weder am Stoff noch an den Schülern, wenn Sprache oder Mathematik keine LIEBE zu wecken vermögen; es liegt am Unterricht. Das wird deutlich, wenn man sich in die Optik der Schüler einzuleben versucht. Mathematik erfahren sie als abgeschlossenes Formelgebäude, das von ihren individuellen Regungen und Handlungen unberührt bleibt. Eigenes ist nicht gefragt. Wozu sich also engagieren? Man handelt nach Vorschrift und kommt so ungeschoren davon. Anders im Deutschunterricht: Hier wird man von Texten zwar direkt angesprochen, man muß mündlich und schriftlich Position beziehen. Eigenes ist gefragt, es wird aber laufend kritisiert, korrigiert und entwertet. An dieser Stelle berühren sich die Erfahrungen der Schüler in Deutsch und Mathematik: In beiden Fächern werden sie als Person nicht ernst genommen. Ihre individuellen Erlebnisse im Umgang mit dem Stoff beeinflussen den Unterricht nur am Rand. Schlimmer noch: Solche Erlebnisse stören den vom Lehrer organisierten Lernprozeß. Schiebt sie der Schüler nicht beiseite, verliert er den Anschluß. Wer dem Lernprogramm folgen will, muß Individuelles ausklammern. Wo soll die Liebe zur Sache, ohne die es keine Bildung gibt, Fuß fassen?

Ist aber ein Unterricht denkbar, der individuelle Erlebnisse nicht ins Abseits stellt? Darf die Beziehung der Schüler zum Stoff sogar ins Zentrum rücken? Vermag das Basiswissen aus den Fächern Deutsch und Mathematik die Schüler so anzusprechen, daß sie ihren Lernprozeß selber in die Hand nehmen? Sind Schüler dazu überhaupt in der Lage? Und verlieren die Lehrer nicht die Übersicht?

Erste Erfahrungen und Experimente mit Gymnasiasten haben uns ermutigt, solche Fragen zu stellen und positiv zu beantworten. In mehreren Unterrichtsprojekten hatten wir Gelegenheit, gemeinsam in Klassen zu unterrichten. Häufig lieferte dabei die Mathematik den Stoff; immer aber kam auch das Fach Deutsch zum Zug: Der Mathematikunterricht war immer auch vollumfänglich Sprachunterricht. Immer wieder haben wir uns bei der Gestaltung des Unterrichts an den folgenden Leitfragen orientiert: Was können und wissen die Schüler denn eigentlich schon? Was spielt sich in ihren Köpfen und Herzen ab, wenn wir ihnen den Stoff vermitteln? Wie und mit welchen Mitteln können Schüler und Lehrer sich gegenseitig über Differenzen und Übereinstimmungen im Verständnis bestimmter Sachverhalte informieren?

Alle Schüler, denen es gelungen ist, negative Erlebnisse aus ihrer Schulzeit zu verarbeiten und Vertrauen in ihr eigenes Denken und Handeln zu gewinnen, zeigten eine deutliche LEISTUNGSSTEIGERUNG. Wir konnten beobachten, wie mit dem Selbstvertrauen immer auch die Selbständigkeit wuchs. Regelmäßig kam es zu Beginn einer Lernphase zu einer Verlangsamung im fachlichen Fortschreiten: Eigene Wege und Irrwege in einem fremden Fachbereich abzuschreiten, erfordert Zeit und Geduld. Ebenso regelmäßig aber kam es nach solchen Anlaufphasen zu einer ungewöhnlichen Beschleunigung: Die Schüler drangen aus eigener Kraft in Stoffbereiche vor, die üblicherweise oft erst zwei oder drei Jahre später behandelt werden. Einmal erarbeitetes Wissen blieb über lange Zeit aktiv oder konnte zumindest durch eigenes Nachdenken und Nachforschen wieder in die Erinnerung zurückgerufen werden. Dabei haben wir entdeckt, wie wichtig es ist, daß Schüler beim Lernen Texte verfassen. Die Sprache, die in der Erlebniswelt der Schüler verankert ist, ist überaus leistungsfähig; und die mathematischen Sachverhalte sind weitaus dehnbarer, als ihr wissenschaftlich starres Gewand es vermuten läßt. Schüler sind in der Lage, auch die verwickeltesten Sachverhalte ohne Einbuße an Genauigkeit in eine Gestalt zu bringen, die sie attraktiv und verständlich macht. Mündliches und schriftliches Gestalten, zusammenhängendes Erzählen oder Schreiben, sind in unseren Experimenten so wichtig geworden, daß wir uns gezwungen sehen, SCHÜLERTEXTE ZUM FUNDAMENT DES UNTERRICHTS in allen Fächern zu erklären. Damit erscheint die alte Forderung, man müsse die Muttersprache in allen Fächern pflegen, in einem neuen Licht: Wenn die Schüler lernen, ihre individuelle Sprachkompetenz zu einem Instrument des Lernens zu machen, dann ist Unterricht in Mathematik oder Naturkunde immer auch Sprachunterricht.

Was im Gymnasium funktioniert, müßte eigentlich auch in der Primarschule möglich sein. Viel Leerlauf und Frustration würde vermieden, wenn die Kinder von allem Anfang an eine persönliche Beziehung zum Schulstoff aufbauen könnten. Es müßten später viel weniger Widerstände überwunden und Barrieren abgebaut werden. Solche Überlegungen und Vermutungen haben uns veranlaßt, unsere Experimente auch auf Primarschüler auszudehnen. Ein halbes Jahr vom Unterricht am Gymnasium freigestellt, hatten wir Gelegenheit, einige Schüler im Alter von sechs bis zwölf Jahren zu unterrichten und zu beobachten. Die Ergebnisse stehen im Zentrum dieses Buches. In welcher Form sich diese Erfahrungen für die Arbeit mit ganzen Klassen fruchtbar machen lassen, wurde in den Jahren 1988 bis 1990 in einem Schulprojekt der Pädagogischen Abteilung der Erziehungsdirektion Zürich erprobt (vgl. Hinweise Seite 219).

Eine andere Haltung

Verglichen mit der konventionellen Praxis des Unterrichtens, könnten unsere pädagogischen Ansätze als RELATIVISTISCH bezeichnet werden: Den absoluten Standort des Lehrers, der den Lernprozeß der ganzen Klasse zentral steuert und regelt, haben wir aufgegeben.

Es gibt beliebig viele Standorte, von denen aus man sich dem Fachwissen nähern kann. Sie sind alle gleichberechtigt. Jeder Schüler lernt also auf seinen eigenen Wegen. Aufgabe des Lehrers ist es, festzustellen, wo jeder Schüler steht; jeder Schüler muß von seinem Standort aus in einen privaten Dialog mit dem Stoff eintreten können. Die Sprache, in ihrer mündlichen und in ihrer schriftlichen Form, spielt dabei eine Schlüsselrolle. Nur wenn der Lehrer ernst nimmt, was der Schüler sagt und schreibt, kann er dessen Standort ausfindig machen; und nur wenn der Schüler mündlich und schriftlich über seine Auseinandersetzung mit dem Stoff berichtet, kann ihm der Lehrer tatsächlich weiterhelfen.

Weil die Lerninhalte nicht mehr in einer absoluten Sprache fixiert sind – der Sprache des Lehrers und des Lehrbuchs –, sondern von Fall zu Fall neu formuliert werden müssen, erscheint Sprache in ihrer ursprünglichsten Form: als GESPRÄCH. Unterricht ist Gespräch zwischen Lehrern und Schülern und zwischen Menschen und Stoffen. Jeder äußert sich dabei in seiner eignen Sprache; und alle Sprachen stehen gleichberechtigt nebeneinander: Die Sprachen der Lehrer neben den Sprachen der Schüler, fachsprachliche Höchstleistungen neben unbeholfenem Schülergekritzel.

Im Zentrum dieses Buches stehen Szenen aus dem Unterricht: Wir beobachten einzelne Schüler beim Lernen, begleiten sie ein Stück weit auf den verschlungenen Wegen und Irrwegen ihres Lernens und Erkennens und wollen erfahren, wie und wo wir als Lehrer in diese Lernprozesse eingreifen dürfen und müssen. Wie sieht jeder einzelne Schüler die Sache? Was kann und was weiß er schon, bevor wir mit unserem Unterricht beginnen? Was für Begriffe, Strukturen und Mechanismen sind wirksam, wenn er lernt? Wie baut er neues Wissen in seine private Welt ein? Im ersten Teil dieses Buches stellen wir uns diesen Fragen unter dem Gesichtspunkt der Didaktik. Wie müssen wir den Stoff an die Schüler herantragen, damit es zu einem Dialog zwischen Eigenem und Fremden kommt? Vorhandenes darf nicht entwertet, individuelle Lernprozesse müssen gefördert werden. Im zweiten Teil zeigen wir am Beispiel von sechzehn Szenen, wie sich eine Didaktik der Kernideen in der Praxis auswirkt. Die Beispiele sprechen für sich selbst und können als unabhängige Einheiten gelesen und verstanden werden. Im dritten Teil geht es um Zusammenhänge zwischen Sprache und Lernen. Erkenntnisse der neueren Linguistik über das Sprechen, Schreiben und Verstehen werden mit der Didaktik der Kernideen in Verbindung gebracht und für den Unterricht mit größeren Schülergruppen fruchtbar gemacht. Im vierten Teil schließlich kann der Leser die didaktischen Vorschläge am eigenen Leib testen. Am Beispiel der speziellen Relativitätstheorie kann er sich nicht nur in das noch weitgehend unbekannte Weltbild der modernen Naturwissenschaften einleben, er gewinnt auch eine neue Sicht auf die pädagogische Haltung, um die es in diesem Buch geht. Den Ausblick auf verwandte Tendenzen und Strömungen eröffnet das Nachwort von Helmut Fend und Horst Sitta. Hinweise zum Weiterlesen machen aufmerksam auf Autoren und Werke, denen wir besonders wertvolle Impulse verdanken.

Was Lehrkräfte leisten können

Lehrkräfte sind Fachleute für die Vermittlung von Stoff und für die Beurteilung der Schülerleistungen. Auf der einen Seite steht der Stoff, auf der anderen Seite der Mensch; zwischen ihnen muß der Lehrer – wir denken von Fall zu Fall an einen Mann oder an eine Frau – vermitteln. Auf drei Fundamenten basiert die Kompetenz des Lehrers: auf den Wissenschaften, aus denen der Stoff der einzelnen Fächer stammt, auf der Psychologie, die ein Bild der Schülerpersönlichkeit und ihrer Entwicklung entwirft, und auf der Didaktik, die sich mit der Lehr- und Lernbarkeit des Stoffs befasst. Die Aufgabe, den Stoff nicht nur zu vermitteln, sondern auch zu prüfen, ob ihn die Schüler beherrschen, zwingt den Lehrer in eine spannungsgeladene Doppelrolle: Auch wenn er sich alle Mühe gibt, den Stoff zu präparieren und zu präsentieren, muß er feststellen, daß immer nur ein Teil seiner Schüler das anvisierte Ziel erreicht. Die übrigen sind irgendwo auf der Strecke geblieben. Natürlich bekommen die, welche die erwarteten Leistungen erbracht haben, eine gute Note; und die andern bekommen, das war immer schon so, eine schlechte Note. Damit kann man sich als Lehrer zufrieden geben: Es gibt eben intelligente und weniger intelligente Schüler.

Wer sich damit nicht abfindet, gerät bald in einen Dschungel von Fragen: Warum hat ein Teil der Klasse versagt? Waren die Prüfungsfragen falsch gestellt? Hätte ich den Stoff nicht noch verständlicher, noch anschaulicher vermitteln können? Haben wir zu wenig miteinander geübt? Sind es außerschulische Probleme, welche die Schüler belasten? Liegt es an der unterschiedlichen Vorbildung? Und schließlich: Sind es tatsächlich die intelligenten Schüler, welche die guten Noten erzielt haben?

Wie immer eine Lehrkraft diese Fragen auch beantwortet, sie sieht sich vor eine Entscheidung gestellt, die ihr neue Probleme schafft: Wie soll es weitergehen? Wendet sie sich den schwachen Schülern zu, langweilen sich die guten. Schreitet sie unbeirrt voran im Schulprogramm, verliert ein Teil seiner Klasse den Anschluß. Entscheidet sie sich für ein gemächlicheres Tempo, wird sie den Besten und den Schlechtesten nicht gerecht. Mit einiger Erfahrung und etwas organisatorischem Geschick läßt sich hier eine akzeptable Lösung finden; das Hauptproblem schafft man aber nicht aus der Welt: Leistet wirklich jeder Schüler das, was er leisten könnte? Fördert der Unterricht alle in gleicher Weise, oder behindert er gar einige? Wie abhängig sind die Schülerleistungen von der Leistung des Lehrers? Ergäbe ein anderer Unterricht ein anderes Leistungsbild der Klasse? Trägt wirklich nur der Schüler die Verantwortung für seinen Leistungsstand? Was also wird mit den Noten gemessen? Welche Schlüsse darf man aus einer mißratenen Prüfung ziehen? Werden die richtigen Schüler selektioniert?

Wer so fragt, dem wird die Doppelrolle des Lehrers zur Qual. Je mehr sich ein Lehrer bemüht, die individuellen Leistungen seiner Schüler gerecht zu bewerten und seine Urteile differenziert zu begründen, desto höhere Anforderungen muß er an seinen Unterricht stellen. Es wird ihm immer bewußter, wie verschieden die Schüler sind, denen er seinen Stoff vermittelt, und er wird seine Lektionen immer differenzierter gestalten, um möglichst alle zu erreichen. Dabei stößt er früher oder später an Grenzen: Es ist unmöglich, einen Stoff so zu vermitteln, daß zwanzig Individuen angesprochen sind und auf dem vorgegebenen Weg und im vorgegebenen Tempo über längere Zeit mithalten können und wollen. Trotz hohem Aufwand ist der Ertrag gering. Ob da wohl nur noch der Privatunterricht als Ausweg offen bleibt?

Der Lehrer steht zwischen dem Stoff und seinen Schülern. Beide Pole beanspruchen ihn um so stärker, je intensiver er sich mit ihnen befaßt. Das handliche und schematische Schülerbild, das ihm die Psychologie mit auf seinen Weg gegeben hat, füllt sich mit Leben, wird immer farbiger, interessanter und verwirrender. Schließlich glaubt er, für jeden Schüler ein eigenes Lernprogramm entwickeln zu müssen. Weil er aber mit jedem neuen Lernproblem gezwungen wird, seine Lektionen neu zu überdenken, dringt er auch immer tiefer ins Stoffgebiet ein. Tiefere Einblicke in den Stoff eröffnen neue didaktische Möglichkeiten und führen zu neuen Unterrichtserfolgen. Das ermutigt ihn, Hoffnung zu hegen für Schüler, die bisher nicht auf seinen Unterricht angesprochen haben. Er lernt neue individuelle Wege des Lernens kennen und vertieft sich erneut in den Stoff, um ihn unter einem neuen Gesichtspunkt zu erforschen und ihn in einem neuen Licht zu präsentieren. Immer hektischer bewegt er sich zwischen dem Stoff und den Schülern, getrieben vom Gefühl, beiden Seiten immer weniger gerecht werden zu können. Neues Wissen führt zu neuen Fragen. Grundlegende Axiome der Unterrichtspraxis geraten ins Wanken. Ein Mechanismus, der zwangsläufig in Überforderung und Frustration mündet.

Muß das so sein? Gibt es keinen Ausweg aus dieser Sackgasse? Was macht der engagierte Lehrer, der an seinem Vermittlungsauftrag scheitert, falsch? Warum überfordert er sich? Die Antwort ist erschreckend einfach: Er überfordert sich, WEIL ER SICH ALLES UND DEN SCHÜLERN NICHTS ZUTRAUT. Er überschätzt die Wirkung seiner Lektionen und gibt seinen Schülern zu wenig Gelegenheit, den Stoff auf ihre Weise anzupacken und zu verarbeiten.

Diese Einsicht ist befreiend. Sie entlastet den Lehrer vom Zwang, es allen recht machen zu müssen, und eröffnet neue Möglichkeiten des Unterrichtens. Dabei geht es nicht in erster Linie um neue Rezepte, sondern um neue Einstellungen gegenüber dem Stoff und gegenüber den Menschen, die am Unterricht beteiligt sind. Solange der Lehrer an der irrigen Meinung festhält, er müsse alle Fäden in der Hand halten und das gesamte Geschehen im Unterricht lenken, verwandelt sich das Lernen immer mehr in ein verwickeltes Marionettenspiel. Alle Unterrichtshilfen, alle Lehrbücher und alle didaktischen Ratschläge helfen nichts; im Gegenteil: Sie beschleunigen den Teufelskreis der Überforderung und steigern das Gefühl des Ungenügens. Es muß sich schon in den tieferen Schichten der Lehrerpersönlichkeit etwas ändern: in den Haltungen und Einstellungen, die unbemerkt seine Wahrnehmung und sein Handeln steuern und die kaum je zur Diskussion gestellt werden. Diese anvisierte neue Grundhaltung wird in der folgenden Tabelle konkretisiert und plakativ in Kontrast gesetzt zu Einstellungen der gängigen Unterrichtspraxis.

Faßt sich der Lehrer nicht mehr als Drehscheibe aller Lernvorgänge auf, braucht ihn die Individualität seiner Schüler nicht mehr zu belasten. Die Schwerpunkte des Unterrichts verlagern sich. Weil der Lehrer unmöglich jedem einzelnen gerecht werden kann, müssen die Schüler das Lernen zu ihrer eigenen Sache machen. Sie übernehmen Verantwortung. Ihre individuellen Aktivitäten gewinnen einen hohen Stellenwert. Der Lehrer hört zu, beobachtet und versucht zu verstehen. Wenn man akzeptiert, daß jeder Mensch auf eigenen, nicht vorhersehbaren Wegen lernt, wird der Dialog zwischen prinzipiell gleichberechtigten Partnern zur Basis des Unterrichts.

Diese Änderungen in der Grundhaltung des Lehrers haben Änderungen in der Grundhaltung der Schüler zur Folge. Sie sind Voraussetzungen dafür, daß die Schüler eine aktive Rolle beim Erarbeiten und Ausdifferenzieren des Stoffs übernehmen und ihre Lernwege in eigener Verantwortung beschreiten können.

Grundhaltungen von Lehrern

Alle Erwartungen werden in die Lehrperson gesetzt	*Auch dem Stoff und den Schülern wird etwas zugetraut*
Grundhaltung beim Studium des Lehrmittels	
• Die bürden uns jedes Jahr mehr Stoff auf.	• Das ist ja verwirrend, diese Fülle von Details.
• Wie viele Seiten muß ich pro Woche durchnehmen?	• Läßt sich der Stoff nicht auf wenige Kernideen reduzieren?
Grundhaltung bei der Planung einer Einführungslektion	
• Wie könnte ich die Schüler für dieses Stoffgebiet motivieren?	• Was fasziniert mich persönlich an diesem Stoffgebiet?
• Was muß ich durchnehmen?	• Was ist der Witz der Sache?
• Ich muß die Schüler Schritt für Schritt vom Einfachen zum Komplizierten führen.	• Ich muß den Schülern eine einfache Idee vom ganzen Stoffgebiet vor Augen stellen.
• Ich weiß, wie ich den Stoff präparieren muß, damit er für die Schüler gut und bekömmlich ist.	• Ich will den Schülern zeigen, wie der Stoff für mich gut und bekömmlich geworden ist.
Grundhaltung im Unterrichtsgespräch	
• Ich fordere die Schüler auf: Folgt mir nach!	• Ich ermuntere jeden Schüler: Geh du voran!
• Vor welchen Fallen und Fußangeln muß ich die Schüler bewahren?	• Welche Erfahrungen und Einsichten können die Schüler im Stoffgebiet gewinnen?
• Wie muß ich sprechen, damit mich alle Schüler verstehen und meinen Gedanken folgen können?	• Wie kann ich dem Stoff eine Chance geben, jeden einzelnen Schüler anzusprechen?
• Welche Lösungsmuster müssen von allen Schülern eingeübt werden?	• Wie findet jeder Schüler den Weg, der ihn am schnellsten zum Ziel führt?
Grundhaltung bei der Beratung einzelner Schüler	
• Wie ist das Problem im Lehrbuch gelöst?	• Wie gehe ich persönlich mit diesem Problem um?
• Ich erkläre ihm, wie man das macht.	• Ich will wissen, was er bis jetzt gemacht hat.
• Irrwege sind zu vermeiden: „Das macht man aber nicht so!"	• Irrwege interessieren mich: „Auf diese Idee wäre ich nicht gekommen!"
• Hat er mich verstanden?	• Habe ich ihn verstanden?
Grundhaltung beim Korrigieren	
• Wie weit ist der Schüller von der richtigen Lösung entfernt?	• Was hat der Schüler aus der Aufgabe gemacht?
• Wie groß ist das Defizit?	• Was für Qualitäten sind vorhanden?
• Eine sehr gute Leistung ist fehlerfrei.	• Trotz vieler Fehler kann eine Leistung sehr gut sein.

Grundhaltungen von Schülern

Der Schüler versteht sich als Objekt der Aktivitäten des Lehrers	*Der Schüler übernimmt Verantwortung für den Lernprozeß*
• Ich warte ab, was der Lehrer mit mir vor hat.	• Ich will wissen, wie es im neuen Sachgebiet aussieht.
• Ich weiß so vieles nicht, und das lähmt mich.	• Das, was ich weiß, ermutigt mich, weiterzuforschen.
• Was will der Lehrer von mir?	• Wie ist das nun mit diesem Stoff?
• Was für Aufgaben muß ich lösen?	• Wo habe ich Probleme? Wie soll ich sie anpacken?
• Ich muß vor dem Lehrer verstecken, was ich nicht weiß und nicht kann.	• Ich will dem Lehrer erklären, was ich entdeckt und begriffen habe.
• Ich darf diese Regel ja nicht vergessen oder verwechseln.	• Ich will wissen, wie dieses System funktioniert.
• Was ich von mir gebe, darf nicht falsch sein.	• Was ich von mir gebe, muß von mir untersucht und bearbeitet werden.
• Hoffentlich hat niemand etwas auszusetzen an dem, was ich gesagt und gemacht habe.	• Ich will wissen, was meine Kameraden darüber denken und wie der Lehrer es sieht.

Fassen wir zusammen: Der Lehrer ist überfordert, wenn er sich ernsthaft bemüht, der gängigen Vorstellung der Stoffvermittlung zu genügen. Auf der einen Seite steht der Stoffberg, auf der andern Seite stehen zwanzig Schüler. Der Lehrer sollte nun Stück für Stück von diesem Stoffberg abtragen, schülergerecht präparieren und in Portionen verabreichen, die zwanzig verschiedenen Mägen bekömmlich sind. Dieser Auftrag ist unlösbar: Selbst wenn er alle Kräfte mobilisiert, kann der Lehrer weder dem Stoff noch den Schülern gerecht werden. Erst eine Änderung der Einstellung gegenüber dem Stoff und den Schülern schafft die Voraussetzung für einen Unterricht, in dem Schüler aller Begabungsrichtungen auf ihre Rechnung kommen.

1. Wir fassen die Schüler nicht als Objekte einer Stoffvermittlung auf, sondern als eigenständige Wesen, die auf ihren eigenen, oft unvorhersehbaren Wegen lernen.
2. Wir fassen den Stoff nicht als unpersönliches Gebilde auf, das Druck erzeugt und Angst macht, sondern als dialogfähiges Gegenüber, das jedem Gesprächspartner in einer etwas anderen Gestalt erscheint.

Akzeptiert man diese beiden Grundeinstellungen, hat das nicht nur Konsequenzen für die Unterrichtsgestaltung, sondern auch für die Aus- und Weiterbildung der Lehrer. Die private Beziehung, die jeder einzelne Lehrerstudent zu den Lehrstoffen aufgebaut hat, rückt in den Brennpunkt des Interesses. Nur ein Lehrer, der in einem lebendigen und persönlich gefärbten Dialog mit den Unterrichtsstoffen steht, kann den Schülern helfen, ebenfalls solche Beziehungen aufzubauen. Nicht als neutraler Übermittler von Stoff wird der Lehrer seinem Auftrag gerecht, sondern als Vorbild: Am Beispiel ihres Lehrers oder ihrer Lehrerin können die Schüler erleben, wie ein Stoff in einer Person gebrochen wird und dadurch ein menschliches Gesicht erhält.

Wo stehen die Schüler?

Kein Zweifel, tritt ein Kind neu in die Schule ein, hat es das Gefühl, dort abgeholt zu werden, wo es steht. Die Lehrperson wendet sich ihm freundlich zu, fragt es nach seinem Namen, seiner Herkunft und seinen Lieblingsbeschäftigungen. Aber dieser Zustand ist von kurzer Dauer. Schon nach wenigen Tagen wendet sich das Blatt. Alle Kinder sind ausgerüstet mit den gleichen Instrumenten: Schreibutensilien, Hefte, Arbeitsblätter, Schulbücher. Jetzt beginnt der eigentliche Unterricht. Alle Schüler konzentrieren sich auf den Lehrer, der den Stoff vorträgt; alle bemühen sich, den Lehrer zu verstehen und alles so zu machen, wie er es verlangt. Die Frage „Wo stehen die Schüler?" ist aus dem Blickfeld verschwunden. Wer in der Schule Erfolg haben will, muß sich an einer anderen Frage orientieren: „Wo steht der Lehrer?" Sein Denken, seine Bewegungen und seine Sprache sind das Maß aller Dinge, die im Schulzimmer wichtig sind. Wer den Lehrer nicht versteht, verliert die Orientierung; seine Chance, einen Zugang zum Stoff zu finden, schwindet.

Aber auch einem Schüler, der den Lehrer gut versteht, kann der Stoff fremd bleiben. Er weiß zwar, was der Lehrer von ihm will, und er funktioniert richtig, wenn er einen Text schreibt oder eine Rechenaufgabe löst, aber von Sprache oder Mathematik versteht er trotzdem nichts. Die Schulfächer haben außerhalb des Schulzimmer keine Bedeutung für ihn; nur in Bezug zum Lehrer sind sie wichtig. Das Einmaleins oder die Rechtschreibung sind keine Themen für Privatgespräche unter Grundschülern. Je länger die Schulzeit dauert, desto größer wird die Distanz zwischen dem Schulstoff und dem, was die Schüler bewegt. Wohin das führt, zeigt ein Beispiel aus dem Alltag des Gymnasiums.

Nehmen wir die Klasse G4c. Sie hat am Mittwochmorgen zuerst eine Stunde Deutsch, dann eine Stunde Mathematik. Der Deutschlehrer will mit der Klasse das folgende berühmte Gedicht von Goethe besprechen:

> *Wanderers Nachtlied*
> Über allen Gipfeln
> Ist Ruh,
> In allen Wipfeln
> Spürest du
> Kaum einen Hauch;
> Die Vögelein schweigen im Walde.
> Warte nur, balde
> Ruhest du auch.

Er trägt der Klasse das Gedicht vor und läßt es auf sie wirken, ohne die Schülerinnen und Schüler durch Hintergrundinformationen zu beeinflussen. Im anschließenden Klassengespräch sammelt und diskutiert er die Eindrücke der Schüler. Unter denjenigen, die sich durch das Gedicht in irgendeiner Weise angesprochen fühlen, entsteht eine lebhafte und kontroverse Diskussion. Der Rest der Klasse schweigt. Im zweiten Teil der Stunde versucht der Deutschlehrer, Ergebnisse aus der Goetheforschung in die Diskussion einzuflechten und das Gedicht zu erklären. Einige Schüler fühlen sich manipuliert. Sie verteidigen ihre abweichenden Ansichten und sind der Meinung, diese seien gleichberechtigt. Die Fronten verhärten sich, sobald der Lehrer sich auf die Autorität seiner Wissenschaft beruft. Die Schüler sträuben sich dagegen, die vermittelten Kenntnisse zu akzeptieren und zu lernen, weil sie ihnen willkürlich erscheinen. Am Schluß der Stunde herrscht ein wilder Meinungsmarkt.

Die Wogen der Emotionen glätten sich schnell, als beim nächsten Glockenzeichen der Mathematiklehrer die Schüler mit der folgenden Aufgabe konfrontiert:

> *Zwei Körper pendeln auf der Strecke AB mit konstanten Geschwindigkeiten hin und her. Sie starten gleichzeitig, der eine in A, der andere in B.*
> *Sie treffen sich zum ersten Mal im Abstand a von A, zum zweiten Mal, wiederum gegeneinander laufend, im Abstand b von B. Wie lang ist AB?*

Er erinnert die Schüler daran, daß die Aufgabe aus dem Themenkreis „Verhältnisse und Proportionen" stammt, und macht sie darauf aufmerksam, daß der Zusammenhang zwischen Geschwindigkeit und Weg beachtet werden muß. Im Gespräch mit den Schülern entsteht das untenstehende Tafelbild.

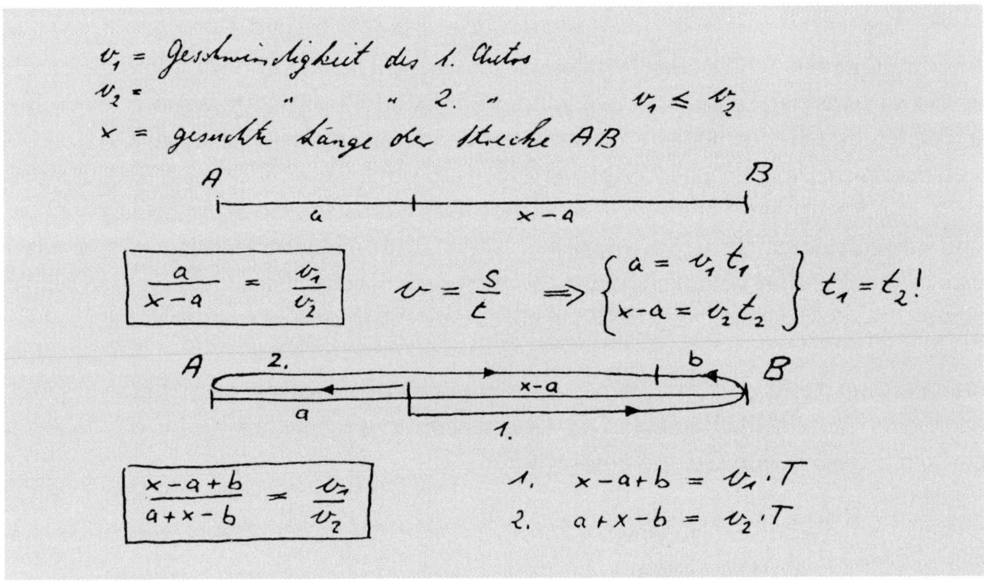

Erleichtert darüber, daß die Aufgabe in gewohnte Bahnen gelenkt worden ist, beginnen die Schüler auf Geheiß des Lehrers, die Gleichungen nach der Variablen x aufzulösen. Das, was sie während dieser Stunde als „Mathematik" erleben, ist freilich nicht das Durchdringen und Lösen des gestellten Problems, sondern das geschickte Kombinieren und Umformen von mehreren Gleichungen, die zufällig gerade an der Tafel stehen. Viele verstricken sich im Buchstabenwirrwarr, verlieren den Überblick, verrechnen sich und ziehen daraus den fatalen Schluß, sie seien in Mathematik halt eben schwach. Die Lektion findet ihren Abschluß, indem die Schüler durch mehr oder weniger geschicktes algebraisches Hantieren zum richtigen Resultat vordringen, ohne das eigentliche Problem je zu Gesicht bekommen zu haben. Darüber kann auch das imponierende Tafelbild nicht hinwegtäuschen.

Was sich am Mittwochmorgen in unserer Klasse G4c abgespielt hat, ist nicht nur typisch für die Eigenart und das Nebeneinander der Fächer Deutsch und Mathematik. Im Ablauf der beiden Lektionen stecken Muster, die den Unterricht von der Primarschule über die Mittelschule bis zur Universität hinaus in erschreckend stereotyper Form prägen. In ihrer polaren Gegensätzlichkeit markieren die geschilderten Lektionen zwei extreme Positionen, welche die Schüler dem Stoff gegenüber einzunehmen haben.

$$\frac{a}{x-a} = \frac{x-a+b}{x+a-b}$$

$$ax + a^2 - ab = x^2 - ax + bx - ax + a^2 - ab$$

$$3ax - bx = x^2 \quad \Big| :x \quad \boxed{x \neq 0}$$

$$3a - b = x$$

1. Es gibt Fächer, in welchen den privaten Meinungen der Schüler viel Raum gewährt wird. Sie bleiben aber isoliert nebeneinander stehen und erfahren oft keine Erweiterung durch eine Auseinandersetzung mit dem Fachwissen. Das ist ein charakteristisches Merkmal des Unterrichts in der Muttersprache, wenn es nicht gerade um Rechtschreibung geht.
2. Im Gegensatz dazu stehen Fächer, in denen normierte und allgemein anerkannte Theorien eine wichtige Rolle spielen. Beispiel dafür ist Mathematik. Geradlinige und elegante Rechenprozesse und klare, eindeutig definierte Begriffe drängen sich derart in den Vordergrund, daß der Kern der Probleme oft verdeckt wird. Für individuelles Forschen bleibt wenig Raum: Originelle, kreative und verschlungene Lösungsversuche der Schüler ersticken meist schon im Keim.

In beiden Sorten von Unterricht kommen die Schülerinnen und Schüler nicht in ihrer Ganzheit zum Zug. Im Fach Deutsch zum Beispiel werden sie oft bei ihrer persönlichen Meinung abgeholt, kommen aber nicht weiter: Das Individuelle versteckt sich im Privaten, Unantastbaren. Mit dem Eigentümlichen, Sonderbaren, SINGULÄREN (vgl. Freudenthal, Hinweise Seite 221 f.), das jedem Einzelnen anhaftet, weiß die Schule nichts anzufangen. In der Mathematik dagegen glaubt man das Persönliche zugunsten des Generellen, REGULÄREN ausklammern zu müssen. Man unterwirft sich einem streng organisierten System, bevor man sich seiner Individualität versichert hat. Das Reguläre erscheint als etwas Fremdes. In beiden Fällen bleibt für persönliches Denken und Erleben wenig Raum: Es stört die Lernprozesse, anstatt sie zu beleben.

Aus der Optik der Schüler stellt sich die Situation so dar: In den Anfängen ihrer Schulzeit fühlen sie sich als Person angesprochen. Die Lehrer bemühen sich mehr oder weniger, jeden einzelnen zu Wort kommen zu lassen und auf seine individuelle Art einzugehen. Entsprechend entfalten die meisten Schüler eine große Aktivität: Sie verfolgen den Unterricht gespannt und wollen überall noch etwas Eigenes beitragen. Zehn, zwanzig erhobene Hände strecken sich dem Lehrer entgegen, versuchen geräuschvoll seine Aufmerksamkeit auf sich zu ziehen, zeugen von einer aktiven Lernbereitschaft. Jeder weiß etwas anzumerken, kann auf ein passendes oder unpassendes Erlebnis verweisen, hat eine Idee, wie man das gestellte Problem anpacken und lösen könnte. Der Lehrer steht vor der Klasse und bemüht sich verzweifelt, jeden Schüler wenigstens einmal pro Lektion dranzunehmen. Doch mit diesem Problem braucht er sich nicht lange herumzuschlagen: Je höher der Stoffberg sich türmt, desto mehr verstummen die Schüler. Ihre persönlichen Beiträge, das merken sie bald, haben ohnehin keinen Einfluß auf den Gang der Dinge. Das Individuelle, Private, Singuläre ist kein bestimmender Faktor im Lernprogramm. Ob ihm viel oder wenig Platz eingeräumt wird im Unterricht, ändert nichts daran, daß Schülerbeiträge in Wirklichkeit entbehrliches Beiwerk sind.

Mit zunehmender Schulerfahrung halten sich die meisten Schüler mehr und mehr zurück. Sie haben das Spiel durchschaut und sprechen nur noch selten von ihrer privaten Welt, die nicht gefragt ist. Die Wortmeldungen gehen zurück, und die Lehrer klagen über die Passivität ihrer Schüler. Vielleicht läßt sich der Schein einer aktiven Klasse noch eine Zeitlang erhalten: Appelle an die Solidarität, Angriffe auf die Konsumentenhaltung oder Noten für die mündlichen Leistungen tragen das ihre bei. Das ändert aber nichts an der Tatsache, daß die Schüler sich längst damit abgefunden haben, daß ihre singulären Erlebnisse mit den regulären Schulstoffen nichts zu tun haben. Die Welt der Schulfächer und die Welt des Privaten haben sich in ihrer Vorstellung als zwei völlig getrennte Bereiche installiert. Hier das pulsierende Leben, die Ideen, Wünsche, Phantasien – dort die starre Systematik, das Know-how, das Schulwissen. Hier der üppige Wildwuchs einer urwüchsigen Oase – dort eine unbelebte Geisterstadt in der Wüste.

Verständlich, daß besorgte Lehrer und enttäuschte Schüler sich über die Kopflastigkeit des Unterrichts beklagen und mehr Muße und Menschlichkeit in die Schulstuben hineintragen möchten. Meistens erliegen sie allerdings dem Irrtum, das Heil sei bei neuen Themen und neuen Fächern zu suchen. Mehr musische Bildung, heißt es dann, mehr Handwerkliches, mehr Bewegung. Fächer, die heute am Rand stehen, sollten aufgewertet werden. Man muß diesen Gedanken einmal zu Ende denken, um den Unsinn solcher Forderungen zu entlarven. Nehmen wir an, die Kernfächer Deutsch und Mathematik würden ersetzt durch Zeichnen und Musik. Die Selektion wird in die musischen Fächer verlegt. Nur wenn jemand gut Zeichnen und Musizieren kann, darf er an die Mittel- oder Hochschule gehen. Alles dreht sich um das Wissen in Kunst- und Musikgeschichte. Theorien über Harmonik und Farben gehören zur Elementarausbildung. Wen wundert's, daß die Schüler unter den schweren Stoffen stöhnen, daß sie das „pfotenlastige" Zeichnen und Klavierspielen verfluchen und Erholung in den Nebenfächern Deutsch und Mathematik suchen. Hier endlich fällt der Selektionsdruck weg, hier hat es Raum für eigenes Denken und Handeln, hier kann man sich entfalten. Auf den beiden Fächern würden die gleichen Vorurteile lasten, wie sie heute den musischen Fächern zu schaffen machen: Weil sie nicht an der Selektion teilnehmen, kann man auf solides Fachwissen und beharrliches Üben verzichten. Im Deutsch schreibt jeder, wie er will, liest dies und das und gibt sich keinerlei Rechenschaft darüber, was er verstanden hat. Mathematik würde sich reduzieren auf ein paar hübsche Zahlen- und Computerspiele.

Keine Angst, zu einer solchen Umkehrung der Werte kommt es in unserer Gesellschaft in den nächsten Jahren nicht. Sprache und Mathematik werden weiterhin dominieren und selektionieren. Wenn wir Mängel im Unterricht der beiden Fächer feststellen, müssen wir sie an der Stelle beheben, wo sie auftreten. Eine Flucht in Nebenfächer bringt, wie unser utopischer Exkurs gezeigt hat, keine Verbesserung. Es liegt nicht an den Inhalten der Kernfächer – sie mögen nun Deutsch und Mathematik oder Zeichnen und Musik heißen –, es liegt an der Art, wie man mit diesen Inhalten umgeht. Wenn Mathematik für die Schüler zu einer fernen Exklave wird, wo sie eine komplizierte aber sinnlose Akrobatik betreiben, dann muß dieses Problem im Mathematikunterricht angepackt und gelöst werden. Und wenn Deutsch für die Schüler zu einem undurchschaubaren Dschungel wird, in dem sie sich in scheinbar willkürlichen Regeln und Wertungen verstricken, dann ist der Deutschunterricht in Frage gestellt. Beide Fächer müssen Wege suchen, um die private Lebenswelt der Schüler mit den Unterrichtsstoffen in Verbindung zu bringen.

Zwei Welten sind es also, die isoliert nebeneinander stehen: Die singuläre Welt der

Schüler, die im Privaten verankert ist, und die reguläre Welt des Wissens und Könnens, die durch die Lehrer und die Schulbücher der verschiedenen Fächer repräsentiert wird. Die Kluft, so scheint es, ist unüberbrückbar. Auch wenn der wohlmeinende Lehrer den singulären Äußerungen seiner Schüler einen Ehrenplatz einräumt, bringt er ihnen den regulären Stoff noch nicht näher. Im Gegenteil: Je ausgiebiger die Schüler sich in ihrer singulären Sprache ausdrücken dürfen, desto schmerzhafter empfinden sie die Distanz zur regulären Fachsprache. Unüberbrückbar öffnet sich die Kluft in dem Moment, wo der Lehrer die freie Diskussion abbricht und mit der Wissensvermittlung beginnt. Alles, was die Schüler spontan beigetragen haben, wird jetzt beiseite geschoben und ist entwertet. Im Vergleich mit makellosen Texten, Zeichnungen und Tabellen im Schulbuch oder auf dem Arbeitsblatt erscheint alles, was die Schüler zu diesem Thema zu sagen, zu schreiben und zu zeichnen vermögen, nichtig.

Wir stehen vor einem ähnlichen Dilemma wie im vorangehenden Kapitel. So, wie der Lehrer scheitern muß, der im Alleingang zwischen dem Stoff und dem Schüler vermitteln will, so stehen auch die Schüler hilflos vor der Kluft, die ihre Welt von der Welt des regulären Wissens trennt. Das, was sie zu leisten vermögen, ist meilenweit von dem entfernt, was sie können sollten. Die Schüler sind hoffnungslos überfordert, solange man ihre Produkte an den Zielvorstellungen des Regulären mißt. Zwar gelingt es den meisten, sich den Fachsprachen mehr oder weniger anzupassen und einigermaßen korrekt und fehlerfrei zu schreiben und zu rechnen. Der Preis ist aber hoch. Nur wenige erkennen in diesem Tun einen Sinn. Alle andern sehen keinen Zusammenhang zwischen ihrer Person und dem Stoff: Sie reproduzieren das Schulwissen rein mechanisch und funktionieren wie schlecht konstruierte Automaten, die dann und wann halt Fehler machen. Ist das unausweichlich?

Das Dilemma des Lehrers hat sich aufgelöst dank einer Haltungsänderung. Sein Vermittlungsauftrag, so haben wir behauptet, wird lösbar, wenn er nicht nur sich, sondern auch den Schülern etwas zutraut. Diese Forderung verlangt jetzt noch eine Konkretisierung. Was ist es denn, was wir den Schülern zutrauen? Die Antwort löst unser zweites Dilemma. Es besteht nur so lange, wie wir DEM REGULÄREN ALLES UND DEM SINGULÄREN NICHTS ZUTRAUEN. Solange die spontanen Schülerprodukte nur schmückendes Beiwerk sind, solange sich der ganze Unterricht auf die Schulbücher und die Erläuterungen der Lehrer konzentriert, so lange haben die Schüler kaum eine Chance, den Unterrichtsstoff in ihre eigene Welt zu integrieren. Erst wenn man das Singuläre zu einem bestimmenden Faktor des Unterrichts macht, kann man eine Verbindung herstellen zwischen dem, was jeder einzelne Schüler immer schon weiß, kann und will, und dem, was er lernen muß.

Das Singuläre als Grundlage und Ausgangspunkt des Unterrichts? Das hat weitreichende Konsequenzen. Ungelenkes Schülergekritzel als gleichberechtigtes Dokument neben dem perfekten Schulbuch? Das verschlägt manchem gestandenen Lehrer den Atem. Zwanzig fehlerhafte und unvollständige Schülerprotokolle, zwanzig verschiedene Meinungen anstelle einer einheitlichen und widerspruchsfreien Theorie? Ist das nicht eine allzu wacklige Basis für den Unterricht? Tatsächlich, die Basis ist wacklig. Das gilt für jede Schule und jede Form von Unterricht. Seit jeher baut die Schule ihr Wissensgebäude auf sehr unsichere Fundamente. Das ist die Realität. Wenn wir mit dem Unterricht anfangen, wissen wir noch kaum etwas über den Lernenden; wir wissen nicht, wer er ist, was er mitbringt und wie er die Stoffe verarbeitet, die wir an ihn herantragen. Wir können diese Realität zwar ignorieren und so tun, als ob alle unsere Schüler unbeschriebene Blätter wären, Flaschen, die man nur abzufüllen braucht. Aber es zeigt sich schnell, daß die Lernenden keine passiven Empfänger sind, die den vermittelten Stoff unverändert speichern. Sie sind aktive Partner, die das Vermittelte verarbeiten wollen oder sich in eine Gegenwelt flüchten. Der Konflikt zwischen dem Singulären und dem Regulären ist vorprogrammiert.

Das Fundament, das wir zu Beginn unseres Unterrichts antreffen, ist wacklig. Wer diese Realität ignoriert, handelt fahrlässig. Bevor Neues an die Lernenden herangetragen wird, muß abgeklärt werden, was vorhanden ist. Vorhandene Fundamente müssen freigelegt, verstärkt und ausgebaut werden. Beim Unterrichten geht es, um im Bild zu bleiben, nicht um einen normierten Neubau, der auf einem rücksichtslos planierten Gelände errichtet wird, sondern um einen Umbau, bei dem in minutiöser Kleinarbeit Vorhandenes und Neues miteinander verbunden und aufeinander abgestimmt werden müssen. Das schafft im ersten Moment natürlich eine Menge Probleme. Das Geschehen im Schulzimmer verlangsamt sich, alles wird komplizierter und unübersichtlicher.

Macht man das vorerst noch unbekannte Wissen und Können, das jeder einzelne Schüler in ganz individueller Ausprägung mitbringt, zur Basis des Unterrichts, erscheint die Forderung, man müsse den Schüler dort abholen, wo er steht, in einem neuen Licht. Das Individuelle, Singuläre, rückt in den Brennpunkt des Interesses. Bevor wir die Schüler auffordern, eine Rechenaufgabe zu lösen oder ein Gedicht zu interpretieren, müssen wir ihnen helfen, ihren singulären Standort zu sichern. Es geht vorerst nicht um die Lösung eines Sachproblems, sondern um seine Wirkung auf das Ich. Was geht in mir vor, wenn ich mit diesen Zahlen konfrontiert werde? Was für Assoziationen weckt dieser Text? Wo stehe ich jetzt, was traue ich mir zu, was will ich? Solche Fragen lenken nicht etwa von der Sache ab. Im Gegenteil: Sie machen die Sache für den Menschen faßbar, setzen den Prozeß des Verstehens in Gang, lenken die Aufmerksamkeit auf die Stelle, die zum persönlichen Angelpunkt werden kann. Erst wenn dieses individuelle Fundament des Erkennens gesichert ist, dürfen wir nach Mitteln und Wegen suchen, um das Singuläre mit dem Regulären zu verknüpfen.

So betrachtet, zeichnen sich deutlich zwei polare Standorte ab, zwischen denen sich Lehren und Lernen abspielt. Der Standort des Lehrers, der als Fachmann seinen Lehrstoff überblickt und systematisch geordnet hat, steht in polarem Gegensatz zum Standort des Schülers, der noch ganz in seinem privaten, singulären Bereich verwurzelt ist und die weiten Gebiete des Fachwissens noch als unstrukturiertes Niemandsland vor sich hat. Zwischen diesen beiden Polen hat der Unterricht zu vermitteln. Startpunkt ist immer das Singuläre, Ziel das Reguläre. Wer aus dem Bereich des Singulären heraustritt und sich auf den Weg zum Regulären begibt, gerät in eine Art Zwischenbereich. Dies ist der Bereich des DIVERGIERENDEN.

Die Begriffe „singulär", „divergierend" und „regulär" erlauben es, das Geschehen im Unterricht zugleich auf eine sachgerechte und eine schülergerechte Weise zu beschreiben. An der Art, wie der Unterricht geplant ist und wie Schüler und Lehrer miteinander über den Stoff sprechen, läßt sich der Bereich lokalisieren, in welchem sich der Unterricht gerade abspielt: Die Lernphasen des Singulären, Divergierenden und Regulären haben ihre je eigenen Charaktermerkmale. Hauptmerkmal der Phase des SINGULÄREN ist, daß sie immer am Anfang eines Lernprozesses steht. Wichtig ist, daß der Lernende Selbstvertrauen gewinnt und mit der eigenen Art des Wahrnehmens, Denkens und Handelns zurechtzukommen lernt. Er bewegt sich zwar in Fachgebieten, die der Lehrer ihm vorgegeben hat, beschreitet aber eigene Wege. Dabei braucht er sich noch nicht an den Normen und Begriffen des Regulären zu orientieren; er darf sich seinem individuellen Erleben, seinen singulären Vorstellungen anvertrauen, wird aber angeleitet und verpflichtet, seine unkonventionellen und verschlungenen Wege und Irrwege zuhanden des beratenden Lehrers zu dokumentieren. Der Lernende darf sich noch ungeniert als Mittelpunkt der Welt fühlen und braucht sich um fremde Wertungen und Deutungen nicht zu kümmern. Selbstbewußt gibt er zu erkennen: „Ich mache das so!"

Es wird nicht lange dauern, bis sich die Schüler einer Klasse dafür zu interessieren beginnen, was ihre Nachbarn tun und wie sie die Probleme anpacken und lösen. Das Ich tritt in einen Dialog mit einem Du; die singuläre Einstellung zum Stoff wird erweitert durch eine DIVERGIERENDE. Wichtig ist jetzt, zu erfahren, wie die andern es machen und wo die Unterschiede zur eigenen Art liegen. Basis für diese nach außen drängende Neugier ist das Vertrauen in die eigene Person. Je sicherer sich der Lernende in seinem eigenen Erfahrungsbereich fühlt, desto gerechter kann er seine Nachbarn würdigen und die Herausforderung ihrer Andersartigkeit verarbeiten. Er wird Neues in seine Welt integrieren, sie neu organisieren, erweitern und differenzieren.

Der Frage „Wie machst du das?" folgt bald die Frage „Wie macht man das?" Der Lernende will wissen, wie es nun wirklich ist. Er sucht Zugang zum REGULÄREN. Weil der Unterricht das Singuläre nicht entwertet, sondern gestärkt und gefördert hat, und weil der Lernende weiß, wie man mit andern kommuniziert, ist er der Welt des Regulären gegenüber positiv eingestellt. Weil sein Ich sich im Fachgebiet bereits heimisch fühlt und weil sein Selbstvertrauen gestärkt ist, empfindet er das Konventionelle nicht als Bedrohung. Weil sein Selbstvertrauen gestärkt ist, kann er den Wert der regulären Handlungsmuster (Algorithmen) würdigen. Er schätzt die Übereinstimmung mit andern Fachleuten, mit denen er sich in einer normierten Sprechweise unterhalten kann, weil er nicht um den Verlust seiner Individualität bangen muß.

Zwischen den drei Phasen des Lernens, die wir hier beschrieben haben, gibt es keine scharfen Grenzen. Sinn und Zweck der divergierenden Phase ist es ja gerade, die Grenzen zwischen dem Singulären und dem Regulären durchlässig zu machen. Für den lernenden Neuling bedeutet das: hinaustreten aus dem gesicherten Singulären und sich öffnen für noch unbekannte Regularitäten. Aber auch das Umgekehrte gilt: Der Kenner des Regulären darf sich nie ganz gegen das Singuläre abschotten. Er muß jederzeit in der Lage sein, den Weg vom Regulären zurück zum Privaten, Singulären wieder zu finden, sonst wird seine Wissenschaft inhuman (vgl. Hinweise Seite 223 ff.).

Die drei Phasen des Lernens sind also nicht Stufen, die man einmal überwindet und nachher hinter sich läßt. Es sind vielmehr Stationen in einem endlosen Kreislauf, die den lebenslangen Prozeß des Lernen kennzeichnen. Aufgabe der Schule ist es, diese Kreisbewegung zu beschleunigen und zu kultivieren.

Aspekt	singuläre Phase	divergierende Phase	reguläre Phase
Fragerichtung	Wie soll ich das machen?	Warum machst du das anders?	Wie macht man das nun eigentlich?
Arbeitsgebiet	meine Sache	Nachbarn meiner Sache	Gesellschaft aller Sachen
Basis	eigene Erfahrung	benachbarte Erfahrungen	alle Erfahrungen
Werkzeug	eigenes System	Nachbarsysteme	alle Systeme
Optik	So sehe ich es: Das ist meine Welt	Ich versuche, mich in eine fremde Sehweise einzuleben	Ich will mir einen Überblick verschaffen
Einstellung	binäre Wertung: mein oder nicht mein	gestufte Wertung: mein oder noch nicht mein	Wertfreiheit: unser
Produkte	Privates	Exemplarisches	Generelles
Hauptzweck des Unterrichts	Eigendynamik entfalten	Herausforderung verarbeiten	Überblick gewinnen
Worauf es ankommt	Beleben, Erkunden Entdecken	Integrieren, Differenzieren, Erweitern	Routine, Effizienz Umsicht
Tätigkeitsschwerpunkt	Reflexion	Dialog	Gliederung
Verständigungsebene	individuelle Sprache	Unterrichtssprache	Fachsprache
Ziel	Selbstbewußtsein Selbstvertrauen	Abstand nehmen Vergleichen können	Ordnung schaffen, Zusammenhänge erkennen
Leistungsausweis	eigene Wege beschreiten und dokumentieren	Andersartiges anerkennen und würdigen	über Normsprachen verfügen
Spezialist	Künstler	Amateur	Wissenschaftler
Hauptauftrag der …	Primarschule	Mittelschule	Hochschule

Mensch und Stoff im Dialog

Die Unterscheidung zwischen dem Standort des Singulären und dem Standort des Regulären ist grundlegend für alles menschliche Lernen. Werden diese beiden Standorte nicht als gleichwertig und gleichgewichtig behandelt, kommt es zu schweren Störungen der Entwicklung. Nur ein partnerschaftlicher Dialog zwischen dem Singulären und dem Regulären ermöglicht Fortschritt. Das gilt für den lernenden Primarschüler ebenso wie für den Forscher an der Front. Ist das reguläre Wissen für den Schüler Ziel der Entwicklung, so ist es für den Forscher Basis und Ausgangspunkt seiner Arbeit. Das Reguläre ist ja nicht etwas Unantastbares, ewig Gültiges, wie es aus der Optik des Schulzimmers erscheinen mag: Was heute als richtig angesehen wird, muß morgen vielleicht differenziert oder revidiert werden.

Wissenschaft ist ohne eine starke Position des Singulären nicht denkbar. Nur wenn es dem Forscher gelingt, kraft seiner singulären Sehweise ein Stück Neuland auszumachen, das nicht im Horizont des Regulären liegt, bringt er die Wissenschaft einen Schritt weiter. Das kann, wie die Geschichte lehrt, heftige Spannungen erzeugen. Forscher wie Galilei oder Einstein haben auf schmerzhafte Weise erfahren müssen, wie vehement das zu ihrer Zeit gültige Reguläre seine Position verteidigt und wie intolerant es gegenüber individuellen Sehweisen auftreten kann. Zur Zeit Galileis galt als regulär, daß Sonne, Mond und Sterne sich um die Erde drehen. Galileis Behauptung dagegen, daß die Erde sich um die Sonne dreht, hatte den Charakter des Singulären. Galilei mußte seine Entdeckung unter dem Druck der Inquisition sogar widerrufen. Einstein konnte seine Relativitätstheorie zwar publizieren, ohne um sein Leben fürchten zu müssen, aber sie ist bis heute noch nicht so ins allgemeine Bewußtsein eingedrungen, wie das beim heliozentrischen Weltbild Galileis der Fall ist. Wer glaubt schon, daß eine Strecke kürzer wird oder ein Ereignis länger dauert, wenn der Beobachter sich bewegt? (Vgl. „Spezielle Relativitätstheorie – speziell erklärt", Seite 179 ff.)

Überall, wo ein singulärer Standort in Widerspruch zum Regulären gerät, entsteht eine Spannung. Diese Spannung ist die Triebfeder des Lernens. Das gilt in der Wissenschaft, und das gilt auch in der Schule. Das Reguläre übt auf alle abweichenden Positionen Druck aus. Die Hüter des Regulären verfolgen nicht nur die Aktivitäten des Forschers mit Argwohn; sie möchten auch die Lernenden so schnell wie möglich in den sicheren Hafen des Regulären lotsen. Dagegen ist an sich nichts einzuwenden, nur darf das Singuläre dabei nicht auf der Strecke bleiben. Die Beherrschung des Regulären, und das ist der springende Punkt, darf nicht durch den Verlust der Lernfähigkeit erkauft werden. Das dynamische Gleichgewicht zwischen Singulärem und Regulärem darf unter keinen Umständen kurzfristigen Lernerfolgen geopfert werden. Der partnerschaftliche Dialog zwischen Mensch und Stoff hat im Unterricht oberste Priorität.

Ein Unterricht, der sowohl dem Stoff als auch dem Lernenden gerecht werden will, muß von allem Anfang an beide Positionen als GLEICHWERTIGE POLE installieren: Stoff und Mensch sind Partner. Lernen heißt, einen Dialog zwischen der singulären Welt eines einzelnen und der regulären Welt eines Schulfachs zu führen. Wie sich der Dialog zwischen diesen beiden Polen im Einzelfall abspielen wird, ist nicht voraussehbar: Jeder Lernende gestaltet ihn auf eine ihm eigene Weise. Wie in jeder lebendigen Beziehung müssen die Positionen der Partner laufend neu definiert werden. Stets lauert die Gefahr, daß einer der beiden Pole den Dialog dominiert. Nimmt der Stoffpol überhand, kommt es zur Entfremdung zwischen Mensch und Wissenschaft; dominiert das Individuum, greifen Dilettantismus und Überheblichkeit um sich.

Nicht nur in der Wissenschaft, sondern auch in der Schule spielt der Standort des Singulären also eine zentrale Rolle. Im Unterschied zum Forscher verfügt der Schüler in der Regel aber nicht über genügend Kräfte, um sein Ich vor der Übermacht des Regulären zu schützen. Er kann noch keine Leistungsausweise vorzeigen, seine Position in der Gesellschaft ist noch ungesichert, er kann keinerlei Rechte auf singuläres Handeln geltend machen. Es braucht eine äußere Instanz, die ihn vor dem Druck des Regulären schützt. Diese Instanz ist der Lehrer. Um das Lernen zu ermöglichen, muß er sich schützend zwischen den Stoff und die Schüler stellen. Vermittelt durch die Person des Lehrers, muß der Stoff eine Gestalt annehmen, die einen Dialog möglich macht. Der Stoff darf weder als erdrückender Berg erscheinen noch als endlose Treppe, errichtet aus zahllosen Einzeltritten. Er muß in seiner Ganzheit in Erscheinung treten, aber so gefiltert und vereinfacht, daß sein Anblick für die Schüler erträglich wird. Der Lehrer hat eine ähnliche Aufgabe wie das Rußglas bei einer Sonnenfinsternis: Er stellt ein Hilfsmittel zur Verfügung, das dem erkennenden Auge einen Blick auf ein sonst nicht erfaßbares Ganzes ermöglicht. Anstatt den Stoffdruck zu verstärken, wie das bei der Segmentierung geschieht, soll der Lehrer den Druck des übermächtigen Stoffs vermindern und ihn so zu einem dialogfähigen Partner für singuläre Annäherungen machen.

Was bedeutet das nun praktisch? Gibt es ein Hilfsmittel, das den Schülern eine VORSCHAU auf neue, noch nicht behandelte Stoffe ermöglicht? Gibt es einen Filter, der die verwirrenden Einzelheiten eines zusammenhängenden Sachgebiets ausblendet und nur seine charakteristischen Umrisse zeigt? Kann der Lehrer die Schüler so an ein neues Thema heranführen, daß sich ein individueller und anhaltender Dialog entspinnt? Läßt sich ein bereits hoch differenziertes Wissensgebiet in einem Bild, einer Geste oder in ein paar Sätzen so bündeln, daß es einen Anfänger anspricht und gefangen nimmt?

Mit diesen Fragen sind wir in den Kernbereich unseres Themas vorgestoßen. Wir haben den Lehrer aus seiner Rolle als Mittler zwischen Stoffberg und Schüler entlassen müssen, weil diese Aufgabe unlösbar ist. Wir haben die individuellen Aktivitäten der Schüler ins Zentrum gestellt und haben ihre singulären Produkte zur Basis des Unterrichts gemacht. Mensch und Stoff, so haben wir erklärt, müssen direkt miteinander kommunizieren, unabhängig davon, ob es sich um ein Kind, einen Forscher oder einen Lehrer handelt. Die Schule soll diesen Dialog ermöglichen; sie kann ihn aber nicht programmieren. Und nun stehen wir vor der Frage, ob sich Schulstoff in eine Form bringen läßt, welche die verlangte Wirkung hat.

Wenn es schwierig ist, diese Frage zu beantworten, liegt das nicht primär am Stoff, sondern am Lehrer. Nicht der Stoff widersetzt sich einer ganzheitlichen Betrachtungsweise, sondern das ausführliche Wissen des Lehrers über den Stoff. Er hat dieses Wissen – einen Bereich der Welt des Regulären – in anstrengender Arbeit erworben und in seine singuläre Welt integriert. Als Fachmann für Rechnen oder Sprache überblickt er sein Stoffgebiet in der RÜCKSCHAU und weiß, wo die heiklen Stellen liegen. Es ist verständlich, daß er dazu neigt, Neulinge in diesem Gebiet auf einem sicheren Pfad schnell zum Ziel zu führen und sie vor Fallen zu bewahren. Damit behindert er aber den Dialog der Lernenden mit dem Stoff. Ihre singuläre Welt steht noch in mehr oder weniger starker Opposition zum Regulären. Wenn es ihnen gelingen soll, eine partnerschaftliche Beziehung zum neuen Stoffgebiet aufzubauen, kann das nicht aus der Position der Rückschau geschehen, denn die Schüler sind an ihre Position der Vorschau gebunden. Diese Ausgangsposition des Dialogs muß der Lehrer anerkennen, in sie muß er sich einleben, wenn er den Schülern helfen will.

Ein neues Stoffgebiet erscheint dem Schüler vorerst als unstrukturiertes, endloses Niemandsland. Er braucht deshalb eine faßbare und grobe Orientierungshilfe, um sich fürs erste zurechtzufinden und das Neuland als lohnendes Entdeckungsfeld wahrzunehmen. Diese Orientierungshilfe, die dem Neuling eine Vorschau auf das reguläre Gebiet ermöglicht und ihn zum Handeln motiviert, nennen wir KERNIDEE.

Kernideen kann nur jemand vermitteln, der das ganze Gebiet, das erkundet werden soll, bereits in der Rückschau überblickt: jemand, der dieses Gebiet kreuz und quer durchforscht hat und der die regulären Verbindungen und Zusammenhänge kennt. Jemand auch, der den Rückweg zum Singulären immer wieder sucht und sich immer wieder fragt, was denn dieses Stoffgebiet mit seinem individuellen Leben, seiner Person, zu tun habe. Es genügt also nicht, wenn eine Lehrkraft ihr Stoffgebiet in der Rückschau überblickt, sie muß auch in der Lage sein, immer wieder so an ihr Stoffgebiet heranzugehen, wie wenn es das erste Mal wäre. Nur wenn sie immer wieder die Position des Anfängers einzunehmen vermag, wenn sie ihren Stoff nicht nur in der Rückschau, sondern auch in der Vorschau wahrzunehmen vermag, kann sie wirksame Kernideen formulieren. Die Fähigkeit, ein Fachgebiet im steten Wechsel zwischen Vorschau und Rückschau zu durchforsten, wird dadurch zur elementaren Basis des Lehrerberufs.

Im Spannungsfeld Vorschau–Rückschau spielt sich der gesamte Unterricht ab. Es wäre aber ein Irrtum, diese zwei Pole mit den Polen Schüler–Lehrer gleichzusetzen. Im Gegenteil: Häufig hält ein Schüler Rückschau auf das bereits erarbeitete Wissen, und häufig hält ein Lehrer Vorschau auf neue Phänomene seines Fachs. Das Entscheidende ist, daß ein Lernender im steten Wechsel von Vor- und Rückschau sich in einen Kreislauf einspannen läßt, der ihn von singulären über divergierende zu regulären Beziehungen zu einem Sachgebiet bringt. Wird es für Schüler und Lehrer zur Gewohnheit, Vor- und Rückschau kombiniert einzusetzen, so ist auch die Gefahr gebannt, daß sie auf einem einmal erreichten regulären Standort stehen bleiben. Stets werden sie die Bedeutung der regulären Theorie für ihre singuläre, private Welt überprüfen. Vor- und Rückschau verhindern somit Berufsblindheit und unkritische Wissenschaftsgläubigkeit.

Aus der Fähigkeit, spielend von der Vorschau in die Rückschau und von der Rückschau in die Vorschau zu wechseln, entspringt die Motivation für das Lernen. Wird der Lernende durch seine Nachbarn – die Mitschüler oder den Lehrer – aus seiner singulären Welt herausgelockt und mit andern Sehweisen konfrontiert, handelt er zunächst aus der Position der Vorschau heraus: Er wirft einen Blick auf ihm noch unbekannte Gebiete, die auf dem Weg zum Regulären zu durchschreiten sind. Dreht er sich jedoch um und wendet sich seiner singulären Welt zu, betreibt er Rückschau: Er versichert sich dessen, was er schon kann und weiß. Aber nicht nur der Schüler, auch der Lehrer muß sich im Wechsel zwischen Vor- und Rückschau üben. Zwar erscheint er für den Schüler als Repräsentant des Regulären, der auf die singulären Welten der Lernenden zurückblickt und weiß, wie es im Regulären zu und her geht. Aber auch der Lehrer ist ein Mensch; auch er lebt in einer singulären Welt, die sich trotz seines Fachwissens deutlich von der Welt des Regulären abhebt. Auch der Lehrer ist ein Lernender, der sich aus der Position der Vorschau heraus immer wieder neue Bereiche der regulären Welt erschließt. Gerade diese Lernfähigkeit – diese Fähigkeit, zwischen Vorschau und Rückschau zu wechseln – qualifiziert ihn zum Lehrer. Seine eigene Erfahrung im Umgang mit der Position der Vorschau befähigt ihn, seine Schüler beim Lernen zu beraten. Dank dieser Fähigkeit ist er in der Lage, wirksame Kernideen zu formulieren. Was bedeutet das Bruchrechnen oder das Verfassen von Texten für mich? Was ginge für mich als Mensch verloren, wenn es keine Gedichte oder keine Zahlen mehr gäbe? Das sind Fragen aus der Vorschau, die der Lehrer klären muß, bevor er sich überlegt, unter welchen didaktischen Gesichtspunkten er seinen Unterricht gestalten will. Es genügt eben nicht, wenn ein Lehrer weiß, wie man Wörter richtig schreibt und wie man Brüche fachmännisch addiert, er muß auch wissen, welchen Stellenwert diese Fähigkeiten im Horizont der menschlichen Singgebung einnehmen können.

Die Polarität von Vor- und Rückschau spielt aber nicht nur in der Didaktik eine wichtige Rolle. Die Hirnforschung zum Beispiel deutet auf eine ähnliche Polarität, wenn sie die Arbeitsweise der rechten Hirnhälfte als ganzheitlich und simultan, die der linken Hirnhälfte dagegen als additiv und sequentiell beschreibt (vgl. Ivanov, Hinweise Seite 211). Kant hat in seiner Erkenntnistheorie synthetische und analytische Urteile untersucht, die „a priori" oder „a posteriori" gefällt werden können. Und die Sprache selbst legt uns mit ihren Zeitformen nahe, von den Neutralpositionen (Präsens und Imperfekt) aus deutlich zwischen Vorschau (Futur) und Rückschau (Perfekt und Plusquamperfekt) zu unterscheiden. Aber auch in der Programmiertechnik für Computer gibt es zwei vergleichbare Methoden: Top-Down-Methode (zuerst der Kerngedanke) und Bottom-Up-Methode (zuerst die Details). Schließlich finden sich bei der Datenaufzeichnung für Musik, Sprache und Bilder zwei polare Methoden: Bei der analogen Aufzeichnung wird eine Entsprechung gewählt, die das Aufzuzeichnende ganzheitlich beläßt, bei der digitalen Aufzeichnung dagegen wird es in kleinste Einheiten zergliedert und nur noch als Folge von Nullen und Einsen gespeichert.

Die folgende tabellarische Zusammenstellung zeigt die Polarität von Vor- und Rückschau unter verschiedensten Aspekten auf. Sie ergänzt und erweitert die Tabelle auf Seite 26. Dank der Fähigkeit, abwechselnd Vor- und Rückschau zu halten, öffnet sich das Singuläre dem Regulären und das Reguläre dem Singulären. Es entsteht eine Dynamik, die zum divergierenden Überschreiten der Grenzen motiviert und so einen Kreislauf in Gang setzt, in welchem Singuläres, Divergierendes und Reguläres zu Phasen werden, die immer und immer wieder durchlaufen werden müssen.

Vorschau	**Rückschau**
Suchender	Wissender
Lernender	Lehrender
Orientierung an Kernideen	Segmentierung von Stoff
singuläres Forschen	reguläres Informieren
begreifendes Erkunden	Algorithmen anwenden
Erfinden	Bearbeiten
Ich-bezogen	Ich-unabhängig
ganzheitlicher Zugriff	additiver Aufbau
synthetische Urteile	analytische Urteile
Futur	Perfekt / Plusquamperfekt
Top-Down-Methode des Programmierens: zuerst der Kerngedanke	Bottom-Up-Methode des Programmierens: zuerst die Details
analoge Art der Darstellung: auf Ähnlichkeit beruhend	digitale Art der Darstellung: auf Übereinkunft beruhend
Hieroglyphen	willkürliche Zeichen

Kernideen motivieren zum Handeln

Die Spannung zwischen dem Singulären und dem Regulären ist die Triebfeder für das Lernen. Das gilt für den Forscher ebenso wie für den Schüler. Im Unterschied zum Forscher macht sich der Schüler aber nicht in ein Gebiet auf, das noch unentdeckt ist. Was er betritt, ist nur für ihn Neuland. Andere waren vor ihm da, haben längst alles entdeckt, durchforscht und kultiviert. Hat er als Verspäteter überhaupt noch eine Chance?

Wenn man das Wissen über diese bereits erforschten Gebiete – über Mathematik, Geographie, Musik, Geschichte – als klar umrissene und strukturierte Fertigprodukte vor die Schüler hinstellt, haben sie tatsächlich keine Chance. Auch wenn sich das Lehrbuch und der Lehrer bei der Wissensvermittlung um eine schülergerechte Sprache bemühen, kommt es kaum zu einem Dialog. Die Lernenden werden sich zwar mit der Zeit in den Sprachen der verschiedenen Wissensgebiete mehr oder weniger fließend auszudrücken lernen, die Inhalte bleiben ihnen aber fremd. Ihre Erlebniswelt ist nicht angesprochen, sie bleibt ausgeschlossen. Deshalb fehlt die Motivation. Die SEGMENTIERENDE DIDAKTIK scheitert, weil sie die Schüler mit Antworten überhäuft, zu denen die Fragen fehlen. An Fragen ist zwar kein Mangel: Die Lehrbücher sind voll davon, und wer vor Prüfungsfragen versagt, muß mit Sanktionen rechnen. Aber das sind nicht die Fragen, von denen wir hier reden. Denn Fragen, auf die man die Antwort schon weiß, sind keine richtigen Fragen. Richtige Fragen fordern heraus, sie versetzen die singuläre Welt in Unruhe und wollen beantwortet sein. Wo sich richtige Fragen einstellen, braucht man sich um Lernprozesse keine Sorgen mehr zu machen.

Wie kommt es denn überhaupt zu einem Dialog zwischen der singulären Welt der Schüler und der regulären Welt der Schulstoffe? Wie können wir die Schüler motivieren, sich mit einem Sachgebiet zu beschäftigen, ohne ihnen dieses Sachgebiet vorzustellen? Kann man zum Beispiel in das Gebiet der Mathematik eindringen, ohne die Zahlenreihen zu lernen und Grundoperationen wie Addieren oder Multiplizieren einzuüben? Wer so fragt, argumentiert aus der Optik der RÜCKSCHAU. Das Wissen erscheint ihm als wohlgeordnetes Gebäude aus Lehrsätzen und Regeln. In diesem Gebäude verdichten sich alle wichtigen Erkenntnisse und Erfahrungen, die man bisher in diesem Wissensgebiet gemacht hat. Alle wichtigen Antworten auf Fragen, die sich bei der Erforschung des Fachgebietes gestellt haben, sind in diesem Gebäude versammelt. Wie auch immer die Prinzipien lauten, nach denen dieses Wissensgebäude aufgebaut ist – vom Grundlegenden zum Speziellen, vom Einfachen zum Schwierigen usw. –, eines ist sicher: Es sind Prinzipien der Rückschau, nicht Prinzipien der VORSCHAU. Sinnvoll erscheinen sie dem, der auf vielfältige Erfahrungen in diesem Stoffgebiet zurückblickt; für den Anfänger sind sie unverständlich. Deshalb ist es verhängnisvoll, wenn der wohlmeinende Didaktiker und Lehrbuchautor solche Produkte der Rückschau in Elemente zerlegt und ein Lernprogramm entwickelt, in welchem diese Elemente über Jahre hinweg Stück für Stück wieder zu einem Ganzen zusammengesetzt werden sollen. Was für Ergebnisse diese mechanistische Wissensvermittlung erzielt, kann man an sich selbst beobachten. Wie viele Menschen haben durch die Schule eine lebendige Beziehung zur Sprache, zur Kunst oder zur Dichtung aufgebaut? Und für wie viele ist Mathematik mehr als eine unbewohnbare Ruine oder gar ein Trümmerfeld?

Aussagen, wie man sie aus der Rückschau auf Sachgebiete macht, sind für den Anfänger wenig hilfreich. Sie können ihn sogar blockieren. Antworten, die man von außen an ihn heranträgt, bewegen ihn nicht. Wie sollen sie auch? Er kann sie als Antworten ja gar nicht verstehen, weil ihm die Fragen fehlen, auf die sie antworten. Er kann sie vielleicht auswendig lernen und kann sie sogar reproduzieren, wenn man ihm das richtige Stichwort liefert. Aber verstehen kann er sie nicht. Verstehen kann man nur Antworten, zu denen man eine Frage hat. Nicht die Antworten sind das Problem beim Lernen. Antworten gibt es genug, und wer ein gutes Gedächtnis hat, kann sie sich alle merken. Das Problem beim Lernen sind die Fragen. Mit den Fragen beginnt das Verstehen. Und Fragen kann man nicht vermitteln, man kann sie weder lehren noch lernen. Fragen kann man sich, genau genommen, nicht einmal stellen; sie stellen sich ein. Erst wenn sich einem eine Frage wirklich stellt, versteht man sie (vgl. Gadamer, Hinweise Seite 214 f.).

Soll es zu einem Dialog zwischen Stoff und Schüler kommen, so muß der Stoff für den Schüler die Form der Frage annehmen. Genauer: In der singulären Welt des Schülers müssen sich Fragen einstellen, auf die der Schulstoff Antwort sein kann. Damit können wir den Begriff KERNIDEE präziser fassen.

> KERNIDEEN MÜSSEN SO BESCHAFFEN SEIN, DASS SIE IN DER SINGULÄREN WELT DER SCHÜLERIN ODER DES SCHÜLERS FRAGEN WECKEN, WELCHE DIE AUFMERKSAMKEIT AUF EIN BESTIMMTES SACHGEBIET DES UNTERRICHTS LENKEN.

Kernideen machen den Schüler also aufmerksam auf Unstimmigkeiten im Horizont seiner singulären Welt. Sie öffnen ihm die Augen für neue Zusammenhänge und fordern ihn so heraus, seine eigenen Meinungen mit Hilfe des Schulstoffs neu zu überdenken und neu zu ordnen.

Hat eine Kernidee in der singulären Welt eines Lernenden einmal Fuß gefaßt, entwickelt sie hier ihre eigene Dynamik. Um die neuen Möglichkeiten, auf die ihn die Kernidee aufmerksam gemacht hat, in seine singuläre Welt zu integrieren, muß der Lernende vieles von dem, was er bisher für richtig gehalten hat, revidieren oder ergänzen. Wie weit er in das Stoffgebiet eindringt und wie gründlich er es untersucht, hängt ganz von den Meinungen und Mechanismen ab, die in seiner singulären Welt wirksam sind. Die Leistungen, die er erbringt, und die Fortschritte, die er macht, können deshalb nicht mit äußerlich feststellbaren Fortschritten in der Stoffbeherrschung gleichgesetzt werden. Je nach Beschaffenheit seiner singulären Welt kann ihn ein Lehrstoff, den man unter fachlichen Gesichtspunkten als sehr leicht klassifizieren kann, vor enorme Probleme stellen, weil er zentrale Bereiche seiner bisherigen Meinungen in Frage stellt. Er muß also, um den scheinbar einfachen Stoff zu integrieren, weite Bereiche seiner singulären Welt umbauen. Andererseits kann ein scheinbar schwieriger Stoff so beschaffen sein, daß er sich mühelos in seine singuläre Welt einfügt. Der Lernende macht in den Augen der Beobachter, die nur den Stoff im Auge haben, einen scheinbar unerklärlichen Sprung in der Entwicklung.

Was genau sind nun aber Kernideen? Wie sind sie beschaffen? Wie stellt man sie her? Kernideen wecken Fragen, haben wir gesagt. Sie verweisen den Lernenden an den Schulstoff. Sie entstehen im Gespräch, stellen sich spontan ein, wenn Menschen partnerschaftlich miteinander sprechen. In einer Kernidee verschmelzen objektive Momente eines allgemein bekannten Sachverhalts mit subjektiven Momenten einer aktuellen, affektgeladenen und parteiischen Wahrnehmung dieses Sachverhalts. Kernideen kann nur jemand formulieren, dem sich eine Sache unerwartet in einem neuen Licht gezeigt hat und der deshalb unmittelbar bewegt und betroffen ist. In einer Kernidee zeigt sich also nicht nur die Sache, sondern auch der Mensch –, nicht nur ein gedanklicher Zusammenhang, sondern auch eine Intention. Sie gibt nicht nur Einblick in eine Erkenntnis, sondern auch Einblick in die Psyche eines Menschen, dem diese Erkenntnis wichtig ist.

Um die Schüler zum Lernen zu motivieren, muß der Lehrer sie Anteil nehmen lassen an den Motiven, die ihm persönlich die Energie liefern, sich mit dem Schulstoff zu befassen. Im günstigsten Fall ist er von seinem Stoff fasziniert; dann wird der Funke leicht auch auf seine Schüler überspringen. Es wird aber immer auch Stoffe geben, die er persönlich noch nicht entdeckt hat, denen er skeptisch oder gar ablehnend gegenübersteht. Auch das darf er seinen Schülern nicht verschweigen. Ein ehrliches Eingeständnis des Lehrers – ich habe Mühe mit diesem Stoff – kann zum Nährboden für Kernideen werden. Entscheidend ist, daß der Lehrer den Schülern nichts vorspielt, sie nicht gängelt mit künstlichen Motiven. Seine Kernidee muß authentisch sein, wenn sie die Schüler in ihrem Personzentrum ansprechen, wenn sie Energien wecken soll.

Wenn wir uns im Rückblick Situationen vergegenwärtigen, in denen Kernideen wirksam geworden sind, taucht ein bunter Reigen von Möglichkeiten auf. Da gibt es Kernideen, die mitten ins Herz einer Sache zielen; andere bewegen sich bescheiden am Rande eines Themas oder führen scheinbar sogar von ihm weg. Ja, es gibt sogar Kernideen, die der Fachmann in seiner Rückschau als falsch bezeichnen muß. Es wäre aber ein Irrtum, anzunehmen, eine Kernidee sei um so wirksamer, je direkter sie das Zentrum einer Sache anvisiert. Unter sachlichen Gesichtspunkten allein läßt sich eine Kernidee ja gar nicht beurteilen. Immer muß die Situation und die Eigenart der am Gespräch beteiligten Menschen in Rechnung gestellt werden. Streng genommen lassen sich Kernideen NUR FUNKTIONAL bestimmen: aus ihrer Wirkung. Ob ein Einfall etwas taugt oder nicht, läßt sich erst im nachhinein – in der Rückschau – ermitteln. Erst wenn ein Schüler beginnt, aus eigenem Antrieb Fragen zu formulieren, kann man sagen: Hier ist eine Kernidee am Werk. Der Funke hat gezündet: Die Kernidee des Lehrers hat sich in eine Kernidee des Schülers verwandelt. Jetzt beginnt der Schüler aus eigenen Motiven zu handeln. Und jetzt hängt alles davon ab, daß der Schüler in seiner Auseinandersetzung mit der Sache eigene Wege beschreiten darf. Vielleicht reizt ihn das Gedicht oder die Textaufgabe, um die es geht, zum Widerspruch, und er formuliert seine Gegenposition; vielleicht ist er fasziniert und will der Sache auf den Grund gehen; vielleicht muß er sich das Thema zuerst für sich selbst zurechtlegen und formuliert die Texte um.

Weil sich die Wirksamkeit und die Leistungsfähigkeit von Kernideen erst in der Rückschau beurteilen lassen, ist uns die Beschreibung individueller Lernprozesse so wichtig. Aus beschriebenen oder erlebten Situationen kann man Rückschlüsse ziehen auf Bedingungen, unter denen Kernideen geboren werden. In der sorgfältigen Analyse von Lernbiographien wird der Lehrer sensibilisiert für Begleiterscheinungen aufkeimender Kernideen. Er wird bald einmal merken, daß er sich weniger um die Herstellung von Kernideen sorgen muß als um ihre Entdeckung und um ihre Pflege. Die folgenden Beispiele deuten an, wie unterschiedlich Kernideen beschaffen sein können und wie unterschiedlich sie wirken.

Bruno ist Schüler einer vierten Klasse des Gymnasiums. Er steht drei Jahre vor der Matur. Im Deutsch zeigt er gute Leistungen, in der Mathematik dagegen hat er große Mühe. Er ist zwar willig und fleißig, aber seine Situation erscheint uns trotzdem als hoffnungslos. Die schwierigen Stoffe in der Mathematik stehen noch bevor, und wir befürchten deshalb, daß Bruno den Anschluß an die Klasse bald verlieren wird. Einziger Lichtblick ist das bevorstehende Klassenlager, in welchem sich die Schüler in einem fächerübergreifenden Projekt zusammen mit dem Deutsch- und dem Mathematiklehrer eigene Zugänge zur Trigonometrie erarbeiten sollen. Die beste Schülerin, eine Repetentin, läßt sich durch eine Ansichtskarte zur Frage herausfordern: „Wo stand der Fotograf?" Zwei besonders ehrgeizige Schüler wollen den Zusammenhang zwischen der Jahreszeit und dem Einfallswinkel der Sonnenstrahlen auf die Erdachse berechnen. Anschließend überlegen sie sich, wie sich im Verlauf eines bestimmten Tages im Jahr der Winkel verändert, mit dem die Sonnenstrahlen auf die Horizontebene auftreffen. Sie basteln ein entsprechendes Modell. Bereits Anfänger im Gebiet der Trigonometrie reden unbekümmert von „Sinus-Alpha". „Was ist eigentlich der ‚Sinus' für sich allein, ohne ‚Alpha'?" will Christoph wissen. Diese etwas abwegige Kernidee führt ihn direkt in die Funktionslehre. Andere Schüler beschränken sich darauf, die Höhe einer Fahnenstange mit Hilfe ihres Schattens und des Einfallswinkels der Sonnenstrahlen zu berechnen oder ein neues Tarifsystem für die Bundesbahnen zu entwickeln, das die Größe des Landschaftsausschnitts berücksichtigt, die abnimmt, je weiter weg der Platz vom Fenster ist. Nur Bruno findet kein Thema.

Längere Gespräche mit den beiden Lehrern fruchten vorerst nichts, bis endlich Brunos Erfahrungen mit seinen Mathematiklehrern zur Sprache kommen. Jetzt ist der Bann gebrochen. Bruno zieht sich zwei Tage lang zurück und schreibt seine Mathematik-Biographie: „Wann und warum habe ich in der Mathematik ‚abgehängt'?" Bruno stößt in seinem Text sehr schnell zu seinem Kernproblem vor. Es ist die unpersönliche, abstrakte Sprache des Fachmanns, die ihm den Zugang zur Mathematik verbaut. Sie nimmt, wie Bruno sich ausdrückt, „der Sache jedes Geheimnis" und läßt „nichts Interessantes, nichts Entdeckenswertes" zurück. Schließlich bringt er den Mechanismus, der sich in seiner singulären Welt der Mathematik widersetzt, auf eine Formel: „Weil ich die trockene, sachliche Art nicht mag, in der Mathematik übermittelt wird, lehne ich im Innern alles ab, was in solcher Weise ausgedrückt wird, obwohl es mich eigentlich interessieren würde." Brunos klare Sicht der Dinge überrascht uns, aber wir halten seinen Text anfänglich für einen Schwanengesang. Das erweist sich als Irrtum. Es hat sich für Bruno gelohnt, daß er sich vorerst nicht direkt mit Trigonometrie, sondern mit seiner singulären Welt – der Beziehung dieser Welt zur Mathematik – befaßt hat. Obwohl er durch diesen persönlichen Exkurs gegenüber seinen Klassenkameraden noch weiter in Rückstand geraten ist, hat er sich schließlich von seiner Mathematikschädigung erholt. Voraussetzung war allerdings ein Entgegenkommen des Mathematiklehrers.

Wir ermuntern Bruno, bei der Lösung von Mathematikaufgaben doch immer auch mitzuteilen, wie er sich fühlt, was für Assoziationen ihm durch den Kopf gehen und welche Fragen sich ihm stellen. Die Wirkung ist überraschend. Brunos Mathematikprüfungen nehmen den Charakter von Aufsätzen an. Über mehrere Seiten hinweg beschreibt er seine Abenteuer im Kampf mit mathematischen Problemen. Trotz des großen Schreibaufwands findet er offenbar genug Zeit zum mathematischen Denken. Seine Leistungen steigern sich. Früher saß Bruno untätig vor seinem leeren Blatt, wenn er eine Aufgabe nicht lösen konnte, jetzt beginnt er sofort zu schreiben und arbeitet sich damit zum mathematischen Problem vor, das er immer häufiger auch zu lösen vermag. Bruno überwindet seine Krise und besteht die Maturitätsprüfung mit einer genügenden Mathematiknote. Für uns wurde Brunos Entwicklung zu einem Schlüsselerlebnis. Seine Methode, sich schreibend an ein mathematisches Problem heranzutasten, hat sich auch bei vielen andern Schülern bewährt. REISETAGEBÜCHER, so nennen wir solche Texte, befreien von der zwanghaften Fixierung auf die Lösung und stellen den Lösungsweg ins Zentrum.

Die Kernidee, die Bruno einen Zugang zur Mathematik eröffnete, hat mit dem Unterrichtsthema, aus dem sie herausgewachsen ist, nur sehr entfernt etwas zu tun. Sie hat die Aufmerksamkeit aber auf das Hindernis gelenkt, das Brunos mathematisches Verständnis blockiert hat. Es waren gar nicht die Sachprobleme, die Bruno zu schaffen machten, sondern die Sprache, in der diese Sachprobleme an ihn herangetragen wurden. Die Kernidee, sich mit seiner Mathematik-Biographie zu befassen, hat ihm nicht nur dieses Hindernis bewußt gemacht, sie hat ihm auch den Weg zur Lösung mathematischer Probleme gewiesen. Die ursprünglich sehr vage und allgemeine Frage „Wann und warum habe ich in der Mathematik ‚abgehängt'?" hat sich in der Folge konkretisiert zur Frage „Was genau macht mir bei dieser speziellen Mathematikaufgabe Mühe?". Dank dieser Fragerichtung hat Bruno schließlich eine Methode gefunden, um die reguläre Welt der Mathematik mit seiner singulären Welt in Verbindung zu bringen. (*Mehr dazu in P. Gallin: Liebe zur Mathematik wecken. Haben auch durchschnittlich begabte Schüler eine Chance? Didaktik der Mathematik, Heft 4, Seiten 284–303. Bayerischer Schulbuchverlag. München 1986.*)

Neben Kernideen, die ein Sachgebiet nur am Rande berühren, gibt es Kernideen, die ins Zentrum einer Sache zielen. Das trifft zu bei der Frage, die wir uns vor einiger Zeit im Zusammenhang mit dem Kommagebrauch im Deutschen gestellt haben. Es gibt, laut Duden, 38 Kommaregeln. Hinzu kommt ein Mehrfaches an Unter- und Sonderregeln. Wer soll die alle im Kopf behalten? Es ist kaum anzunehmen, daß Autoren, die fehlerfrei schreiben, alle diese 38 Regeln samt Unter- und Sonderregeln auswendig kennen und nun gleichsam laufend in ihrem Gedächtnis blättern, wenn sie schreiben. Sie orientieren sich beim Schreiben vielmehr an einer Art Gefühl, einem inneren Leitbild, das ihnen unaufgefordert anzeigt, wo ein Komma zu setzen ist und wo nicht. Nur im Zweifelsfall wird ihnen das Thema bewußt. Dann werden sie versuchen, aus dem Gedächtnis eine Regel abzurufen oder zu konstruieren; schließlich bleibt noch der Griff zum Lexikon. Gelänge es, dieses unbewußte Leitbild auf einen Begriff zu bringen, brauchte man weniger oft zum Lexikon zu greifen. Zudem könnte der Aufwand zum Erlernen des Kommagebrauchs erheblich vermindert werden. Damit war die Kernidee geboren: Läßt sich der Gebrauch des Kommas im Deutschen auf ein einheitliches Prinzip, vielleicht sogar auf einen einzigen Begriff zurückführen?

Die Ergebnisse dieser Überlegungen sind in einer didaktischen Zeitschrift publiziert worden (*Urs Ruf: Soll ich hier wirklich ein Komma setzen? Ändert sich etwas? Praxis Deutsch, Heft 55, Seiten 56–59. Seelze 1982*). Wir beschränken uns hier auf ein paar Andeutungen. Grundlegend ist die Erkenntnis, daß Kommas in der heutigen Zeit nicht mehr Sprechpausen markieren und daß sie auch nicht in erster Linie Sinneinheiten ausgrenzen. Sie sind vor allem Signale der grammatischen Gliederung von Texten. Will man sich die Funktion des Kommas vergegenwärtigen, geht man am besten von einem Text aus und greift einen Satz heraus, der durch einen Punkt, ein Fragezeichen oder ein Ausrufezeichen begrenzt ist. Dann streicht man alle Wörter weg, die grammatisch nicht unbedingt notwendig sind. Weist der Satz jetzt noch Gliedsätze auf, ersetzt man diese durch entsprechende, minimal ausgebaute Satzglieder. Was zurück bleibt, ist die Grundform eines Satzes. Wenn man einen Satz auf seine Grundform reduziert, fallen alle Kommas weg. Damit ist ein wichtiger Grenzfall isoliert: In einem Satz, der nur aus seinen grammatisch notwendigen Satzgliedern besteht, treten nie Kommas auf.

Zentrum der Grundform eines Satzes ist das Verb. Verben sind ergänzungsbedürftig. Diese Ergänzungsbedürftigkeit (Valenz) hat den Charakter von Fragerichtungen. Das Verb

„schenken" zum Beispiel hat drei Valenzen: Wer schenkt wem was? Die Fragen „Wer?", „Wem?" und „Wen oder Was?" deuten in drei Richtungen, in denen nach einer ergänzenden Antwort gesucht werden soll. Zum Beispiel „Gabriela schenkt ihrem Bruder einen Kuchen".

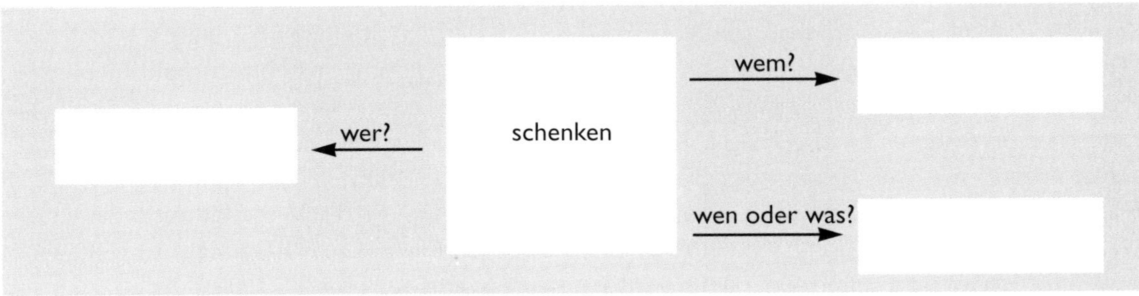

Verben, so stellen wir fest, haben bei der Textgestaltung ganz ähnliche Aufgaben wie Kernideen beim Lernen. Sie fordern den Sprecher auf, sich aufzumachen und in bestimmten Richtungen nach Antworten zu suchen. Es steht dem Sprecher frei, neben den Fragen, die aus grammatischen Gründen (Valenzen) zwingend beantwortet werden müssen, weitere Fragen aufzuwerfen und die Grundform des Satzes durch weitere Antworten zu ergänzen. Das führt uns zum zweiten Teil unserer Untersuchung zur Funktion des Kommas.

Nachdem wir einen beliebigen Satz aus einem Text auf seine Grundform reduziert und damit alle Kommas zum Verschwinden gebracht haben, können wir nun den umgekehrten Weg beschreiten. Wir bauen die Grundform Schritt für Schritt wieder aus, indem wir weitere Fragen stellen und in der Form von Attributen, Satzgliedern oder Teilsätzen weitere Informationen als Antworten einfügen. Dabei achten wir genau darauf, an welchen Stellen beim schrittweisen Ausbau eines Satzes über seine grammatisch notwendigen Satzglieder hinaus Kommas auftreten. Wir beobachten drei typische Fälle:

1. Der Sprecher begnügt sich nicht mehr mit einer Antwort auf eine Frage, er gibt zwei oder mehrere Antworten. Die entsprechende Satzgliedstelle oder Attributstelle ist also doppelt oder gar dreifach besetzt. Ein grammatisches Element hat einen DOPPELGÄNGER bekommen. Dieser wird durch ein Komma – oder ersatzweise durch ein „und" – von seinem Partner abgehoben. („Gabriela schenkt ihrem Bruder, ihrer Schwester und ihrer Freundin einen Kuchen.")

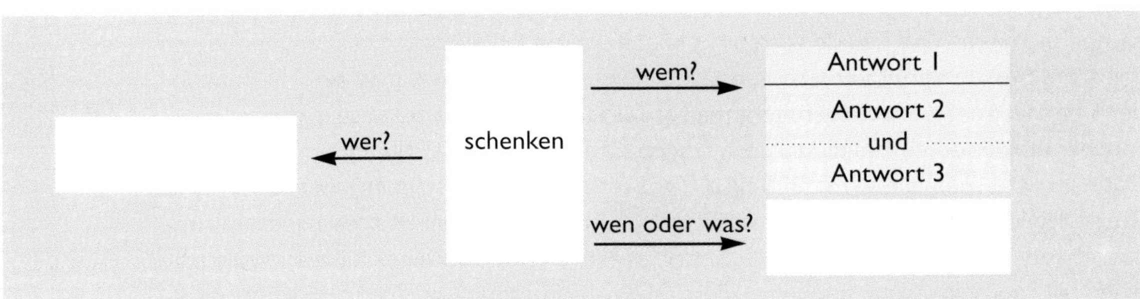

2. Ein weiteres Verb tritt neben das Verb des Trägersatzes, gleichsam ein zweites Kraftzentrum. Die Ausbaumöglichkeiten des Satzes sind auf einen Schlag verdoppelt. Das Verb des Teilsatzes verhält sich genau gleich wie das Verb des Trägersatzes. Es versammelt Satzglieder und Attribute um sich herum und macht sich, ähnlich wie das

Verb des Trägersatzes, zum Zentrum einer kleineren Welt. Auch dieses ist ein Doppelgänger: ein STRUKTURDOPPELGÄNGER. Auch Teilsätze werden durch Kommas oder andere Satzzeichen begrenzt. („Gabriela schenkt, wem sie ihre Zuneigung bezeugen will, einen Kuchen.")

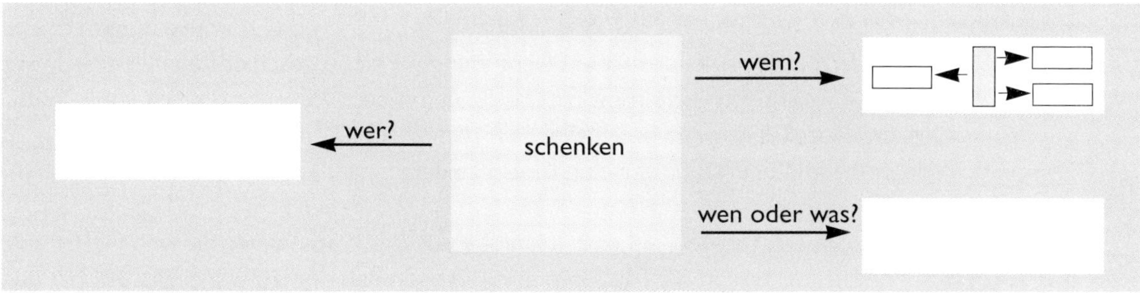

3. Schließlich können beim Ausbau von Sätzen noch Elemente auftreten, die man zwar immer noch als Doppelgänger auffassen kann, die sich aber nicht mehr unmittelbar in die Welt des Verbs einfügen. Solche Einschübe haben den Charakter von AUßENSEITERN, die ihrem Bezugselement im Satz nur lose beigeordnet sind. Außenseiter können in der Gestalt von Sätzen (Schaltsatz) oder von Satzfragmenten auftreten und werden immer beidseitig durch Kommas abgetrennt. („Gabriela, sie ist ein Mädchen aus der Nachbarschaft, schenkt ihrem Bruder einen Kuchen, einen selbstgebackenen.")

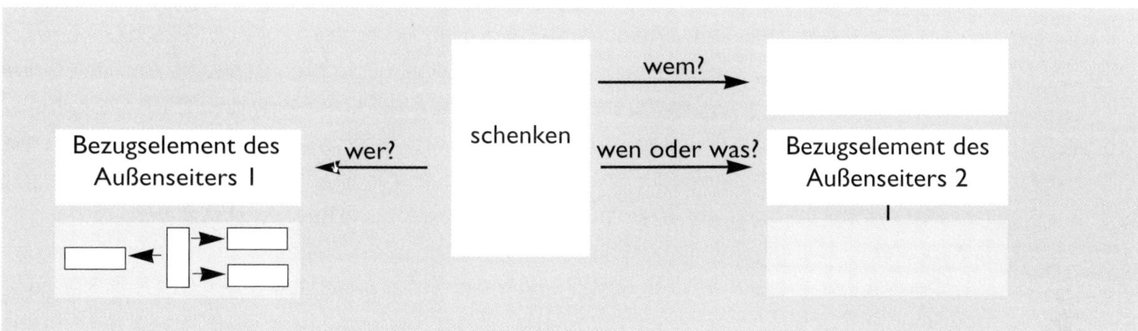

Versucht man nun die drei Fälle unter einem einheitlichen Gesichtspunkt zusammenzufassen, bietet sich ein Begriff aus der Geometrie an: die Spiegelungsachse. In allen drei Fällen kommt es durch das Komma zu einer Art von Spiegelung. Das Komma markiert eine Stelle im Satz, bei welcher der Sprecher den schrittweisen Ausbau für einen Augenblick unterbrochen hat, um einem Element, das er eben gerade verwendet hat, noch ein ähnliches, einen Doppelgänger, beizufügen. Er scheint vor dem weiteren Ausbau des Satzes zu zögern: Die eine Antwort auf eine Frage genügt ihm nicht, er fügt eine weitere bei; das eine Verb reicht nicht aus, er setzt ein zweites Satzzentrum; schließlich macht er noch von der Möglichkeit Gebrauch, in sein Satzgefüge einen eigenwilligen Außenseiter einzuschieben. DAS KOMMA IST ALSO EINE SPIEGELUNGSACHSE, ein Reflexionssignal, das den Leser auffordert, einen Blick zurückzuwerfen und das Element unmittelbar vor dem Komma mit dem nachfolgenden Element zu vergleichen. Indem es die beiden Elemente voneinander abhebt, macht es auf ihre Ähnlichkeit aufmerksam. Es trennt und verbindet.

Faßt man das Komma als Spiegelungsachse auf, gewinnt die Frage nach dem richtigen Kommagebrauch eine neue, dynamische Komponente. Die neue Einsicht wird selber wieder zu einer Kernidee. Man steht nicht verständnislos vor einer starren Norm, die nur

RICHTIG oder FALSCH zuläßt, sondern wird zu einem bestimmten Verhalten im Umgang mit Kommas aufgefordert: „Unterbrich den Lesefluß beim Komma! Schau zurück – schau nach vorn – und überlege dir, was das Element vor dem Komma und das Element nach dem Komma miteinander zu tun haben.“ Anstatt bloß ängstlich darauf zu achten, keine Fehler zu machen, wendet man sich interessanteren Fragen zu: Soll ich hier wirklich ein Komma setzen? Was bewirkt es? Was ändert sich, wen ich das Komma weglasse? Die Einhaltung der Norm ist keine bloße Pflichtübung mehr, sie geschieht aus Überzeugung. Aber auch Abweichungen sind möglich. Das Spiel mit der Norm kann zu einem Stilmittel werden, der Einzelfall kann so beschaffen sein, daß er die Norm in Frage stellt. Die reguläre Welt wird zum Lebensraum für singuläres Handeln.

Schließlich noch ein Hinweis auf eine Kernidee aus der Mathematik, die sich im Verlaufe einer Einführungslektion in die Trigonometrie ganz spontan und zufällig eingestellt hat und die für die Schüler in der damaligen Situation als Augenöffner wirkte. Die Kernidee bestand fast nur aus einer Geste, und es war ein Schüler, der sie entdeckt hat. Sie ist aus einer eher anspruchslosen Pröblerei mit der Sinus-Taste des Taschenrechners herausgewachsen. Sinus, dieses Vorwissen brachten die Schüler mit, hat etwas mit Trigonometrie zu tun. Daß Sinus mit Winkeln etwas zu tun hat, wußten sie nicht; ihr einziger Bezugspunkt zum Thema war die mit SIN bezeichnete Taste auf ihrem Rechner. Was passiert, wenn man Zahlen eingibt und dann die Sinus-Taste drückt? Bei 1 erscheint 0.01745, bei 2 erscheint 0.03490, bei 3 erscheint 0.05234. Beim flüchtigen Hinsehen scheint es, daß die ausgegebenen Zahlen proportional zu den eingegebenen Zahlen wachsen. Diese Hypothese muß bald revidiert werden. Bei 4 erscheint nicht, wie man vermuten könnte, 0.06980, sondern 0.06976. Je höher man die eingegebenen Zahlen wählt, desto mehr hinkt die Ausgabe hinter dem erwarteten Wert her. Eine erste Überraschung bewirkt die Eingabe 30: Die Ausgabe ist exakt 0.5. Dann 90: Die Ausgabe ist exakt 1. Jetzt wird es dramatisch: Steigt man weiter auf, fallen die Ausgaben sogar wieder unter 1 zurück, zuerst langsam, dann immer schneller. „Da müssen Winkel im Spiel sein“, vermutet eine Schülerin. „Richtig“, bestätigt der Lehrer, „die Zahlenwerte, die ihr eingegeben habt, entsprechen den Winkeln von 1 bis 90 Grad und darüber hinaus.“ Dazu macht er unwillkürlich die Geste, welche sich hinterher als Kernidee des Sinus entpuppt. Er legt seinen Arm flach auf den Tisch und hebt dann langsam die Hand, während der Ellbogen auf der Tischplatte liegen bleibt. „Von meinem Platz aus“, meldet sich jetzt ein Schüler, „kann ich genau sehen, wie der Ausgabewert zuerst schnell, dann immer langsamer zunimmt und schließlich wieder abfällt. Wenn Sie Ihren Arm zu drehen beginnen, steigen Ihre Fingerspitzen zuerst schnell in die Höhe, dann immer langsamer. Sie brauchen Ihren Arm nur weiterzudrehen, dann sinken Ihre Fingerspitzen wieder.“ Die spontane Bemerkung dieses Schülers ist ein Glücksfall. Sie kreist den Begriff des Sinus auf eine anschauliche und überzeugende Art ein. Griffig formuliert, wird die unerwartete Beobachtung des Schülers zu einer ersten Definition des Sinus: DER SINUS IST DIE HÖHE MEINER FINGERSPITZEN ÜBER DER TISCHPLATTE.

Diese Antwort hat natürlich vorläufigen Charakter; sie reizt zum Weiterfragen. Warum erhält man bei 90 Grad gerade 1? Hängt diese Höhe denn nicht auch von der Länge des Arms ab? Auch bei diesem Beispiel verwandelt sich die gesuchte Antwort also wieder in eine Kernidee. Es tauchen wieder Fragen auf, die neue Antworten und neue Fragen nach sich ziehen. Die Schüler fangen an, das Gebiet der Trigonometrie zu erkunden und auszudifferenzieren. Ihre singulären Meinungen beginnen zu divergieren und nähern sich dem Regulären.

Kernideen sind selten übertragbar. Sie haben den Charakter von Einfällen, die sich spontan einstellen und die in der aktuellen Situation ihre größte Wirksamkeit entfalten. Natürlich ist der Lehrer versucht, bewährte Kernideen zu perfektionieren und mehrmals einzusetzen. Das führt aber, soweit wir das aus unserer Erfahrung beurteilen können, selten zum Erfolg. Präparierte Kernideen nehmen schnell den Geruch von Lehrstoff an. Es fehlt der richtige Zeitpunkt, die richtige Erwartungshaltung, das richtige Klima. Die Schüler merken die Absicht und sind zu Recht verstimmt. Es ist nicht der Wissende, dem Kernideen zufallen, es ist der Suchende, der unvermittelt auf sie stößt. Wer in der gesicherten Optik der Rückschau verharrt, hat Kernideen gar nicht nötig. Wer hingegen versucht, einer vielleicht schon längst bekannten Sache aus der Optik der Vorschau eine neue Ansicht abzugewinnen, wer im Gespräch mit seinen Schülern versucht, eine Sache neu zur Sprache zu bringen, wird ohne Kernideen nicht auskommen. Sie mögen, aus dem Moment heraus geboren, noch so unvollkommen und vielleicht sogar mangelhaft sein – bei denen, die am Gespräch beteiligt sind, können sie Wunder wirken. Eingebettet in ein Klima des Fragens und des Suchens, greifen sie ein in die singuläre Welt der Lernenden und öffnen ihnen die Augen für neue, ansprechende Sachbereiche.

Kernideen können – aus der Optik der Rückschau – sogar falsch sein. Fruchtbar sind sie vielleicht trotzdem. Manchmal ist es nötig, daß ein Lernender sich von einer falschen Hypothese leiten läßt und – wiederum aus der Optik der Rückschau beurteilt – einen gewaltigen Umweg beschreitet. Was sich aus der Rückschau als der kürzeste Weg zu einem bestimmten Ziel bestimmen läßt, braucht aber aus der Optik der Vorschau keineswegs der kürzeste Weg zu sein. Wir vermuten sogar, daß die Lernenden sich selten weit von der Ideallinie des kürzesten Weges entfernen, den zu beschreiten sie überhaupt in der Lage sind. Bedingung ist allerdings, daß man die individuellen Lernprozesse nicht empfindlich stört. Der Lernende, der seinen Weg beschreitet, hat ja nicht nur auf die Beschaffenheit des Sachgebietes zu achten, sondern auch auf die Beschaffenheit seiner singulären Welt. Solange er noch fremd ist in einem Sachgebiet, hat es für ihn nicht die geordnete Struktur, die sich erst aus der Rückschau ergibt. Es hat vielmehr noch den Charakter eines nur schwer durchdringbaren Dschungels, der ihm viele Hindernisse in den Weg legt. Er wird von Fall zu Fall entscheiden müssen, ob er solche Hindernisse überwinden, beseitigen oder umgehen will. Vielleicht wird er am Anfang große Umwege in Kauf nehmen müssen, um noch unüberwindbare Hindernisse zu umgehen. Später, wenn sie weggeräumt sind, ergeben sich vielleicht kürzere Verbindungen. Ein besonders auffälliges Beispiel für ein Lernen auf Umwegen und mit falschen Hypothesen haben wir in der Szene „Winkelmessung: umständlich, aber folgenreich" (Seite 93 ff.) beschrieben.

Aber auch in der Geschichte der Wissenschaften findet man Beispiele für die Fruchtbarkeit „falscher" Kernideen. Wir erinnern nur an Pythagoras und seinen Glauben an die absolute Herrschaft der ganzen Zahlen. Ein halbes Jahrhundert lang haben er und seine Schüler behauptet, alle meßbaren Erscheinungen der Wirklichkeit ließen sich als Proportionen – in Verhältnissen ganzer Zahlen – ausdrücken. Mit dieser „falschen" Kernidee haben sie großartige Leistungen vollbracht. Es ist verständlich, daß sie lange Zeit versuchten, die Entdeckung der irrationalen Zahlen zu verheimlichen. Die Tatsache, daß sich die Länge der Diagonale im Einheitsquadrat nicht als Bruch zweier ganzer Zahlen darstellen läßt, paßte nicht in ihr harmonikales Weltbild. Man darf den Pythagoräern das Beharren auf ihrer Kernidee aber nicht zum Vorwurf machen. Soll eine Kernidee zur Entfaltung bringen, was in ihr steckt, muß sie sich vorübergehend von fremden Einflüssen abschirmen dürfen. Wenn Kernideen zum Handeln motivieren sollen, darf man sich der

Dynamik ihrer Entwicklung nicht in den Weg stellen. Was aus der Rückschau als Sturheit, Fixierung oder gar Verblendung erscheint, hat, wenn man sich in die Optik der Vorschau einlebt, oft eine fast zwingende Eigengesetzlichkeit. Das zu akzeptieren fällt allerdings dem Lehrer, der alles weiß und alles überblickt, nicht immer leicht. Er muß sich beim Korrigieren von „Fehlern" zurückhalten und darauf vertrauen, daß eine falsche Kernidee ihre Beschränktheit früher oder später selber überwindet und sich in eine neue Kernidee verwandelt.

Wir fassen zusammen. Kernideen stellen Verbindungen her zwischen der singulären Welt eines Lernenden und der regulären Welt des Stoffs. Sie machen den Schüler aufmerksam auf Defizite in seiner singulären Welt und deuten ihm zugleich die Richtung an, die er auf der Suche nach einem Ausgleich dieser Defizite einschlagen muß. Für die Herstellung von Kernideen gibt es keine Rezepte. Kernideen sind Produkte von Gesprächen, in denen sich die singulären Welten der Schüler und die reguläre Welt des Stoffs als gleichberechtigte Pole gegenüberstehen. Dem Lehrer fällt dabei die Aufgabe zu, zwischen diesen Polen zu vermitteln. Er ist Anwalt der Schüler und Anwalt des Stoffs und muß darauf achten, daß keiner der beiden Pole den andern verdrängt oder überwältigt.

Diese Aufgabe kann der Lehrer nur erfüllen, wenn er sich in beiden Welten auskennt. Und in beiden Welten muß er sowohl die Position der Rückschau als auch die Position der Vorschau einnehmen können. Es genügt nicht, wenn ein Lehrer die Antworten kennt, die in seinem Fachgebiet wichtig sind. Er muß auch die Fragen kennen, die zu diesen Antworten geführt haben. Mehr noch: Er muß Wege und Irrwege, denen diese Antworten zu verdanken sind, aus eigener Erfahrung kennen. Nur wenn er sein Fachgebiet auch als Suchender und Fragender durchforscht hat, erscheint ihm sein Wissen sinnvoll.

Aber nicht nur die reguläre Welt seines Fachs muß dem Lehrer vertraut sein, er muß auch Zugang finden zu den singulären Welten seiner Schüler. Allgemeine psychologische Kenntnisse über Entwicklungsstufen und Lernprozesse genügen allerdings nicht. Es genügt auch nicht, wenn ein Lehrer seine Schüler bei der Arbeit beobachtet und sich von jedem einzelnen ein Bild seines individuellen Verhaltens beim Lernen macht. Beides, die Modellvorstellungen der Lernpsychologie und die individuellen Schülerbeobachtungen, sind Produkte der RÜCKSCHAU. Sie müssen ergänzt werden durch Erfahrungen und Beobachtungen aus der Position der VORSCHAU. Der Lehrer darf sich nicht mit den Antworten begnügen, die seine Schüler äußern, er muß sich auch in die Fragen einzuleben versuchen, die zu diesen Antworten geführt haben. Wenn er seine Schüler auf den Wegen und Irrwegen ihres Forschens begleiten will, darf er die Erkenntnisse, die sie formulieren, nicht nur an den Maßstäben der regulären Welt messen, er muß sie auch relativ zu den Maßstäben ihrer singulären Welten beurteilen können. Nur so kann er ihre individuelle Entwicklung fördern und sie mit dem Regulären vertraut machen, ohne dem Singulären Gewalt anzutun. Dabei spielt neben dem Gespräch vor allem das Verfassen und Verstehen von Texten eine zentrale Rolle.

Vom Sprechen zum Verstehen

Der Lebensraum für das Entdecken und Entwickeln von Kernideen ist das Gespräch. Kernideen erzeugen die Spannung, die das Gespräch vorantreibt, und sie weisen die Richtung, in der es sich entwickeln kann. Am Anfang eines Gesprächs vermittelt die Kernidee den Gesprächspartnern vielleicht nur eine sehr vage Vorstellung der Sache, die zur Sprache kommen soll. Je weiter das Gespräch sich entwickelt, desto deutlicher tritt die Sache hervor: Sie nimmt immer klarere Konturen an und gewinnt eine Gestalt, die sich mehr und mehr differenziert. Solange das Gespräch noch in Gang ist, bleibt offen, wohin es treibt. Sein Ziel können die Teilnehmer nur aus der Optik der Vorschau anvisieren. Sprechend und zuhörend spinnen sie die Fäden des Gesprächs und wirken gemeinsam ein flüchtiges Gewebe. Nimmt das Gespräch einen glücklichen Verlauf, so verdichtet sich das Gewebe zu einem Stoff. Der Stoff ist nichts anderes als die sprachliche Gestalt, in der die Sache für alle Gesprächsteilnehmer faßbar wird. Sie verstehen die Sache, weil sie den Stoff selber gewoben haben.

Dieser Weg vom Sprechen zum Verstehen ist das Grundmuster für einen Unterricht, der sich an Kernideen orientiert. Stoff wird nicht als Ware vermittelt, er muß stets neu gewoben werden. Nicht ein Lehrmittel, das den Stoff bereits als festgefügtes Gewebe vorgibt, steht im Zentrum des Unterrichts, sondern das Gespräch. Im Gespräch zwischen Schüler und Lehrer nimmt der Stoff langsam eine Gestalt an, in der er für alle Teilnehmer zum dialogfähigen Partner wird. Sobald sich im Gespräch mit einer größeren Gruppe von Schülern entwicklungsfähige Kernideen herausgebildet haben, muß es zu einer Individualisierung des Unterrichts kommen. Nicht alle Schüler lassen sich von der gleichen Kernidee herausfordern, und außerdem kann ein und dieselbe Kernidee bei verschiedenen Schülern ganz unterschiedliche Formen der Wirksamkeit entfalten. Jeder Schüler muß deshalb Gelegenheit erhalten, beim Ausdifferenzieren von Kernideen eigene Wege zu beschreiten. Individuelles Forschen sprengt nun aber den Rahmen einer Gesprächsrunde. Nur wenn sich der Lernende von einer Kernidee persönlich ansprechen läßt, dringt sie ein ins Gefüge seiner singulären Welt und veranlaßt ihn, Meinungen zu überprüfen, zu revidieren und zu ergänzen. Im persönlichen Dialog mit der Sache schafft der Lernende einen ganz persönlichen Verstehenszusammenhang. Diese spezielle Form des Gesprächs verlangt einen speziellen Gebrauch der Sprache: Neben das Gespräch, an dem sich mehrere Personen beteiligen können, tritt ergänzend das Verfassen von Texten.

Das Verfassen eines Textes ist – wie die Teilnahme an einem Gespräch – Ausdruck eines DIVERGIERENDEN Verhaltens. Ähnlich wie der Sprechende stellt auch der Schreibende eine Verbindung her zwischen seiner singulären Welt und den singulären Welten seiner Gesprächspartner. Um das zur Sprache zu bringen, was er sagen will, muß er sich ein Bild von der singulären Welt seines Gegenübers machen. Er muß die Sache, die er zur Sprache bringen will, sowohl aus der Optik seiner eigenen Welt als auch aus der Optik der Welt des Hörers betrachten. Er ist also gezwungen, Distanz zu nehmen von dem, was ihm selbstverständlich ist, und seine eigene Welt mit fremden Augen zu betrachten. Im Vergleich mit der Welt des Angesprochenen wird ihm die Eigenart seiner eigenen Welt bewußt, und neben Gemeinsamkeiten stellt er auch Unterschiede fest. Gerade diese Unterschiede wird er benützen, um das Spezielle dessen, was er zur Sprache bringen will, zu charakterisieren.

Beim Schreiben laufen also ganz ähnliche Prozesse ab wie beim Sprechen, sie werden aber stark verlangsamt und treten dadurch deutlicher ins Bewußtsein. Hinzu kommt, daß der Verfasser eines Textes die ganze Arbeit des Zur-Sprache-Bringens einer Sache allein leisten und daß er sich von der singulären Welt des Hörers, der ja nicht korrigierend eingreifen kann, von allem Anfang an ein klares Bild machen muß. Schreibend bringt er nicht nur eine Sache zur Sprache, er plant auch den gesamten Verstehensprozeß seines Lesers. Daß dieses hohe Maß an Reflexion nicht nur der Verständigung dient, sondern auch Rückwirkungen auf die singuläre Welt des Sprechers hat, liegt auf der Hand. Verfremdet durch die Optik des Angesprochenen, dem man sich verständlich machen will, verändert das, was man sagen will, unversehens seine Gestalt: Dies oder jenes, was man bisher nicht bezweifelt hat, wird fragwürdig und muß revidiert oder ergänzt werden. Die Abwesenheit des Angesprochenen, dem man sich verständlich machen will, zwingt zu einer feinmaschigen und zusammenhängenden Darstellung der besprochenen Sache und führt deshalb meistens zu einer Klärung und zu einer Vertiefung.

Text und Gespräch ergänzen und bedingen sich beim Lernen gegenseitig. Man kann Texte auffassen als eine eingeschränkte und zugleich gesteigerte Form des Gesprächs. Braucht es vorerst die Offenheit und Vielschichtigkeit des Gesprächs, um Kernideen zu entwickeln und die groben Umrisse einer Sache ins Auge zu fassen, so sind anschließend Konzentration und Beschränkung erforderlich, um das Entdeckte zu sichern und in einen singulären Verstehenszusammenhang zu integrieren. Verdichten sich die flüchtigen Vorstellungen einer Kernidee nicht im strukturierenden Gewebe eines Textes, bleiben sie wirkungslos und hinterlassen keine Spuren im Ich. Umgekehrt müssen singuläre Meinungen, die sich im Textgefüge verfestigt haben, durch anschließende Gespräche überprüft, korrigiert und zur Basis neuer Kernideen, die zu neuem Forschen motivieren, gemacht werden. Diese Zusammenhänge werden im dritten Teil dieses Buches ausführlicher dargestellt.

Wie solche Gespräche mit Lernenden verlaufen können und wie Mündliches und Schriftliches sich dabei gegenseitig ergänzen und bedingen, ist Thema des zweiten Teils dieses Buches. Für eine Didaktik der Kernideen sind solche Gespräche Ausgangspunkt und erste Gegebenheit. Wenn man akzeptiert, daß Lernprozesse individuell verlaufen, ist Nachdenken über Unterricht nur sinnvoll, wenn es auf tatsächlichen Lernereignissen basiert. Berichte über authentische Situationen, in denen in Gesprächen zwischen Lehrer und Schüler fachliche Sachverhalte auf eine singuläre Weise zur Sprache gekommen sind, können als Modelle für die Planung von Unterricht benützt werden. Die Modelle zeigen, wie in einer bestimmten Situation Inhalte aus dem Lehrplan durch sprachliche Leistungen von Schülern und Lehrern in verstandenen Stoff verwandelt worden sind. Aber solche Vorgänge sind nicht wiederholbar, sie dürfen nicht in Unterrichtseinheiten umfunktioniert werden. Kopierbar ist weder der Verstehensprozeß noch sein Produkt. Beide haben den Charakter von einmaligen Ereignissen. In jeder neuen Situation müssen Schüler und Lehrer sich wieder neu von Kernideen ansprechen lassen und in neuen Gesprächen neue Gestalten des Stoffs wirken. Wir müssen uns darauf beschränken, solche Gespräche als Szenen eines einmaligen Spiels zu beschreiben und zu analysieren. Erst in der Rückschau auf erlebten Unterricht zeigt sich, nach welchem Webmuster der Stoff in einem singulären Verstehensprozeß gewoben worden ist.

Szenen

Lernen auf eigenen Wegen

1. Spiel. Singuläre Welten

Der Lernende als unbeschriebene Wachstafel, als tabula rasa, Lernen als Einprägen – solche Bilder bestimmen auch heute noch die pädagogische Praxis. Zwar haben Forschungen auf dem Gebiet der Psychologie und der Hirnphysiologie diese Denkmodelle widerlegt (vgl. Hinweise Seite 210 ff.). Ihre Wirksamkeit ist aber noch fast ungebrochen. Die starre Fixierung auf Stoffpläne, Lehrbücher und Fachsprachen macht viele Lehrer blind für das, was ihre Schüler schon wissen und können. Wir alle sind immer schon mitten drin, wenn wir mit einem Problem konfrontiert werden. Niemals beginnt ein Lernprozeß an einem abstrakten Nullpunkt, einem absoluten Anfang. Jedes Kind, jeder Mensch, lernt andauernd, und meistens merkt er nicht einmal, daß er lernt. Man handelt und reflektiert, schaut zurück auf das, was man gemacht hat, zieht daraus Folgerungen für die nächste Handlung. Wenn wir Schule geben, greifen wir in diesen vitalen Prozeß ein. Wir verlangen vom Kind, daß es sich während einer vorgegebenen Zeit mit einer vorgegebenen Sache auseinandersetzt. Was spielt sich ab, wenn das Kind unserem Stoff begegnet? Was passiert, wenn Singuläres und Reguläres aufeinanderprallen? Um diese zentrale Frage dreht sich alles Lehren und Lernen. Nur wenn das Kind diese Begegnung unbeschadet übersteht, nur wenn das Reguläre das Singuläre nicht überwältigt, sondern anregt und zum Handeln herausfordert, kommen Lernprozesse in Gang. Unsere Sorge gilt also primär nicht dem Stoff – das Reguläre ist nicht auf unsern Schutz angewiesen –, unsere Sorge gilt dem Lernenden und seiner singulären Welt. Sie muß aktiv werden, sie muß den Dialog mit dem Regulären aufnehmen, sie muß es wagen, persönliche Antworten auf die Herausforderung des Regulären zu formulieren. Auch wenn ein Aufsätzlein noch voller Fehler ist, auch wenn eine Rechenmethode falsch oder haarsträubend kompliziert ist, allemal sind solche Schülerprodukte Ausdruck eines individuellen Gestaltungswillens. Diesen Gestaltungswillen anzusprechen, ihn zu stärken und zu kultivieren, das ist der Auftrag der Schule.

Was die Schüler sagen und tun – alle Produkte des singulären Gestaltens – sind die Rohstoffe, mit denen wir im Unterricht arbeiten. Am Anfang des Unterrichts steht also nicht die Wissensvermittlung des Lehrers, am Anfang des Unterrichts stehen Schülerprodukte, sie haben Priorität. Es genügt aber nicht, wenn man diese Produkte bloß zur Kenntnis nimmt, wenn man die Schüler zwar dort abholt, wo sie stehen, sie dann aber so schnell wie möglich an die Stelle führt, die das Lehrbuch vorschreibt; Schülerprodukte sind nicht nur Startpunkt des Unterrichts, sie sind auch sein Gegenstand: Die Schüler müssen Gelegenheit erhalten, ihre eigenen Produkte zu untersuchen und ihre Eigengesetzlichkeit freizulegen. Der Lehrer darf also das, was die Schüler sagen und tun, nicht einfach übergehen und erklären, wie es „wirklich“ ist; er muß vielmehr jedem helfen, vorerst nach seinen eigenen Regeln zu handeln und diese zu verbessern. Erst wenn seine singulären Methoden versagen oder wenn ihm ihre Umständlichkeit auf die Nerven geht, ist der Schüler bereit, etwas Neues kennenzulernen.

Szene 1. Die Schüler dort abholen, wo sie stehen

Patrick ist schon im Kindergarten aufgefallen: Er ist groß, schwerfällig und bewegt sich unkoordiniert. Er packt alles etwas anders an als die andern und versteht vieles nicht auf Anhieb. Die Erstklasslehrerin hat große Bedenken. Die Mutter berichtet von einer schwierigen Geburt, und der Schulpsychologe tippt auf POS. Wir lernen Patrick in der zweiten Klasse kennen; seine Eltern haben den Wohnort gewechselt. Patrick fühlt sich wohl in der neuen Klasse. Er schätzt es, daß sein neuer Lehrer Fehler nicht an den Pranger stellt und seine Texte ernst nimmt. Stolz zeigt er zu Hause die maschinengeschriebene Fassung seines Aufsatzes, die sein Lehrer extra für ihn abgetippt hat. Alles steht so da, wie er es geschrieben hat, nur die schlimmsten Verstöße gegen die Rechtschreibnorm sind behutsam bereinigt worden. Obwohl ihm das niemand vorhält, spürt Patrick natürlich immer noch, daß er langsamer ist als die andern und daß ihm das Schreiben Mühe macht. Das weckt Aggressionen, die sich aber nur selten offen äußern. Patrick gehört zum Typus der Schüler, die man als lieb und willig bezeichnet.

Bevor wir auf Patricks Text, der etwa in der Mitte der zweiten Klasse entstanden ist, näher eingehen, werfen wir noch einen Blick auf Patricks weitere Schullaufbahn. Kaum hat er sich in der zweiten Klasse richtig eingelebt, ziehen seine Eltern ein weiteres Mal um. Mit seinem neuem Lehrer versteht sich Patrick gar nicht. Seine sprachlichen Leistungen sinken rapide ab. Die Spannungen werden unerträglich. Doch Patrick hat Glück: Seine Eltern sind vermögend und ermöglichen ihm den Besuch einer Privatschule. Patrick blüht auf. Er bereitet sich jetzt auf die Prüfung in die Sekundarschule vor.

Nun aber zu Patricks Text. Wie soll der Lehrer darauf reagieren, wenn er Patrick wirklich dort abholen will, wo er steht? Konzentrieren wir uns zuerst auf den Inhalt. Was bringt denn Patrick überhaupt zur Sprache? Die meisten Leser stoßen an dieser Stelle auf ein fast unüberwindbares Hindernis: Patricks Schreibweise – sie verstößt gegen unzählige Normen der Rechtschreibung – verstellt den Blick auf das, was Patrick zu sagen hat. Wenn wir ihm wirklich ernsthaft unser Ohr leihen wollen, bleibt uns nichts anderes übrig, als seinen Text abzutippen und ihn sorgfältig der konventionellen Rechtschreibung anzupassen. Die Wirkung ist überraschend. Was sich da entpuppt, ist nicht nur ein hübscher Text, sondern auch eine interessante, verschlüsselte Botschaft.

Die Schulreise
Es war einmal ein schöner Tag.
Die Schüler rufen: Wir wollen auf die Schulreise!
Einer ruft:
Ich habe keine Lust!
So, so, sagt der Lehrer.
Hansli ruft immer:
Ich habe keine Lust.
Hansli ist verrückt.
Am Schluß schaute Hansli den Lehrer ganz böse an.
Der Lehrer sagte:
Wir gehen nach Appenzell.
Juhu, rufen die andern Kinder.
Hansli ist nicht einverstanden.
Marc sagt:

In Appenzell stinkt es.
Jaja, sagte Hansli,
so stinkt es.
Jaja, da jagt es einen aus der Stube hinaus.

Marc und Hansli sagten:
Wir sind auf der Schulreise Freunde.
Ich komme doch mit.

Marc und Hansli:
Wenn sie nicht gestorben sind,
so leben sie heute noch.

Was Patrick da schreibt, ist spannend. Da ist einer am Werk, der von den Regeln der dramatischen Gestaltung etwas versteht. Der Leser wird eingeführt in eine Welt, in der sich Menschen durch einen guten Vorschlag soeben zu einem emotional gesicherten Konsens zusammengefunden haben: Alle wollen mit auf die Schulreise. Da tritt einer aus der Masse – dem Volk, dem Chor – heraus und markiert eine Gegenposition: „Ich habe keine Lust!" Der Konflikt ist da. Er wird durch Rede und Gegenrede gesteigert. Ein „tragisches" Ende kündigt sich an: Hansli schaut den Lehrer ganz böse an. Da kommt es zu einer überraschenden Wendung. Ein zweiter kleiner Held löst sich aus der Masse und unterstützt Hansli mit einem starken Argument: „In Appenzell stinkt es." Nun nimmt die Geschichte eine Wendung ins Komische: „Jaja, da jagt es einen aus der Stube hinaus." Vermutlich lacht jetzt das Volk, und der Lehrer lacht mit, und damit ist die Situation gerettet. Marc und Hansli werden Freunde und können sich nun aus dieser Position der Stärke heraus dem Volkswillen unterziehen.

Was Patrick hier entfaltet, zeugt nicht nur von einem aufkeimenden dramatischen Talent, es ermöglicht auch einen Blick in Patricks Innenwelt. Der Held Hansli ist ganz offensichtlich eine Projektionsfigur, durch die Patrick seine Situation darstellt. Er ist in der Schule zum Außenseiter geworden und leidet an diesem Konflikt. Die Figur Hansli verleiht diesem Konflikt Ausdruck. Sie hat den Mut, den Widerspruch offen und aggressiv zu äußern. Das zeugt nicht zuletzt auch vom Vertrauen, das Patrick seinem neuen Lehrer und der Klasse entgegenbringt. Ein erster Schritt zu einer Lösung ist getan. Bald folgt ein zweiter: Der Widerspenstige findet einen Partner, der ihm hilft, sich wieder in die Gruppe einzugliedern, ohne das Gesicht zu verlieren.

Doch schauen wir uns Patricks Geschichte nun in der Originalversion an. Kein Zweifel, das fremdartige Gewand dieses Textes schreckt auch den gutwilligsten Leser ab. Wer mag sich da einleben in die Welt, die Patrick mit viel Geschick aufgebaut hat? Das ist aber in keiner Weise Patricks Problem; wir Leser stoßen hier an unsere Grenzen. Der Text weicht so stark von der gewohnten Orthographie ab, daß es fast unmöglich ist, einen guten Faden an ihm zu finden. Erst die Transkription in eine gewohnte Schreibweise hat es uns möglich gemacht, die Qualitäten von Patricks Text zu entdecken.

Nun aber zur Rechtschreibung. Hier scheint das Urteil schnell gefällt zu sein. Auf den ersten Blick wird man Patricks Rechtschreibung wohl als schwach einstufen. Doch der Schein trügt auch hier. Patrick schreibt nicht normgerecht, das ist offensichtlich. Aber schreibt er willkürlich? Da müssen wir schon genauer hinschauen.

Die Schul reise
Es war ein mal ein schöhnen
tag ti Schüler ruften wir wlen
auf ti Schul reise einer ruft
ich Habecheinelust sososo
sate ter lerer Hansli ruft imer
Ichhabechenelust Hansli ferücht
am schlus lute Hansli ten
lerer gansböse an terlerer
sate wir gehe auf auf aben
zel ste er lerer iuhu rufen
ti antrechinter Hansli Ist
nicht ein far tanen Marc sat
in aben zel schinchtintes
iaia sat Hansli so schinche
iaia taiache aute schub hinaus
iai Marc und Hansli sate wir
siat sul reise früit
ic chom gleich mit MarcundHansli
sint nonicht geschor ensint
ten lebn shäitnoch

1. Patrick unterscheidet nicht zwischen „t" und „d". Er schreibt konsequent „t": „ti" für „die", „ter" für „der", „ten" für „dann", „sint" für „sind", „chinter" für „Kinder". „D" erscheint nur im Titel, den er von der Wandtafel abgeschrieben hat.
2. Für „k" steht konsequent „ch": „chinter" für „Kinder", „cheine" für „keine", „ferücht" für „verrückt", „schinche" für „stinken", „chom" für „komm". Man hört den schweizerdeutschen Laut „ch" im Halse kratzen!
3. Für „j" steht „i".
4. Für „v" steht „f".
5. „gt" verschmilzt zu „t": „lute" für „lugte", „sate" für „sagte".

6. „Appenzell" wird konsequent als „aben zel" bezeichnet.
7. Das nebensatzwertige Zitat „Ichhabechenelust" wird mit einem unkonventionellen graphischen Mittel, der scriptura continua, gekennzeichnet und hervorgehoben.

Patrick hat sich nicht an den heute geltenden Normen der Rechtschreibung orientiert. Das bedeutet aber nicht, daß er regellos schreibt. Die Analyse seines Textes hat gezeigt, daß er das grundlegende Prinzip der Rechtschreibung, ihre Kernidee, begriffen hat. Sie lautet: BEIM SCHREIBEN MUß MAN SICH AN REGELN HALTEN. Patrick schreibt nach Regeln, und er bemüht sich darum, diese Regeln auch einzuhalten, auch wenn er am Schluß ermüdet. Damit ist das Fundament für einen fruchtbaren Rechtschreibunterricht gelegt. Wir können Patrick ohne zu zögern eine gute Prognose stellen: Er verfügt nicht nur über eine gestalterische Begabung für das Schreiben, auch die Kernidee der Rechtschreibung hat in ihm Fuß gefaßt und beginnt zu wirken. Wenn jetzt noch etwas schief läuft, dann liegt es am Lehrer. Wenn der Lehrer nicht in der Lage ist, Patricks sprachliche Leistungen – auch seine Leistungen in der Rechtschreibung – zu erkennen, wird er diesem Kind nicht gerecht. Wenn er Patrick nicht dort abholt, wo er steht, ist Patrick hoffnungslos verloren. Es ist Sache des Lehrers, ausfindig zu machen, wo Patrick steht. Das genügt aber noch nicht: Der Lehrer muß Patrick auch helfen, von seinem Standort aus sichere Schritte in Richtung der geltenden Norm zu tun.

Was bedeutet das konkret? Offensichtlich verfügt Patrick bereits über ein kleines Regelsystem: Er hat sich eine private Rechtschreibwelt aufgebaut. Hier muß der Unterricht anknüpfen. Wir müssen Patrick zuerst einmal dafür loben, daß er nach Regeln schreibt. Dann müssen wir ihn auf die Stellen aufmerksam machen, wo er gegen sein EIGENES Regelsystem verstößt. Damit legen wir einen weiteren wichtigen Grundstein für den Rechtschreibunterricht: GLEICHES SCHREIBT MAN IMMER GLEICH. Wenn Patrick also für „sagt" konsequent „sat" schreibt (Linien 6, 10, 13, 15, 17), macht er in seinem System auf der elften Linie einen Fehler: hier steht „ste" für „sagte", es müßte aber „sate" heißen. Selbst wenn sich durch Zufall ein „sagte" eingeschlichen hätte, müßte dies als „Fehler" bezeichnet werden.

Wer sich in Patricks unbewußt wirksames „Regelwerk" einlebt, wird in seinem Text leicht noch weitere Verstöße finden, die wir ihm als Fehler im wahrsten Sinn des Wortes ankreiden müssen: „ic" statt „ich", „sul" statt „Schul". Fehler sind Verstöße gegen Regeln; weil Patrick eigene Regeln hat, macht er auch eigene Fehler. Nur diese eigenen Fehler sind für Patrick einsehbar. An ihnen lernt er, mit Fehlern umzugehen.

Erst wenn Patricks Vertrauen in seine Fähigkeit, nach Regeln zu schreiben, gefestigt ist, kann der nächste Schritt gewagt werden: die Überwindung der Differenz zwischen dem privaten Regelsystem und der geltenden Norm. Auffallend ist, daß Patrick weniger Schriftzeichen benützt, um das Gesprochene ins Geschriebene zu übersetzen, als dies in der Rechtschreibung vorgesehen ist. Vermutlich liegt das an seiner undeutlichen Aussprache. Er schreibt halt wirklich so, wie er spricht!

- Einige Lautoppositionen (d/t, b/p, i/j, k/ch) werden systematisch, andere (s/sch, s/z) gelegentlich nicht beachtet.
- Treten Konsonanten in Gruppen auf, segmentiert Patrick nicht: Ein Konsonant, vermutlich der auffallendste, steht stellvertretend für alle. („t" oder „ch" statt „gt"; „sch" oder „t" statt „st").
- Beim Wortschluß gehen wohl wie beim Sprechen Teile verloren.

Das bedeutet: Patrick braucht vorerst gar keine neuen Rechtschreibregeln, sondern

Unterricht in der Aussprache. Wie wäre es, wenn man ihn seine spannende Geschichte einem größeren Publikum in einem akustisch anspruchsvollen Saal vorlesen ließe? Die Vorbereitung auf einen solchen Anlaß könnte Wunder wirken!

Zugegeben, diese Art von Unterricht erfordert nicht nur große Sachkenntnis, sie ist auch aufwendig. Wir sind aber nicht der Meinung, daß jeder Schülertext so gründlich analysiert werden muß. Was wir zeigen wollten, ist ein pädagogisches Handeln, das aus einer bestimmten Haltung herauswächst: Wir wissen, daß jeder Schüler immer schon etwas mitbringt, wenn wir mit unserem Unterricht beginnen, und wir sind überzeugt, daß jeder Versuch, diese private Welt des Schülers beiseite zu schieben oder zu umgehen, unsere Lehrbemühungen zum Scheitern verurteilt. Aller Unterricht basiert also auf dem Respekt vor der privaten Welt jedes einzelnen Schülers, vor der individuellen Art seines Denkens und Handelns. Diese Welt gilt es zu aktivieren, sie muß dem Schüler bewußter werden: Hier fühlt er sich zu Hause, hier müssen wir ihn abholen. Ein Lehrer, der mit dieser Haltung an seine zwanzig Schüler herantritt, kann eigentlich nichts mehr falsch machen. Je besser er die Welten seiner Schüler kennt, desto besser kann er jedem einzelnen helfen. Das wird ihm im einen Fall besser und in andern Fällen schlechter gelingen. Sicher ist aber, und das ist die Hauptsache: Er steht keinem im Weg.

Szene 2. sa, jou, clé, clé jaune ...

Lehren ist zu Recht ein Beruf. Die Lehrperson muß sich aber, wie bereits Pestalozzi verlangt hat, bei der Professionalisierung ihres Handwerks am nicht-organisierten Lernen im häuslichen Kreis orientieren (vgl. Pestalozzi, Hinweise Seite 217). Lernende Menschen stellen allemal hohe Anforderungen an ihre Umgebung. Und das wird nirgends so deutlich – weil es auch nirgends so vorbehaltlos akzeptiert wird –, wie beim Umgang mit Kleinkindern. Die „Lehrer" im häuslichen Kreis – Mutter, Vater, Geschwister, Spielkameraden – fassen ihre Lehrtätigkeit allerdings nicht als solche auf. Denn Lehren wird in unserer Zeit identifiziert mit Lehrplänen, Lehrzielen und Lehraufträgen. All das existiert nicht im häuslichen Kreis. Und trotzdem lernt ein Mensch nie so schnell und nie so viel wie in seinen ersten Lebensjahren. Und er lernt es nicht allein; er ist auf seine „Lehrer" angewiesen, das heißt auf Menschen, die über zwei unabdingbare didaktische Tugenden verfügen: über die Fähigkeit der Zuwendung und über die KUNST DES ZUHÖRENS. So betrachtet ist die achtzehnjährige Martina eine vorbildliche Lehrerin. Durch geduldiges Übersetzen hilft sie der kleinen Valeria, ein bisher ganz privates Erfahrungswissen – das Spielen im Sand – begrifflich zu erfassen und für das Handeln im sozialen Umfeld verfügbar zu machen.

Valeria ist kaum anderthalb Jahre alt, als sie mitten im Sommer das Spielen im Sand entdeckt. Dabei erwirbt sie sich ein Handlungswissen, das neun Monate später in der Kommunikation mit Martina bedeutsam wird. Die Sandkiste, in der Valeria spielt, steht auf einem kleinen Platz vor der Haustür. Gleich neben der Haustür befindet sich ein abschließbarer Geräteschuppen. Hier werden die Spielsachen für den Sand am Morgen herausgeholt und am Abend wieder verräumt. Der Schlüssel für den Geräteschuppen ist mit einer gelben Etikette gekennzeichnet und hängt neben andern Schlüsseln an einem

Brett im Innern des Hauses. All diese Nebenumstände interessieren Valeria vermutlich nicht, trotzdem scheinen sie in ihrer Vorstellung mit dem Wunsch „Spielen im Sand" verknüpft zu sein. Sprachlich kommt dies aber nie zum Ausdruck. Valeria kann zwar das Wort für Schlüssel – „clé" – in reichlich verwaschener Form aussprechen, benützt es aber nie im Zusammenhang mit dem Spielen im Sand, weil das auch nie nötig ist. Über Wörter für Farben verfügte sie noch nicht.

Im Herbst gibt Valeria zu erkennen, daß sie Farben unterscheiden kann: Sie sortiert die farbigen Büroklammern ihrer Mutter, mit denen sie schon oft gespielt hat, zum ersten Mal nach ihren Farben und bildet grüne, blaue, gelbe und rote Haufen. Ob sie die Namen für die Farben kennt, ist noch nicht auszumachen; jedenfalls spricht sie diese nie aus. Es wird Winter, und das Spielen im Sand ist vorbei. Valeria versucht jetzt, die Wörter für Farben zu artikulieren: „vert", „bleu", „jaune" und schließlich auch das schwierige „rouge". Aber sie verknüpft die Farbadjektive noch nicht mit andern Wörtern, sondern zeigt auf einen Gegenstand und sagt „jaune" oder „rouge".

Ende April, es ist der erste warme Frühlingstag, ist Valeria mit ihrer Cousine Martina allein zu Hause. Das schöne Wetter scheint die Erinnerung an das Spielen im Sand zu wecken. Seit dem letzten Mal ist ein halbes Jahr vergangen – Valeria ist also um einen Drittel älter geworden. Trotzdem ist das gespeicherte Handlungswissen offenbar noch völlig intakt. Das zeigt der folgende Dialog zwischen Valeria und Martina, die nur selten zu Besuch und mit den Gewohnheiten der Familie nicht so vertraut ist. Valeria nimmt Martina bei der Hand und führt sie auf den Platz vor der Haustür. Ein kurzes „sa" löst bei Martina vorerst nur Verwunderung aus, Französisch ist nicht ihre Muttersprache. Ein Fingerzeig auf die zugedeckte Sandkiste hilft weiter: „sa" steht offenbar für „sable" und heißt „Sand". Martina nimmt den Deckel von der Kiste weg, aber Valeria ist nicht zufrieden: Die Spielsachen fehlen. „Jou" für „jouets" und ein Fingerzeig auf den Geräteschuppen reichen zwar aus für die Verständigung, aber der Schuppen ist verschlossen. Was sich jetzt abspielt, ist doch einigermaßen erstaunlich. Valeria rekonstruiert aus der Erinnerung die Handlungen, die als Vorbereitung für das Spielen im Sand nötig sind und die sie sich beobachtend gemerkt hat. Mehr noch: Sie benutzt jetzt Wörter, über die sie noch nicht verfügt hat, als sie zum letzten Mal im Sand gespielt hat. Valeria führt Martina ins Haus, zeigt auf das Schlüsselbrett und sagt ihr verwaschenes „clé". Martina versteht zwar, was sie jetzt tun soll, ist aber im Moment ratlos. Welcher der vielen Schlüssel ist wohl der richtige? Muß sie diese jetzt alle der Reihe nach ausprobieren? Valeria spürt, daß da noch ein letztes Hindernis zu überwinden ist, bevor sie ans Ziel ihrer Wünsche gelangt. Martinas Frage „quelle clé?" zwingt sie zu einem eigentlichen Schritt in ihrer Entwicklung: „clé –, clé jaune", bringt sie stockend hervor.

Martinas Geduld und Ausdauer beim Übersetzen der schwer verständlichen Handlungsanweisungen haben es Valeria ermöglicht, Handlungswissen aus ihrem privaten Erfahrungszusammenhang zu aktivieren und sprachlich verfügbar zu machen. Weil sich Martina bei der Lösung des Problems ganz der Führung ihrer kleinen „Schülerin" überlassen hat, mußte diese ein Wissen, das bisher ganz in ihrer singulären Welt eingeschlossen war, verbalisieren und sozialisieren. Der Schlüssel aus der Erinnerung mußte mit „jaune" identifiziert werden, einem Namen, den Valeria noch nicht kannte, als sie Erfahrungen mit dem Schlüssel machte. Zudem mußten die Wörter „jaune" und „clé" miteinander verknüpft werden: Die Situation hat eine sprachliche Präzisierung des gesuchten Objekts verlangt. Entscheidend ist dabei, daß die sprachliche Fixierung und Differenzierung in einem sozialen Kontext als sinnvoll und notwendig erlebt wird, daß sie auf Erfahrung beruht und der Erfüllung einer Intention dient.

Szene 3. Von der Notwendigkeit, der Erste zu sein

Dann und wann geraten sich zwei Gelehrte in die Haare, weil jeder glaubt, eine Entdeckung als erster gemacht zu haben. Wer ist nun der Begründer der Differential- und Integralrechnung? Newton oder Leibniz?

Erfinder sind privilegierte Menschen: Das Glück, der Erste gewesen zu sein, stärkt ihr Selbstbewußtsein, beflügelt die Phantasie und läßt die Mühsal der harten Arbeit vergessen. Müssen wir gewöhnliche Sterbliche auf solche Antriebskräfte verzichten? Und Schüler: Haben sie gegenüber dem Lehrer jemals die Chance, Erste zu sein?

Ich habe als Gymnasiast einen Schlitten erfunden. Es zeigte sich bald, daß er der schnellste aller Schlitten ist, die man auf einem Winterweg benützen kann. Die Kernidee stammt aber nicht von mir: Ein berühmter Bobrennfahrer hat ein Vorgängermodell gebaut, das dem meinigen zu Pate stand. Ich habe mich zunächst um ein Patent gemüht und wollte das Gefährt auf den Markt bringen. Die damit verbundenen Umtriebe schreckten mich aber derart ab, daß ich noch heute alleiniger, stolzer Besitzer des schnellsten Schlittens bin. Das genügt mir. Ich weiß nicht, wie ich reagierte, wenn ich im nächsten Winter plötzlich einem Fremden begegnete, der ein ähnliches, vielleicht sogar schnelleres Modell hinter sich her zöge. Ich würde mich an ihn wenden und ihn fragen, wie und wann er auf die Idee dieses Schlittens gekommen sei. Der Keim eines Prioritätenstreits wäre gelegt.

Ist jemand ständig der Zweite, wirkt sich das schlecht auf sein Befinden aus. Das gilt auch für die Schule. Wenn wir zum Beispiel ein Regelwerk einführen, sei dies nun Rechtschreibung oder Rechnen, so entscheidet eine Haaresbreite darüber, ob ein Schüler oder eine Schülerin die Regeln akzeptiert und auch anwendet oder nicht. Ist der Lehrer der erste, der die Idee zu einer Regel hatte – und das trifft im Normalfall ja zu –, so hat sie der Lernende nur noch zur Kenntnis zu nehmen. All jene Ideen aber, bei denen der Schüler der erste ist – das sind meist die Ideen, die mit dem Schulstoff nicht oder nur lose etwas zu tun haben –, bleiben ein Leben lang haften. Die Marotten eines Lehrers zum Beispiel werden kaum von diesem zuerst erkannt. Sie sind es dann, die Jahre nach dem Schulende noch lebendig sind.

Auch in der Schule gibt es also einen Prioritätenstreit. Und auf den ersten Blick scheint der Schüler gegenüber dem Lehrer keine Chancen zu haben, im Fachlichen je der Erste zu sein. Nicht einmal der Lehrer ist hier der Erste: Auch er hat ja die Rechenregeln und die Rechtschreibung nicht erfunden. Gibt es also keine Möglichkeit, in einem Gebiet, das andere schon erforscht haben, je der Erste zu sein? Ist dieses beglückende und energiespendende Erlebnis nur Genies vorbehalten? Müssen wir andern auf diese Antriebskräfte des Pioniers verzichten?

Der kleine Jean ist Schüler einer dritten Primarklasse. Er hat das Pech, stets Zweiter zu sein. Seit der ersten Klasse kommt ihm die Lehrerin mit ihren Rechenregeln zuvor. Er ist zwar willig und will alles recht machen. Leider verwechselt er aber laufend die Regeln und gilt nun bereits als hoffnungsloser Versager. Sein Banknachbar Luc hat mehr Glück. Durch irgend einen Zufall ist ihm die Rechnung $7 + 5 = 12$ seit dem Kindergarten geläufig. An sie denkt er immer zuerst, wenn er über eine Zehnergrenze hinaus rechnen soll. Als das Thema in der zweiten Klasse durchgenommen wird, hat er bereits seine eigene Rechenregel. Darum macht er es anders, als es die Lehrerin erklärt hat. Er findet es blöd, zuerst den Zehner zu füllen. Die Rechnung 17 + 6 löst Luc auf seine Weise. Er rechnet nicht etwa 17 + 3 = 20 und 20 + 3 = 23, sondern 17 + 5 = 22 und 22 + 1 = 23. Er hat seine Methode zuerst gefunden und kann sie nun mit derjenigen der Lehrerin vergleichen. Natürlich beharrt Luc nicht lange auf seiner Methode; der Komfort des Zehnerpakets leuchtet ihm bald einmal ein. Er betrachtet die neue Regel allerdings nicht als etwas Fremdes, sondern als eine Verbesserung seiner eigenen Regel. Luc ist gut im Rechnen.

Szene 4. 2 + 2 = 1

„Was hast du da eben gesagt?" Erstaunt und belustigt blicke ich über den Zeitungsrand hinweg ins strahlende Gesicht meines Jüngsten. Hat Jonas sich versprochen, oder macht er einen Rückschritt in der Mathematik? Habe ich ihn nicht schon oft sagen hören „Zwei und zwei ist vier"? „Zwei und zwei ist eins", wiederholt mein Sechsjähriger selbstsicher. „Wie kommst du denn darauf?", frage ich zurück. Jonas weiß zuerst keine Antwort und erzählt dann etwas über ein Spiel mit zwei Spielwürfeln. Als er merkt, daß ich ihn immer noch nicht verstehe, deutet er auf die Zeitung, in der ich eben gelesen habe. „Hier ist es ja auch so", sagt er und tippt mit dem Finger auf einzelne Buchstaben, „eins und eins und eins und eins." Jetzt dämmert es mir: Jonas hat das Prinzip der Sukzession – des schrittweisen Aufbauens – entdeckt. Ich will aber sicher sein und bitte ihn, mir zu erklären, wie denn das mit den Spielwürfeln sei. „Weißt du, ein Punkt und ein Punkt und ein Punkt und ein Punkt."

Jetzt ist die Sache für mich klar. Ich erinnere mich, wie Jonas nach dem Würfeln jeweils die aufgemalten Punkte abzählt und anschließend mit seiner Spielfigur um die entsprechende Anzahl Felder vorrückt. Dort, wo Zahlen in seiner Welt eine Rolle spielen, baut er sie durch Abzählen der Einheit jedesmal wieder neu auf. Über diesen Handlungsablauf, der bei ihm schon fast automatisch abläuft, versucht Jonas jetzt zu sprechen. Er hat zum Sprung von der Ebene des Handelns zur Ebene des Begreifens angesetzt und möchte mir seine Erkenntnis mitteilen. Er tut dies mit der Formel 2 + 2 = 1. Die sprachliche Fassung seiner Erkenntnis ist allerdings so ungewöhnlich, daß ich Mühe habe, Jonas zu verstehen: Beinahe hätte ich einen dramatischen Augenblick in seiner geistigen Entwicklung verpaßt. Erschreckt muß ich feststellen, daß Jonas sachlich richtiger spricht, wenn er sagt „2 + 2 = 1", als wenn er seinen Geschwistern nachplappert: „Zwei und zwei gibt vier."

Mit seiner kleinen Entdeckung hat Jonas einen wichtigen Einblick in den Aufbau des Zahlenraumes gewonnen: Jede natürliche Zahl ist aus der Einheit aufgebaut. Zahlen sind also nicht, wie er früher geglaubt hat, isolierte Individuen, die zusammenhanglos nebeneinander stehen. Diese Einsicht ist ihm so wichtig, daß er überhaupt nur noch die Einheit erwähnt. Die Aufgabe 2 + 2 = ? legt er sich so zurecht: Zwei Punkte auf dem einen Würfel und zwei Punkte auf dem andern Würfel ergeben lauter Einer, die man abzählen kann. Diesen Vorgang hat er mir mit der Aussage „2 + 2 = 1" dargestellt. In dieser verkürzten Form ist sie natürlich falsch; aber sie ist ein unbeholfenes und spontanes Signal für eine Einsicht, die sprachlich erst noch gefaßt und gesichert werden muß.

Hätte ich Jonas korrigiert und ihm erklärt, zwei und zwei gebe vier, hätte ich die aufkeimende Erkenntnis erstickt und Jonas auf das Niveau des Nachplapperns zurückgeworfen. Erst die Rückfragen und das Gespräch mit ihm haben deutlich gemacht, daß sein Problem nicht auf der Sachebene, sondern auf der Sprachebene liegt. Pointiert ausgedrückt: Eine falsche Aussage ist hier Signal für ein richtiges Verständnis; konformes Geplapper dagegen könnte Unverständnis verhüllen.

Neben der Klärung eines mathematischen Themas hat das Gespräch aber eine andere wichtige Funktion gehabt: Es hat Jonas Gelegenheit gegeben, seine Fähigkeit im Erklären zu testen und unter Beweis zu stellen. Die Art, wie er dabei vorgeht, ist wirklich überraschend: Als er feststellt, daß ich mit den Würfeln, einem Beispiel aus SEINEM Erfahrungsbereich, nicht zurecht komme, wählt er sofort ein aktuelles Beispiel aus MEINER Domäne – die aufgeschlagene Zeitung. Indem er seine Erkenntnis aus seiner Sprache in die Sprache seines Gesprächspartners transformiert, macht er sie mitteilbar und gewinnt so gleichsam die gesellschaftliche Anerkennung.

Das Gespräch mit Jonas findet seinen Abschluß, indem ich ihm mitteile, wie seine kleine Entdeckung in der konventionellen Sprechweise formuliert wird: „Weißt du, man sagt ‚Zwei und zwei gibt vier'. Von der Eins redet man gar nicht, weil sie so selbstverständlich ist. Eigentlich sollte man sagen ‚Zwei Einer und zwei Einer sind vier Einer', und es ist gut, wenn du immer daran denkst, daß diese selbstverständlichen Einer eigentlich das Wichtigste sind."

Regie: Respekt vor der Eigentätigkeit des Schülers

„2 + 2 = 1", das ist doch falsch! Erzähl keinen Unsinn! Weißt du immer noch nicht, daß …? Typische Lehrerantworten. Dynamische Lehrer verfügen über originellere Reaktionen: Da würdest du aber nicht reich! Hast du den Rückwärtsgang drin? Starke Lehrerpersönlichkeiten können so einen schwungvollen und berauschenden Unterricht mit viel Heiterkeit inszenieren. Ihre witzigen Antworten haben aber oft katastrophale Folgen, nicht nur für die schwachen Schüler, auch für die eigenständigen, originellen. Nicht selten beruht das Verdikt „falsch" auf einem Mißverständnis und zerstört Lernprozesse im Keim. Aber auch der wohlgemeinte Ratschlag „Mach es doch so" ist oft eine Vergewaltigung des Kindes. Im Sprach- wie im Mathematikunterricht ist es von entscheidender Bedeutung, daß die aufkeimenden Lernprozesse nicht übergangen und mit Rezepten entwertet werden. Dazu einige Lehren und Konsequenzen für den Rechenunterricht, die wir in der nächsten Szene noch eingehender veranschaulichen werden.

- Jedes Kind bringt, wenn es zur Schule kommt, eigene Erfahrungen im Umgang mit Zahlen und eigene Vorstellungen vom Aufbau des Zahlenraums mit.
- Diese „eigene Mathematik" darf in der Schule auf keinen Fall durch eine andere Mathematik, auch nicht durch die sogenannte „Neue Mathematik", beiseite geschoben werden.
- Jedes einzelne Kind muß Gelegenheit erhalten, die entwicklungsfähigen Kernideen seiner „eigenen Mathematik" zu entdecken und auszudifferenzieren.

- Unbedacht vermittelte Rechentechniken aus der „fertigen Mathematik" (vgl. Freudenthal, Hinweise Seite 221 f.) können die begreifende Annäherung an ein mathematisches Thema behindern oder – im Extremfall – sogar verunmöglichen. Rezepte, die sich der Lernende nicht selbst, durch Versuch und Irrtum, erarbeitet hat, ersticken seine Neugier und seine Fragen. Weil alles so reibungslos funktioniert, macht man sich keine Gedanken über das Wie und Warum: Das mathematisch Interessante verschwindet unter der glatten Oberfläche des Selbstverständlichen.

- Der Mathematikunterricht ist deshalb so zu organisieren, daß er die gewachsene „eigene Mathematik" nicht ausrottet, sondern kultiviert: Umständliches, von Schüler zu Schüler verschiedenes Operieren, Experimentieren und Forschen – auch im Abseits – verfeinert sich Schritt für Schritt und mündet vielleicht erst spät ins souveräne Hantieren mit mathematischen Algorithmen.

Szene 5. Du mußt nur eine Null anhängen

Cyrille tut sich wirklich schwer beim Multiplizieren mit zehn. So erscheint es jedenfalls dem Erwachsenen, der dem Siebenjährigen zuschaut, wie er 10 × 37 ausrechnet. „Siebenunddreißig und siebenunddreißig gibt vierzig und vierzig weniger sechs, also achtzig weniger sechs, also vierundsiebzig", sagt er halblaut vor sich hin. Und weiter geht's: „Vierundsiebzig und siebenunddreißig gibt ...", es folgt eine kleine Pause, „hundertvierzehn weniger drei, also hundertelf." Auf die gleiche Weise durchläuft er die Stationen „hundertachtundvierzig", „hundertfünfundachtzig", „zweihundertzweiundzwanzig", „zweihundertneunundfünfzig", „zweihundertsechsundneunzig", „dreihundertdreiunddreißig" und erreicht schließlich erschöpft, aber stolz das Resultat „dreihundertsiebzig".

Es kostet mich schon einige Anstrengungen, den Kleinen bei seinem absurd erscheinenden Tun nicht zu unterbrechen. Den armen Sisyphus vor Augen, atme ich erleichtert auf, als er endlich bei 370 ankommt. „Vergleich doch einmal 370 mit 37", schlage ich nicht ohne Bosheit vor und erwarte ein perplexes Aha. Doch Cyrille schaut mir unerschüttert in die Augen: „Na und?" Nun ist die Überraschung auf meiner Seite, doch dann wird mir bewußt, daß Cyrille ja noch gar nicht richtig schreiben kann und sich die Zahlen nur akustisch, nicht optisch vorstellt: „370" und „37" sind für ihn zwei so unterschiedliche Zahlen wie „19" und „123". Ich muß also deutlicher werden. Ich schreibe die Zahl 37 mit großen Ziffern auf ein Blatt und fordere ihn auf, 370 daneben zu schreiben. Nach langem Überlegen notiert er die drei Ziffern ungelenk, aber richtig aufs Blatt. „Siehst du", kommentiere ich, „du brauchst doch nur eine Null anzuhängen, dann kommst du viel schneller von 37 auf 370." Jetzt beginnt es in seinem Innern zu arbeiten. Er kann sich der Wirkung, die von der verwandten Schreibweise der beiden Zahlen ausgeht, offensichtlich nicht ganz entziehen. Es ist aber ebenso offensichtlich, daß er an diesem Tatbestand gar keine Freude hat. Schließlich meint er: „Man kann das vielleicht schon machen mit der Null, aber das ist nicht richtig gerechnet."

Cyrille ist von schulischem Wissen noch völlig unbelastet. Für Zahlen interessiert er sich aber schon seit einiger Zeit. Seine Methode des Multiplizierens hat er sich ganz allein aufgebaut. Aus seiner Sicht ist es ganz natürlich, bei einer Multiplikation mit dem Faktor 10 genau gleich zu verfahren wie mit dem Faktor 2 oder 3. Vom Multiplizieren macht er sich eine ganz natürliche Vorstellung: Er denkt ans Aufeinanderschichten von Paketen, in denen 37, 40 oder 3 Einheiten enthalten sind. Die Multiplikation ist, so betrachtet, eine spezielle Art des Addierens.

Einige Wochen später beobachte ich Cyrille wieder beim Multiplizieren. Erst jetzt wird mir bewußt, wie wichtig es war, daß er sich von meinen wohlgemeinten Ratschlägen nicht hat beirren lassen und seine Methode, so UMSTÄNDLICH sie auch ist, beharrlich gegenüber undurchschaubaren Abkürzungen verteidigt hat. Cyrille hat offensichtlich Fortschritte gemacht: Er addiert jetzt mit größerer Leichtigkeit. Und was noch viel wichtiger ist: Er hat seine ursprüngliche Methode weiterentwickelt und verbessert. 10 x 37 rechnet er jetzt so: „Siebenunddreißig mal zehn gibt", er beginnt zu zählen, „zehn, zwanzig, dreißig, vierzig, fünfzig, sechzig, siebzig, achtzig, neunzig, hundert", und jetzt rechnet er: „Hundert und hundert gibt zweihundert und nochmals hundert gibt dreihundert und noch sieben mal zehn gibt also dreihundertsiebzig." Er ist sehr stolz auf seine neue Methode und kommentiert strahlend: „Gell, jetzt habe ich auch einen Trick!" Er hat entdeckt, daß das Addieren sehr viel leichter fällt, wenn die Pakete, die aufgeschichtet werden müssen, immer die gleiche, handliche Größe haben. Die Zehner- und die Hunderterpakete sind schnell aufgeschichtet und schnell zusammengezählt. Noch traut er unanschaulichen Rechenoperationen nicht und will immer genau mitverfolgen können, was in jeder Phase des Rechenvorgangs mit den Zahlen passiert. Deshalb ist seine Methode immer noch recht schwerfällig. Beim Experimentieren mit der Multiplikation hat er offenbar ganz nebenbei noch ein zentrales Rechengesetz entdeckt und angewendet:

10 x 37 = 37 x 10 (Kommutativgesetz)

Es ist Cyrille klar, daß seine neue Methode einen Nachteil hat: Sie funktioniert nur bei Mulitplikationen, bei denen ein Faktor Zehn ist. Das scheint der Stachel zu sein, der ihn antreibt, weiterzusuchen.

Tatsächlich hat er bald eine neue Idee. Zwar bleibt er seiner KERNIDEE, dem AUFEINANDERSCHICHTEN VON PAKETEN, treu, differenziert sie aber in einer etwas anderen Richtung als vorher aus. Er faßt wie zu Beginn den zweiten Faktor einer Multiplikation als Paket auf, das so oft auf ein gleiches Paket geschichtet werden muß, wie der erste Faktor es anzeigt. Jedesmal aber, wenn er zwei gleiche Pakete aufeinandergeschichtet hat, schnürt er sie zusammen und legt sie beiseite. Am Schluß holt er möglichst große Pakete, damit er möglichst wenige Pakete aufeinanderschichten muß. Die Aufgabe 10 x 37 löst er nun so:

37 + 37 = 74 (zweimal)
74 + 74 = 148 (viermal)
148 + 148 = 296 (achtmal)
296 (achtmal) + 74 (zweimal) = 370 (zehnmal)

Noch ist Cyrille auf seinen Erkundungsreisen im Bereich der Multiplikation nicht bei der konventionellen Methode des Null-Anhängens angelangt, wie sie heute in der Schule gelehrt wird. Anstatt mit Zehner-Paketen zu arbeiten, wie es üblich ist, verwendet er konsequent die Methode, die er selber gefunden hat: Er packt die Zahl, die er multiplizieren muß, in Zweier-, Vierer-, Achter-Pakete usw. ab. Es braucht einen neuen Impuls von außen, damit Cyrille von seiner singulären Methode abrückt und die reguläre übernimmt. Der Anstoß dazu kommt vom Schreibunterricht, bei dem die Zahlen, die er sich bisher nur vorgestellt hat, erstmals schriftlich festgehalten werden. Bevor wir Cyrille auf diesem neuen Abschnitt seines individuellen Lernwegs begleiten, wollen wir das Stadium, das er jetzt erreicht hat, etwas genauer unter die Lupe nehmen. Mit dem kleinen Exkurs möchten wir zeigen, daß es nicht nur im Interesse des Lernenden ist, wenn wir ihm aufwendige Erkundungsreisen zugestehen: Es lohnt sich auch aus fachlichen Gründen. Nicht selten durchlaufen Kinder mit ihren singulären Handlungsweisen (Ontogenese) ähnliche Stadien, wie man sie in der Geschichte der Wissenschaften (Phylogenese) beobachten kann. Dadurch gelangen sie nicht nur zu einem fundierten Verständnis des Fachwissens, es werden auch Keime für Innovationen gelegt: Wer die Wissenschaft einen Schritt weiterbringen will, muß sich immer auch vergegenwärtigen, wie sie zu dem geworden ist, was sie ist.

Cyrilles Idee, die Multiplikationen mit Hilfe von Paketen auf die Addition zurückzuführen, entspricht einer berühmten ägyptischen Rechenmethode, die im „Papyrus Rhind", einem 3500 Jahre alten Dokument, belegt ist. Und nicht nur das: Auch die modernsten Computer basieren auf dieser Idee. Beide benützen das Zweiersystem.

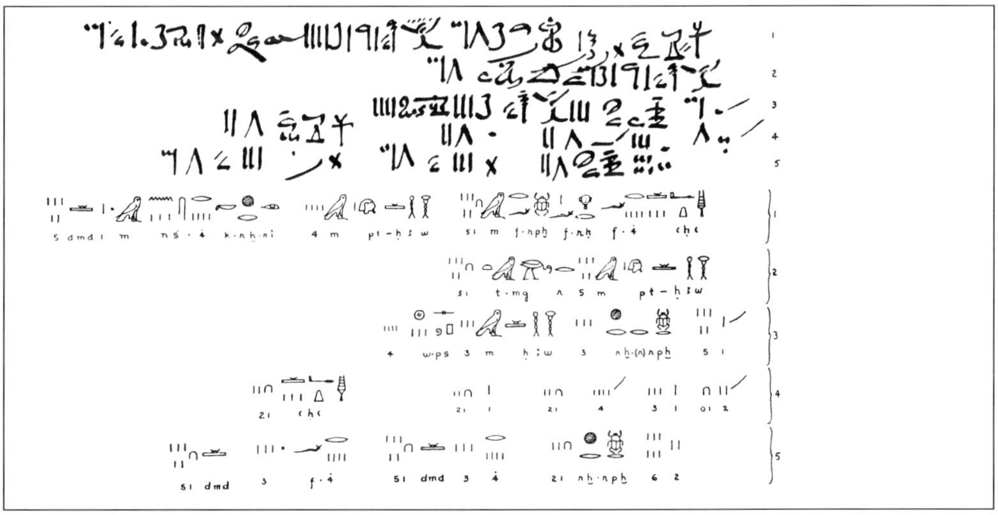

Mathematikaufgabe aus dem mehr als 3500 Jahre alten Papyrus Rhind, der in den Ruinen des antiken Theben gefunden wurde: Oben der Originaltext in der von Priestern benutzten, vereinfachten Hieroglyphenschrift; unten die entsprechenden Hieroglyphen (Blockschrift) mit der heute angenommenen Lautschrift.
Die Schreibrichtung verläuft von rechts nach links: Die Figuren schauen immer entgegengesetzt zur Schreibrichtung. (Quelle: Felix Weber, Dielsdorf CH)

Man könnte das ägyptische „Papyrus Rhind" geradezu als Handbuch für die digitale Computertechnik benützen. Weil der Computer letztlich nur zwei Zustände eines Schalters erkennen kann – ein/aus oder ja/nein –, kann er mit Zahlen nur arbeiten, wenn sie in Ketten von Einern und Nullen übersetzt sind. Die Zahl 29 zum Beispiel schreibt er so: 11101. Jede Ziffer in einer „Computerzahl" steht für eine bestimmte Zweierpotenz, nämlich für 1, 2, 4, 8, 16, 32, 64 usw. Steht die Ziffer „1", so bedeutet das: „Setze hier die Zweierpotenz ein, die an diesen Platz gehört." Steht die Ziffer „0", so bedeutet das: „Hier wird die entsprechende Zweierpotenz nicht benötigt." Die Zahl 29, die im Zweiersystem als 11101 erscheint, interpretiert der Computer also so: Die erste Eins steht für die Zahl

16, die zweite für 8, die dritte für 4. Die Null deutet an, daß die Zweierpotenz „2" nicht gebraucht wird, um 29 aufzubauen. Die Eins am Schluß steht für die niedrigste Zweierpotenz, für 1. Jetzt können wir die Zahl 29 als Summe von lauter Zweierpotenzen notieren: 29 = 16 + 8 + 4 + 1.

Man lasse sich durch diese scheinbar komplizierte Zahlenakrobatik nicht abschrecken. Sie liefert uns bloß den Hintergrund, um durchschaubar zu machen, wie Cyrille – und lange vor ihm schon die alten Ägypter – multipliziert haben. Die folgende Graphik veranschaulicht die Rechenoperationen am Beispiel der Multiplikation 29 x 37 = 1073.

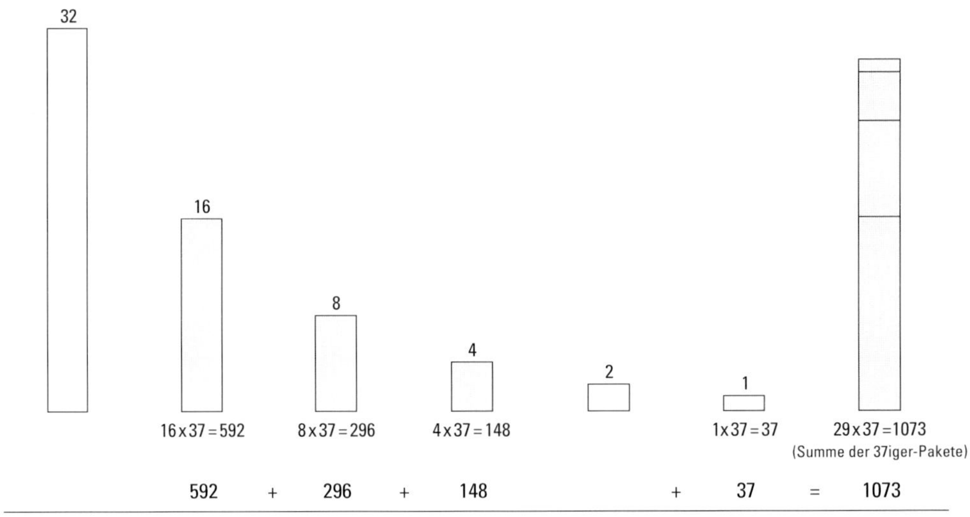

Cyrille hat also in seiner Entwicklung ein Stadium erreicht, das der ägyptischen Multiplikation mit Hilfe des Zweiersystems entspricht. Es ist klar, daß er hier nicht stehenbleiben darf. Wie aber gelangt er auf seinem individuellen Weg schließlich doch noch zur regulären, auf dem Zehnersystem basierenden Methode? Verfolgen wir seine nächsten Schritte.

Durch den Schreibunterricht in der Schule ist Cyrille mit der optischen Repräsentation von Zahlen vertrauter geworden. Er orientiert sich beim Rechnen jetzt mehr am Schriftbild als am Klangbild. Die schriftliche Notation von Zahlen hält sich streng ans Zehnersystem und legt dem Betrachter nahe, daß es sich bei 10, 20, 30 usw. um „einfachere" Zahlen handelt als etwa bei 7, 15 oder 37. Im Mündlichen dagegen haben sich Relikte aus Zahlensystemen erhalten, die in früheren Zeiten gebräuchlich waren. Die gesprochenen Wörter „Elf" und „Zwölf" sind noch Eigennamen: Sie enthalten keinen Hinweis auf ihre zusammengesetzte Schreibweise „11" und „12" und erinnern an das Zwölfersystem, in dem man folgendermaßen zählt: eins, zwei, drei, ..., zehn, elf, zwölf = ein Dutzend, ein Dutzend und eins, ein Dutzend und zwei usw. In ähnlicher Weise erinnern die Wörter „soixante-dix", „soixante-et-onze" usw. ans Sechzigersystem, „quatre-vingt" dagegen ans Zwanzigersystem.

Auch Cyrille hat nun die vom Schriftbild suggerierte Sonderrolle der Zehnereinheiten erkannt. Das nützt er in einer weiteren Verfeinerung seiner Kernidee vom Multiplizieren aus. Es trennt ihn jetzt nur noch ein kleiner Schritt von der begreifenden Einsicht in die allgemein übliche und elegante Rechenmethode, die vorschreibt, daß man einer natürlichen Dezimalzahl bloß eine Null anzuhängen braucht, wenn man sie mit zehn multiplizieren will. Er verfährt jetzt, wenn er 10 x 37 rechnet, so: „Zehn mal 30 ist 300 und zehn mal

7 ist 70, das gibt zusammen 370." 30 und 7 erlebt er als „einfache" Zahlen; ihnen darf man eine Null anhängen. 37 dagegen ist eine zusammengesetzte, nicht so leicht durchschaubare Zahl; mit ihr muß man vorsichtiger umgehen.

Diese Ausführungen über Cyrilles entdeckendes Lernen mögen einem Erwachsenen, dem das Zehnersystem schon fast zur zweiten Haut geworden ist, banal erscheinen. Was es für ein Kind bedeutet, dieses Zehnersystem als neue Welt zu betreten und umständlich experimentierend in Besitz zu nehmen, ist für ihn kaum mehr nachvollziehbar. Er kann sich weder in den ängstlichen Respekt noch in den Reiz der Neugier einfühlen, welche die Aufforderung „Du mußt nur eine Null anhängen" im Kind auslöst. Vielleicht ermöglicht ihm aber das folgende kleine Experiment, die anregende Wirkung der Verunsicherung zu spüren, die jedes Entdecken begleitet.

Wir laden Sie – liebe Leserin, lieber Leser – ein, das vertraute Zehnersystem zu verlassen und mit uns eine kleine Expedition in ein Land zu unternehmen, in dem es nur die Ziffern 0, 1, 2, 3, 4, 5, 6 gibt. Es ist das Reich der Zahl Sieben: Sie, für die es kein eigenes Schriftzeichen gibt, regiert hier alles. Immer, wenn sie beim Zählen an der Reihe ist, kommt eine Null ins Spiel und setzt andere Ziffern in Bewegung. Die Sieben spielt in ihrem Reich, dem Siebenersystem, die gleiche Rolle wie die Zehn im Zehnersystem. Und nicht nur das: Sie schreibt sich auch gleich, nämlich 10. Man hüte sich davor, diese Zahl als „Zehn" zu lesen; sie stellt ein Bündel von sieben Einheiten dar und markiert, wie die Zehn im Zehnersystem, eine Pause beim Zählen. Auch wenn im Siebenersystem nur sieben Ziffern zur Verfügung stehen, kann man, wie die folgende Tabelle zeigt, beliebig hoch hinauf zählen, und man kann auch alle Rechenoperationen, die im Zehnersystem denkbar sind, ausführen. Ungewohnt ist nur die Schreibweise der Zahlen. Die Stunde hat im Siebenersystem eben nicht 60 Minuten, sondern 114; das Jahr nicht 365, sondern 1031 Tage. Auch im Siebenersystem bezeichnen die Ziffernfolgen 10, 20, 30, 40, … „einfache" Zahlen, aber sie bedeuten sieben mal eins, sieben mal zwei, sieben mal drei, sieben mal vier, …

Zählen im Zehner- und im Siebenersystem

Zehnersystem	1	2	3	4	5	6	7	8	9	**10**	11	12	13	14	15
Siebenersystem	1	2	3	4	5	6	**10**	11	12	13	14	15	16	**20**	21
Zehnersystem	16	17	18	19	**20**	21	22	23	24	25	26	27	28	29	**30**
Siebenersystem	22	23	24	25	26	**30**	31	32	33	34	35	36	**40**	41	42
Zehnersystem	31	32	33	34	35	36	37	38	39	**40**	41	42	43	44	45
Siebenersystem	43	44	45	46	**50**	51	52	53	54	55	56	**60**	61	62	63
Zehnersystem	46	47	48	49	**50**	51	52	53	54	55	56	57	58	59	…
Siebenersystem	64	65	66	**100**	101	102	103	104	105	106	**110**	111	112	113	…

Cyrilles Widerstand gegen das simple Anhängen einer Null kann man mit dem folgenden Experiment im Siebenersystem nachempfinden. Wir wissen, daß 7 x 37 im Zehnersystem 259 ergibt. Übersetzen wir die Rechnung ins Siebenersystem, so lautet sie, wie man in der Tabelle nachsehen kann, 10 x 52 = ? Sind Sie ohne zu zögern bereit, an die Ziffernfolge 52 eine Null anzuhängen? Sind Sie sicher, daß die Ziffernfolge 520 im Siebenersystem der Zahl 259 im Zehnersystem entspricht? Wir zweifeln. Aber Sie brauchen sich nicht zu grämen: Im Zögern künden sich die Energien an, aus denen die Motivation zum Lernen entspringt. Nur wer sein Zögern wahrzunehmen und wachzuhalten vermag, entwickelt wirksame Abwehrkräfte gegen unkontrollierbare, abhängigmachende Patentrezepte und verschafft sich den nötigen Spielraum für eigens Nachdenken, Forschen und Entdecken. Wie läßt sich, so könnte man zum Beispiel weiterfragen, die Gleichheit der durch 520 und 259 dargestellten Zahlen nachweisen? Muß man tatsächlich in mühsamer Kleinarbeit die obige Tabelle erweitern, oder gibt es elegantere Verfahren?

Klammerbemerkung für Lehrbuchautoren: Machen Sie aus der Art, wie Cyrille Multiplizieren gelernt hat, um Gottes Willen keinen obligatorischen Lehrstoff. Sie haben miterlebt, wie ein eigenwilliger Pilger auf eigene Faust seinen Weg nach Rom sucht. Machen Sie daraus keinen Trampelpfad für Reiseagenturen. Verzichten Sie aber auch darauf, ihren eigenen Weg des Erkennens, der vielleicht über das Siebenersystem geführt hat, für verbindlich zu erklären.

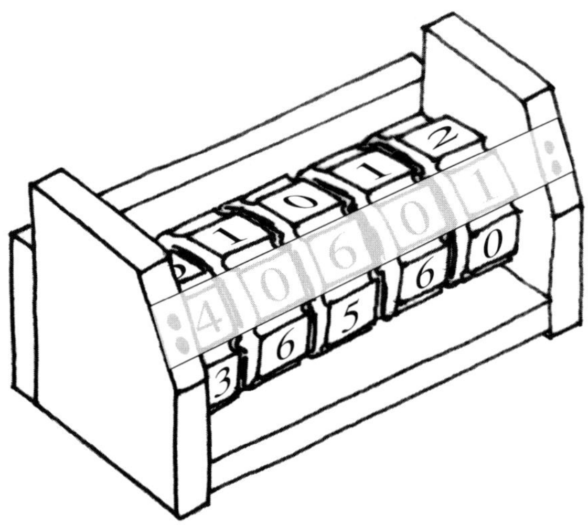

Regie: Nicht alles, was in den Ohren der Lehrer falsch tönt, ist falsch

Fixiert in der Rolle des Fehlerjägers, versäumen Lehrer oft ihre Hauptaufgabe: das kreative Zuhören. Der Erkennende ist – das wissen wir seit Sokrates – auf einen Geburtshelfer angewiesen, der ihn auf scheinbaren Irrwegen fragend begleitet. Im Dialog, im erklärenden Sprechen und Schreiben, verfertigen sich – so berichtet auch Kleist – langsam die Gedanken. So ist eben nicht alles falsch, was in den Ohren der Lehrer falsch tönt! Und noch schlimmer: Es ist nicht alles richtig, was richtig tönt. Denn es könnte ja nur nachgeplappert und gar nicht verstanden sein. Fassen wir die Konsequenzen aus den vorangehenden Szenen zusammen:

- Falsch klingende Aussagen dürfen nicht postwendend mit dem Verdikt „falsch“ erledigt werden: Sie können unbeholfene Signale für aufkeimende Entdeckungen neuer Zusammenhänge sein.

- Um aufkeimende Entdeckungen zu sichern und mitteilbar zu machen, braucht es in der Regel einen Gesprächspartner, der die Kunst des Zuhörens und des Fragens beherrscht.

- Die Notwendigkeit, einen intuitiv erfaßten Zusammenhang auch sprachlich klar darzustellen, ergibt sich erst aus der Gegenwart eines Zuhörers, der tatsächlich Verständnisschwierigkeiten hat und nicht bloß Scheinfragen stellt.

- Wenn der Lehrer die Rolle des Zuhörers nicht nur zum Schein übernehmen soll, muß das, was der Schüler ihm mitteilt, neu und interessant sein.

- Dieses Neue und Interessante kann in der Regel nicht der konventionell formulierte Sachverhalt sein, wohl aber die individuelle Färbung, die ein Sachverhalt erfährt, wenn sich ein Schüler in seiner singulären Welt damit beschäftigt.

- Richtet sich das Interesse des Lehrers auf die singuläre Welt des Schülers, entsteht für diesen die Notwendigkeit, sein persönliches Handlungswissen zu artikulieren und zur Diskussion zu stellen.

- Im Ringen um verständliche Formulierungen entsteht das dringende Bedürfnis nach Namen und Bezeichnungen, die allgemein bekannt und anerkannt sind.

- Erst wenn der Schüler begreiflich gemacht hat, wie er sich die Sache vorstellt, darf ihn der Lehrer mit den regulären Begriffen und Algorithmen aus dem Fachgebiet konfrontieren.

- Eine verfrühte Vermittlung von Fachwissen und Definitionen entwertet den singulären Erfahrungsschatz und macht den Lernenden stumm und handlungsunfähig.

2. Spiel. Segmentieren erzeugt Stoffdruck

Zwischen dem Lehrenden und dem Lernenden besteht ein fundamentaler Unterschied, der so selbstverständlich ist, daß man ihn meist gar nicht beachtet: Der Lehrer blickt auf das zurück, was der Schüler als Lernziel noch vor sich hat. Wer zurückschaut auf das, was er schon weiß und kann, entdeckt Zusammenhänge, die ihm auf dem Weg zum Ziel, an dem er sich jetzt befindet, verborgen bleiben mußten. Zwischen Vorschau und Rückschau findet normalerweise ein natürlicher Wechsel statt. Lehrer dagegen müssen die Optik der RÜCKSCHAU von Berufes wegen perfektionieren. Das kann gefährlich werden. Wer häufig auf Bekanntes zurückschaut, beginnt zu gliedern und zu segmentieren. Er kennt schließlich jeden Winkel seines Gebiets, alle Bewegungen, die man darin ausführen kann, und alle Tücken und Fallen. Das macht ihn zu einem ausgezeichneten Berater unkundiger Wanderer in diesem Gebiet. Der Berater wird dann zu einer Bedrohung für den Wanderer, wenn er ihn ans Gängelband nimmt, ihm blindes Vertrauen abverlangt und ihn Schritt für Schritt auf demjenigen Weg durch das Gebiet lotst, der ihm aus der Rückschau als der geeignetste erscheint. Auch wenn der Schüler am Gängelband des Lehrers die Reise durch das Land der Mathematik oder der Sprache heil übersteht, hat er wenig gewonnen. Anstatt ein Fachgebiet zu erkunden und darin heimisch zu werden, hat er bloß gelernt, wie man einen Stoffberg unbeschadet hinter sich bringt. Wen wundert's, daß ihn niemand dazu verlocken kann, auch selber einmal Rückschau zu halten.

Will ein Lehrer seinen Schülern echte Erfahrungen in seinem Fachgebiet ermöglichen, muß er aus der Optik der Rückschau heraustreten und sich darüber klar werden, wie sich sein Stoff aus der Optik der VORSCHAU darbietet. Der Schüler hat ein Recht darauf, daß ihm der Stoff so präsentiert wird, wie er ihn aus seiner Optik wahrnehmen kann: als Vorschau auf eine grobe, aber ganzheitliche KERNIDEE. Mit Hilfe einer Kernidee kann der Lernende ein Stoffgebiet auf eigenen Wegen erkunden und das Begriffene seinen Fähigkeiten entsprechend ausdifferenzieren. Das Vermitteln weniger Kernideen steht in krassem Gegensatz zur aufwendigen SEGMENTIERUNG. Der ängstliche Versuch, beim Segmentieren möglichst vollständig den gesamten Lernvorgang zu beschreiben und zu steuern, führt auf ein ermüdendes und einseitiges Lehrgespräch. Das Vermitteln von Kernideen dagegen ermöglicht einen interessanten, ungekünstelten und symmetrischen Dialog zwischen Lehrer und Schüler. Der Stoffdruck verschwindet; plötzlich hat man Zeit für individuelle Beratung.

Szene 6. Stoffdruck im Kindergarten

Mittelstufenlehrer klagen oft und zu recht über Stoffdruck. Er wird, so argumentieren sie, durch die Übertrittsprüfung in die Oberstufe erzeugt. Stoffdruck wird dann zum ständigen Begleiter der geplagten Schüler und Lehrer. Wer glaubt, mit dem Ende der Schulzeit falle auch der Stoffdruck weg, täuscht sich. Das Gefühl, einem unerreichbaren Ziel nachzujagen, nie den Überblick zu gewinnen und sich in einem Dickicht von Details zu verstricken, sitzt tief und erhält nun den Namen Streß.

Wer verursacht denn eigentlich den Stoffdruck? Kommt er wirklich von oben – von der höheren Schule, von der Kontrollinstanz, von der Gesellschaft? Wir zweifeln daran. Gewiß, äußere Faktoren mögen eine Rolle spielen. Ohne die innere Bereitschaft und Mithilfe des Gestreßten wären sie aber nicht genügend wirksam. Er selbst erzeugt einen nicht unerheblichen Teil des Drucks, unter dem er leidet. Das möchten wir an einem Beispiel aus dem Kindergarten erläutern. Niemand würde hier Stoffdruck vermuten, und es wird hier wohl auch niemand versuchen wollen, die Verantwortung nach oben abzuschieben.

Ursula ist Kindergarteninspektorin. Sie berichtet: Seit ich eigene Kinder habe, ist mir ein Dogma aus meinem Methodikunterricht fragwürdig geworden. Ich habe gelernt, das Erzählen von Bilderbüchern möglichst vielfältig auszugestalten: Jedes Bild soll ausgekostet und mit Bewegungen, Liedern, Spielen und Basteln mit dem Wahrnehmen und Erleben der Kinder verknüpft werden. All das finde ich auch heute noch gut und richtig. Nur: Die Kinder werden ungeduldig, wenn der Ausgang der Geschichte so lange hinausgezögert wird, und sie verlieren oft sogar das Interesse an ihr. Das folgende Erlebnis bei einem Kindergartenbesuch hat mir besonders zu denken gegeben.

Während die Kinder spielen, sehe ich mich im Kindergarten etwas um. Dabei fällt mir das in farbiges Papier eingebundene Bilderbuch von Jörg Steiner und Jörg Müller „Der Bär, der ein Bär bleiben wollte" auf. Es ist auf der Seite aufgeschlagen, auf welcher der Bär vor dem Spiegel steht und sich rasiert. Hinter ihm der Fabrikwächter mit verschränkten Armen. Darunter das Bild mit den Arbeitern in ihren uniformen Arbeitsanzügen; mit stumpfer Miene schieben sie ihre Kontrollkarten in die Stempeluhr. Die beiden Bilder wirken sehr stark auf mich, und ich möchte wissen, wie die Geschichte weitergeht. Aber da ist oben rechts eine hübsche, bunt bemalte Wäscheklammer. Sie soll den Betrachter offensichtlich daran hindern, weiterzublättern. Verstohlen werfe ich einen Blick in die Runde und entferne die Klammer dann unauffällig. Mit einem etwas schlechten Gewissen blättere ich um und bin von den folgenden Bildern sofort gefangengenommen. So merke ich zuerst nicht, daß mein verbotenes Tun magnetisch auf die Kinder wirkt. Sie haben sich links und rechts

von mir eingefunden und versuchen, einen Blick ins Buch zu erhaschen. Auch sie wollen wissen, wie die Geschichte weitergeht. Muß solche Neugier wirklich mit putzigen Wäscheklammern abgeklemmt werden?

Es ist klar, daß Ursula die Kinder auf später vertrösten muß. Die Methodik will es so, und sie darf ihrer Kollegin ja nicht in den Rücken fallen. Aber es bleibt ein ungutes Gefühl. Sie erinnert sich an ihre eigene Praxis als Kindergärtnerin. Wie oft hat sie das Thema eines Bilderbuches über Wochen ausgedehnt, und wie oft ist sie dabei unter Streß geraten. Am Anfang eines Bilderbuches mußte sie viel Energie und Phantasie mobilisieren, um die ungeduldigen Kinder zurückzuhalten und ihren Blick auf die Details und die Feinheiten in der Ausgestaltung der einzelnen Bilder zu lenken. Gegen den Schluß hingegen mußte sie alle Register ziehen, um das erlahmende Interesse wachzuhalten und den Spannungsbogen bis zum Ende der Geschichte aufrechtzuerhalten. Als unbefriedigend empfand sie in beiden Phasen, daß die Wirkung mehr von ihren didaktischen Einfällen als von der Geschichte selbst ausging.

Geht es den Kindern nicht ähnlich wie dem Bären und den andern Arbeitern in der Fabrik? Sie werden eingespannt in einen Arbeitsprozeß und müssen sich mit Leib und Seele in einer Sache engagieren, die sie als Ganzes nicht – vielleicht nie – zu Gesicht bekommen.

Was Ursula im Kindergarten erlebt und beobachtet hat, könnte sich auf jeder Schulstufe abspielen. Es ist immer der gleiche Mechanismus, der Stoffdruck erzeugt und die besten pädagogischen Absichten untergräbt. Tatsächlich ist es wichtig und wertvoll, daß die Kinder schon im Kindergarten lernen, sich in die einzelnen Phasen einer Geschichte einzuleben, Details und Feinheiten aufzuspüren und sie auf ihre eigene Weise in verschiedene Richtungen weiterzuspinnen. Aber das braucht viel Zeit und zwingt zu einem langsamen Vorwärtsschreiten. Und gerade diese Verlangsamung scheint schuld am Stoffdruck zu sein. Dann wäre also die gute pädagogische Absicht der Sündenbock. Wir sind da anderer Meinung: Falsch sind nicht die pädagogischen Ziele, falsch ist der Weg, auf dem man sie zu erreichen versucht. Ursulas Erfahrung ist ein Modell dafür.

Das falsche didaktische Prinzip – es ist das Prinzip der LINEARITÄT – lautet: Beginne mit dem ersten Bild im Bilderbuch, schau mit den Kindern alles ganz genau an, lasse sie durch Bewegungsspiele erleben, was abgebildet ist, und erarbeite mit den Kindern Lieder, Verse und Gegenstände, die ihr Erleben vertiefen und erweitern. Wenn die Kinder alles ausgekostet haben, gehst du zum zweiten Bild und verfährst ebenso. Schritt für Schritt wird so vom Anfang zum Ende, vom Einfachen zum Schwierigen, das Ganze erarbeitet. Die Erfahrung zeigt, daß die Kindergärtnerin am Anfang große Energien aufwenden muß, um die vorwärtsdrängenden Kinder, die wissen wollen, wie es weitergeht, zurückzuhalten. Sie stemmt sich hier gegen die Dynamik der Geschichte, eine Dynamik, die in jedem guten Stoff steckt, und fordert Verweilen. Dieser Vorwärtsdruck des Stoffs nimmt gegen die Mitte der Geschichte hin ab und verwandelt sich gegen den Schluß hin in einen Rückwärtsdruck: Der Stoff hat jetzt seine Dynamik eingebüßt und wird nur noch als träge Masse erlebt, die mühsam vorwärts geschoben werden muß. Dieser Vorwärtsdruck und Rückwärtsdruck sind nichts anderes als der STOFFDRUCK, den die Kindergärtnerin verspürt und unter dem sie vielleicht auch leidet. Auch wenn es ihr in einem gewaltigen Kraftakt gelingt, die Kinder bis zum Schluß in Fahrt zu halten, erweist sie ihnen und dem Stoff einen schlechten Dienst: Sie schirmt sie ab von der elementaren Wirkung, die vom Stoff selbst ausgeht, und macht sie von ihrem Einfallsreichtum und ihren didaktischen Tricks abhängig.

Die Kindergärtnerin ist Opfer einer selbstherrlichen Didaktik, die den Stoff segmentiert, linear aufreiht, wohldosiert verabreicht und annimmt, die aufgeblähten Teile fügten sich von selbst zu einem Ganzen. Sie legt damit ungewollt den Grundstein für einen lähmenden Lehrbetrieb, der weder der Sache noch den Schülern gerecht wird, weil er die Lehrperson ins Zentrum stellt, die den ganzen Stoff mundgerecht präparieren und alle Lernprozesse lenken und kontrollieren muß. Dieser überrissene Anspruch erzeugt früher oder später Frustration: Er stumpft die Lernenden ab und zwingt die Lehrperson zu immer hektischerer Aktivität: Verschleiß und Energieverschwendung nehmen von Schulstufe zu Schulstufe zu, und das Lernen wird immer unerfreulicher und unergiebiger.

Hat denn die Kindergärtnerin überhaupt eine Möglichkeit, sich der Eigengesetzlichkeit dieser verkehrten Didaktik zu entziehen? Vielleicht müßte sie ganz einfach ihrem inneren Gefühl vertrauen und mehr auf die Wirkung achten, welche die Geschichte auf sie selbst und auf die Kinder ausübt. Sie könnte ihre Lektionen ruhig wie bisher aufbauen: spannend erzählen, die Aufmerksamkeit der Kinder auf feine Einzelheiten lenken und sie spielend, bastelnd, singend und tanzend erleben lassen, was im Buch dargestellt ist. Aber sie müßte ihre Didaktik mehr in den Dienst der Sache stellen und spüren, in welchem Moment die Geschichte in ihren Zuhörern ein Eigenleben zu entfalten beginnt und in ihnen eine eigene Dynamik des Verweilens und Vorwärtsdrängens erzeugt. Niemand soll sie daran hindern, die Geschichte von einem bestimmten Punkt an zügig zu Ende zu erzählen, die Kinder vom Druck der vordergründigen, auf den Ausgang der Geschichte konzentrierten Neugier zu befreien und ihnen einen Überblick über das Ganze zu ermöglichen. Die Muße, sich RÜCKBLICKEND einzelnen stark wirkenden Bildern und Episoden zuzuwenden und tiefer in sie einzudringen, stellt sich dann von selbst ein. Ist die KERNIDEE des Ganzen einmal geschaffen und in jedem einzelnen Kind wirksam, wird das AUSDIFFERENZIEREN einzelner Teile nicht mehr als belastende Pflichtübung empfunden, die alle im eintönigen Gleichschritt zu absolvieren haben. Es wird jetzt möglich, das differenzierende Erkunden individueller zu gestalten und Rücksicht zu nehmen auf die unterschiedliche Intensität und Richtung, in welcher sich der Dialog der einzelnen Kinder mit der Geschichte entwickelt. Es ist auf jeden Fall absurd, das Buch einzubinden, um das Titelblatt, das meist eine zentrale Aussage macht, zu verstecken. Absurd ist es auch, die Neugier der Kinder mit dekorierten Wäscheklammern zu unterbinden. Sie sollen ruhig im aufgeschlagenen Buch weiterblättern, wenn die Lektion zu Ende ist, sollen Fragen stellen dürfen, mutmaßen, wie die Geschichte weitergehen könnte und darüber rätseln, warum jetzt dieses oder jenes Bild folgt. Und bei dem allem sollen sie auch erleben und erfahren, wie ärgerlich es ist, daß sie selber noch nicht lesen können und daß sie in diesem Punkt noch von der Kindergärtnerin abhängig sind.

Ob das Thema „Integralrechnung" heißt und kurz vor der Matur behandelt wird, oder ob es im Kindergarten um die Begegnung mit einem Bilderbuch geht, ist unerheblich: der Mechanismus, der Stoffdruck erzeugt, funktioniert immer gleich. Stoffdruck ist das Produkt eines Unterrichts, der die Lehrperson – anstatt die Sache – ins Zentrum stellt. Er macht die Schüler unselbständig, weil ihr Wille zu Lernen nicht der Begegnung mit dem Stoff entspringt, sondern durch didaktische Tricks suggeriert wird. Als Mittel zum Zweck degradiert, spannende Lektionen aufzubauen und gute Noten zu erzielen, wird Stoff für Schüler und Lehrer mehr und mehr zu einer unerträglichen Last.

- Stoffdruck ist das Produkt einer verkehrten Didaktik, die den Lehrkräften alles und den Unterrichtsgegenständen nichts zutraut.

- Stoff wird mißverstanden als eine verfügbare Masse von Wissen, die segmentiert, mundgerecht präpariert und häppchenweise verabreicht werden kann.

- Durch die Zerstückelung und lineare Aufreihung verlieren die Unterrichtsgegenstände ihre organische Gestalt und werden ihrer lebendigen, den Menschen ansprechenden Dynamik beraubt.

- Linearität kann nur für den Fachmann, der auf ein weites Feld von Erkenntnissen und Erfahrungen zurückblickt, zu einem ordnenden Prinzip werden (Rückschau). Dem Anfänger muß derart ausgebreiteter Reichtum als wucherndes, belastendes und lähmendes Krebsgeschwür erscheinen.

- Soll ein Schüler als ganzer Mensch einem Unterrichtsgegenstand in seiner Ganzheit begegnen können, darf er ihm nicht als unabsehbare Kette von hochdifferenzierten Einzelheiten erscheinen, sondern muß ihm stets in einer groben, für ihn faßbaren Kernidee präsent sein.

- Kernideen, die dem Lernenden das Ziel in der Vorschau faßbar machen, entwickeln eine Keimwirkung. Sie motivieren zu einem sachbezogenen und selbständigen Lernen. Wann immer der Lernende die Arbeit im Sachgebiet abbricht, stets hat er sich mit etwas Ganzem beschäftigt. Seine Arbeit erscheint ihm deshalb in jeder Phase sinnvoll, unabhängig davon, wie weit er die Kernidee schon ausdifferenziert hat.

Die beinahe absurde Episode beim Schnüren der Schuhe in Szene 7 gibt Gelegenheit, Nutzen und Gefahren der Vorschau und der Rückschau in einer alltäglichen „Wissenschaft" gegeneinander abzuwägen. Das einfache Modell soll sichtbar und erfahrbar machen, wie sich die Didaktik des Segmentierens im Unterschied zur Didaktik der Kernideen im Unterricht auswirkt.

Szene 7. Knotenknüpfen – eine Lektion

Morgen beginnt für meinen Sohn Cyrille das zweite Schuljahr. Erschreckt stellt er fest, daß er noch immer nicht weiß, wie man einen Knoten knüpft. Die meisten seiner Kameraden beherrschen diese Kunst, obwohl sie in der Praxis kaum mehr gebraucht wird; es gibt ja kaum mehr Kinderschuhe ohne Klettverschluß. Aber Kinder, die zur Schule gehen, müssen Knoten knüpfen können. Jedermann weiß das, und alle richten sich danach. Cyrille spürt den Druck dieser Erwartung, darum will er in die Kunst des Knotenknüpfens eingeweiht werden, und darum verlangt er meine Hilfe.

Es ist nicht ganz so einfach, jemandem etwas beizubringen, was man täglich tut und was man mit traumwandlerischer Sicherheit beherrscht. Ich beschaffe mir also eine Schnur, lege sie um meinen Oberschenkel und beobachte sorgfältig, wie sich der Knoten unter meinen Fingern bildet. Die ungewöhnlich hohe Aufmerksamkeit, die ich dem banalen Vorgang schenke, bringt mich fast aus dem Konzept. Was ich schon unzählige Male gedankenlos und ohne viel Aufwand erfolgreich zustande gebracht habe, ist gar nicht mehr so überschaubar, wenn ich es in Einzelschritte zerlege. Sofort fallen mir einige unbewußt ausgeführte und recht komplizierte Wechsel auf, bei denen Schnurstücke von einer Hand zur andern wandern. Wie soll ich Cyrille diesen Ablauf vermitteln?

Es ist klar, daß ich mich als Mathematiker nicht mit einer ungefähren Klärung des Vorgangs zufriedengeben kann. Die Leidenschaft, die den Mathematiker ausmacht, erschöpft sich ja keineswegs in Formeln und Symbolen. Wissen wollen, wie etwas funktioniert, das ist es, was mich antreibt, wenn ich seitenweise Gleichungen umforme oder komplizierte Figuren konstruiere. Wie also funktioniert das Knotenknüpfen? Gehen alle Menschen gleich vor oder macht es jeder auf seine Weise? Ich beschränke mich auf den einfachen Knoten, mit dem ich täglich meine Schuhe zubinde.

Das Ergebnis meiner Nachforschungen lege ich dem Leser im folgenden zur kritischen Überprüfung vor. Es handelt sich um eine lückenlose Beschreibung meiner persönlichen Art, die Schuhe zu binden. Sie wirkt, und das ist mit eine Absicht, auf den ersten Blick erheiternd. Das gilt allerdings nur für all jene, die das Knotenknüpfen bereits beherrschen. Will ich meinem Sohn dagegen Schritt für Schritt klarmachen, wie ich beim Knotenknüpfen vorgehe, darf ich mich auf keinen Fall kürzer fassen.

Die Methode, nach der ich meine Handlungsanleitung aufbaue, kann man mit dem Begriff SEGMENTIERUNG kennzeichnen. Auf die gleiche Weise werden in Lehrbüchern oder im Unterricht üblicherweise die Stoffe vermittelt. Die Bewegungen, die ein erfolgreiches Handeln in einem bestimmten Wissensgebiet ermöglichen, werden in kleinste Einheiten zerlegt, Stück für Stück vermittelt und an unzähligen Beispielen geübt. Man denke etwa ans traditionelle Einüben des Einmaleins oder ans gängige Lesen- und Schreibenlernen. Zahl für Zahl und Buchstabe für Buchstabe werden eingeführt, gelernt und Schritt für Schritt zu immer komplizierteren Gebilden zusammengesetzt. Das gleiche Verfahren kommt normalerweise auch bei Gebrauchsanweisungen oder Montageanleitungen zur Anwendung. Für die Herstellung von Programmen für Automaten ist es unerläßlich.

Einführung in die Kunst des Knotenknüpfens

1. *Man beschaffe sich ein ca. 100 cm langes Stück Schnur und setze sich so auf einen Stuhl, daß die Oberschenkel nicht auf der Sitzfläche aufliegen.*
2. *Jetzt ergreift man die Schnur mit DAUMEN und MITTELFINGER der linken Hand etwa 10 cm vom einen Ende entfernt und läßt das lange Schnurstück zwischen den Beinen herabhängen.*
3. *Mit der rechten Hand fährt man unter dem rechten Oberschenkel durch, erfaßt mit deren DAUMEN und ZEIGEFINGER das freie Ende der Schnur und zieht es hoch. Die Schnur ist jetzt straff, und man hat die beiden Enden etwa auf gleicher Höhe vor sich.*
4. *Indem der linke Zeigefinger sich satt am benachbarten linken Mittelfinger nach vorne schiebt und streckt, streift seine Fingerkuppe das linke Schnurstück. Der Mittelfinger krümmt sich dabei.*
5. *Die rechte Hand bringt nun ihr Schnurstück so VOR die linke, daß die beiden Schnurstücke*

auf der Fingerkuppe des linken Zeigefingers ein Kreuz bilden. Hinweis: Unter „vor" verstehen wir „näher dem Ausübenden".

6. *Indem die rechte Hand die Schnur etwas straff zieht und nach hinten drückt, wird das linke Schnurstück auf der Fingerkuppe des linken Zeigefingers eingeklemmt. Daumen und Mittelfinger der linken Hand können sich jetzt voneinander lösen.*
7. *Der linke Daumen muß sich jetzt auf die Fingerkuppe des linken Zeigefingers legen und das Kreuz fixieren. Durch Hochziehen der linken Hand über dem rechten Schenkel wird die Schnur wieder straffgezogen.*
8. *Die rechte Hand kann ihr Schnurstück loslassen und ergreift das andere Ende der Schnur, das von unten links nach oben rechts verläuft. Sie führt es zuerst nach vorne – gegen den Ausübenden –, dann nach unten Richtung Oberschenkel, schiebt es mit dem Daumen unter dem Kreuz hindurch nach hinten und übergibt es schließlich dem Mittel- und dem Zeigefinger der linken Hand, die es einklemmen und festhalten.*
9. *Die rechte Hand, die sich von der Schnur gelöst hat, zieht sich unter dem Kreuz hindurch zurück, fährt rechts am Kreuz vorbei und ergreift von hinten her das Schnurstück wieder, das sie dem Mittel- und Zeigefinger kurzfristig überlassen hat. Jetzt zieht sie die Schnur nach rechts oben hoch.*
10. *Der Zeigefinger der linken Hand lockert seinen Druck auf das Kreuz, entläßt das hintere Schnurstück sorgfältig aus der Fixierung und hält zusammen mit dem Daumen nur noch das vorne liegende Schnurende fest.*
11. *Zieht die rechte Hand nach rechts und die linke nach links, so strafft sich die Schnur satt um den Oberschenkel und bildet auf dessen Oberseite den sogenannten* ANFANG DER MASCHE. *Die rechte Hand hält das Schnurstück, das von links unten dem Oberschenkel entlang hochkommt; die linke entsprechend das rechte Stück.*
12. *Daumen und Zeigefinger halten die Schnur so, daß sie links etwa 5 cm, rechts dagegen etwa 10 cm vom Anfang der Masche entfernt sind. Der Mittelfinger der linken Hand halbiert nun von hinten her kommend das 10 cm lange Schnurstück zwischen dem Anfang der Masche und der rechten Hand.*
13. *Die rechte Hand führt ihr Schnurende hinter diesem Mittelfinger hinab und vereinigt es mit dem Anfang des 10 cm langen Stücks beim Anfang der Masche. Es entsteht eine etwa 5 cm lange* SCHLAUFE, *die vom Mittelfinger der linken Hand gespannt wird.*
14. *Daumen und Zeigefinger der rechten Hand fixieren nun beide Schnurstücke der Schlaufe – die Wurzel der Schlaufe – knapp oberhalb des Anfangs der Masche. Der Mittelfinger der linken Hand kann sich aus der Schlaufe zurückziehen.*
15. *Die linke Hand führt das Schnurende, das sie immer noch festhält, vor dem Daumen der rechten Hand in einem Bogen nach rechts hinten, ganz um den Daumennagel und die Wurzel der Schlaufe herum, und preßt es von hinten links her mit dem Zeigefinger der linken Hand gegen die Kuppe des Daumens der rechten Hand. Das herumgeführte Ende der Schnur zeigt auf den Ausübenden.*
16. *Der Zeigefinger der rechten Hand braucht die Wurzel der Schlaufe nicht mehr festzuhalten. Diese wird jetzt von der herumgeführten Schnur leicht an die rechte Seite des rechten Daumens gedrückt.*
17. *Der rechte Zeigefinger gleitet nun in ständigem Hautkontakt und ohne über ein Schnurstück zu rutschen vom Ansatz des rechten Daumens her hart am Fingernagel vorbei zur Fingerkuppe des linken Zeigefingers und drückt an dessen Stelle die herumgeführte Schnur an die Daumenkuppe der rechten Hand. Die linke Hand kann vorübergehend alles loslassen.*
18. *Mit Daumen und Zeigefinger der linken Hand ergreift man die in Punkt 13 gefertigte Schlaufe und zieht sie sehr sachte nach links, während gleichzeitig die rechte Hand, die ja*

ein Schnurstück zwischen Daumen und Zeigefinger hält, nach rechts zieht. Dabei schließt sich die Umfahrung: Es bildet sich der Knoten.

19. *Falls bei diesem Vorgang eines oder gar beide Schnurenden aus der sich schließenden Umfahrung herausschlüpfen, ist die Schnur zu kurz. Man muß die ganze Übung wiederholen und dazu entweder eine längere Schnur benützen oder bei der Umfahrung in Punkt 15 weniger Schnur verbrauchen.*

Natürlich wollte ich das erarbeitete Wissen über das Knotenknüpfen, das ich durch segmentierende Rückschau auf einen bei mir automatisierten Handlungskomplex gewonnen hatte, meinem Sohn vermitteln. Ich rief Cyrille also zu mir und überreichte ihm ein 100 cm langes Stück Schnur. Dann forderte ich ihn auf, so auf dem Stuhl Platz zu nehmen, daß die Oberschenkel nicht auf der Sitzfläche aufliegen. Jetzt mußte er das eine Ende der Schnur zwischen Daumen und Mittelfinger seiner linken Hand festhalten und das andere zwischen den Beinen herabhängen lassen. „Aber wozu das alles", unterbrach mich mein Sohn, „ich will doch bloß den Knoten lernen." „Geduld, Geduld", beschwichtigte ich ihn, „das kommt alles zu seiner Zeit. Fahr jetzt mit deiner rechten Hand unter dem rechten Oberschenkel durch und nimm das freie Ende der Schnur zwischen den Daumen und den Zeigefinger." Aber Cyrille hatte natürlich die rechte und die linke Hand verwechselt; es gab ein Durcheinander und wir mußten von vorne beginnen.

Was mit zwanzig Schülern im Unterricht durchaus möglich ist, läßt sich zu Hause – und das ist ein Glück – nicht durchspielen. Cyrille ist ob der Fülle von Einzelheiten verwirrt und der Verzweiflung nahe; und das drückt er auch aus, und zwar deutlich. Ich muß die Übung abbrechen. Sanktionsmittel wie Noten und Rückversetzung stehen mir nicht zur Verfügung. Und ich bin auch froh, sie nicht anwenden zu müssen. Es bleibt mir nichts anderes übrig, als mein didaktisches Konzept zu überprüfen und einen anderen Weg zu suchen.

Die Rückschau auf die mir vertraute Tätigkeit des Knotenknüpfens war für mich zweifellos ein Gewinn. Sie verschaffte mir einen vollständigen Überblick über sämtliche Vorgänge und Teilprobleme dieses Handlungskomplexes. Was ich bisher bloß als unbewußtes Programm gespeichert hatte und automatisch ablaufen lassen konnte, wurde für mich als wohlorganisiertes Handlungsmuster durchschaubar und verfügbar. Solche Rationalisierung hat für den, der sie erarbeitet, etwas ungemein Faszinierendes. Sie gibt seinem alltäglichen Tun eine zusätzliche Dimension und verschafft ihm die Möglichkeit, es zu kontrollieren, zu variieren oder in beliebige Richtungen weiterzuentwickeln. Das ist das Faszinierende, das den Programmierer an den Computer, den Mathematiker an die Formelwelt, den Germanisten an die Dichtung und den Lehrbuchautor an die Didaktik fesselt. Sie alle sind enttäuscht, wenn sich Außenstehende für die Regeln und Abläufe, die sie freigelegt haben, nicht erwärmen wollen. Und sie vergessen dabei, daß die Faszination nicht von ihren segmentierten Endprodukten ausgehen kann, sondern vom Problem, das sich ihnen gestellt hat, und von der Tätigkeit der Reflexion bei der Suche nach Lösungen.

Cyrilles Reaktion ist natürlich und gesund. Er interessiert sich nicht für die Produkte meiner Reflexion, durch die ich mir etwas zurechtgelegt habe, was ich schon lange beherrsche. Die vielen Teilschritte, in die ich meine Art des Knotenknüpfens zerlege, wenn ich auf meine Praxis Rückschau halte, machen ihm Angst. Er ist kein Automat, der programmiert werden will, sondern ein Mensch, der ein Ziel vor Augen hat: Er will Knoten knüpfen lernen. Der Blick auf dieses Ziel ist der Antrieb, der ihn zum Lernen motiviert. Es ist der

Blick nach vorn, nicht der Blick zurück. Ich muß also aus meiner Optik der reflektierenden Rückschau heraustreten und mir überlegen, wie sich das Handlungsziel „Knoten knüpfen" aus der Optik der Vorschau präsentiert. Ich muß Cyrille die Kernidee des geknüpften Knotens vor Augen stellen, wenn ich seinen Willen zu Lernen am Leben erhalten und ihm Gelegenheit geben will, die Faszination des eigenes Forschens und Entdeckens zu erleben. Was ist die Kernidee des Knotenknüpfens? Läßt sie sich in kurzen Zügen so skizzieren, daß der Lernende sie selbständig und auf eigenen Wegen zur Entfaltung bringen kann? Entscheidend ist, daß meine Erklärungen den Lernvorgang nicht vorwegnehmen und programmieren, sondern ermöglichen und in Gang setzen. Sie sollen Cyrille das Ziel des Knotenknüpfens vor Augen stellen, ohne ihm den Weg dorthin in allen Einzelheiten vorzuschreiben.

Die Kernidee des Knotenknüpfens muß also so beschaffen sein, daß sie markante Eigenschaften des Ziels – des geknüpften Knotens – vergröbert und überdimensioniert hervorhebt. Ich vertausche deshalb die Schnur mit einem gröberen Seil und knüpfe damit einen sehr losen Knoten. Zwei Eigenschaften des Knotens sind überdeutlich erkennbar: „Loch" und „Schlaufe".

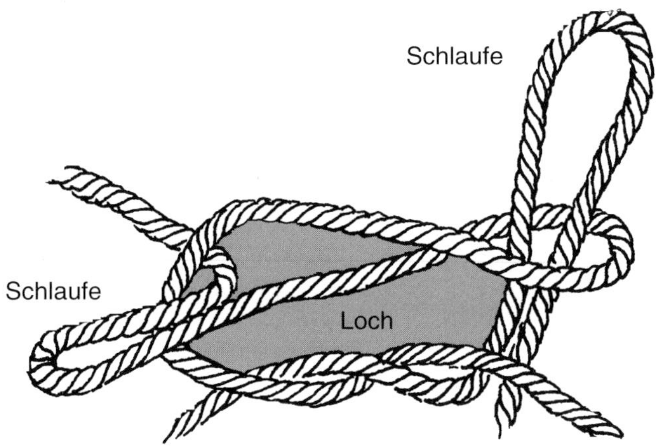

Ganz sachte und langsam ziehe und stoße ich abwechselnd an den beiden Schlaufenden, so daß das Loch einmal kleiner und einmal größer wird. Dieses kleine Schauspiel gefällt Cyrille sehr, und natürlich möchte er es auch probieren. Auch wenn sich die beiden Schnurenden bald einmal aus dem Loch ausfädeln, hat Cyrille doch für Augenblicke das beglückende Gefühl erlebt, dem Ziel ganz nahe zu sein. Das steigert seine Neugier enorm. Jetzt denkt er nicht mehr an seine Kameraden, die ihn auslachen, weil er das Knotenknüpfen nicht beherrscht; jetzt denkt er nur noch an den Knoten und will wissen, wie er funktioniert. Der soziale Druck weicht vor der Kraft zurück, die von der Sache ausgeht. Die Motivation ist echt.

Ganz langsam knüpfe ich vor Cyrilles Augen einen neuen Knoten. Diese Verlangsamung des Vorgangs ist mir nur möglich, weil ich meinen Bewegungsablauf ganz genau analysiert habe und jeden Teilschritt genau kenne. Schon nach den ersten Bewegungen unterbricht mich Cyrille. Er verlangt, daß ich die Bewegung ein paar Schritte rückwärts ausführe, und stoppt mich dann in der folgenden Phase:

Cyrille hat sich selber ein Etappenziel gesteckt und will es nun selbständig erreichen. Trotz mehrerer Versuche gelingt es ihm nicht. Er kreuzt die Schnurenden zwar richtig, verwickelt sie dann aber bloß und merkt nicht, daß er mit dem einen Schnurteil unter dem andern hindurchfahren müßte. Aus diesem Grund lege ich ihm die Schnur in der folgenden Weise zurecht und mache ihn damit auf eine markante Eigenschaft dieses Etappenziels aufmerksam. Wir geben ihm den bildhaften Namen „Tor". Der nächste Versuch gelingt Cyrille auf Anhieb.

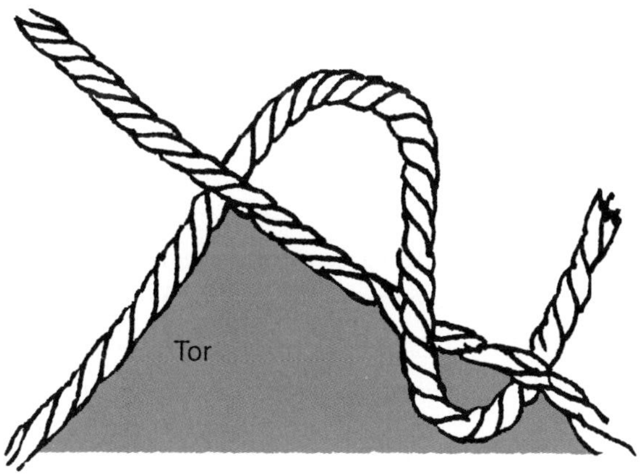

Sobald Cyrille die erste Etappe des Knotenknüpfens langsam, aber sicher beherrscht, will er den Endzustand noch einmal sehen. Ich lege ihm das Seil in der gleichen Weise wie am Anfang zurecht und mache ihn auf zwei wichtige Merkmale des fertigen Knotens aufmerksam: den „Anfang der Masche", den er soeben gelernt hat, und das Schnurstück, das in der letzten Phase des Knüpfens aus dem Loch hervorgeklaubt wird und dann die zweite Schlaufe bildet.

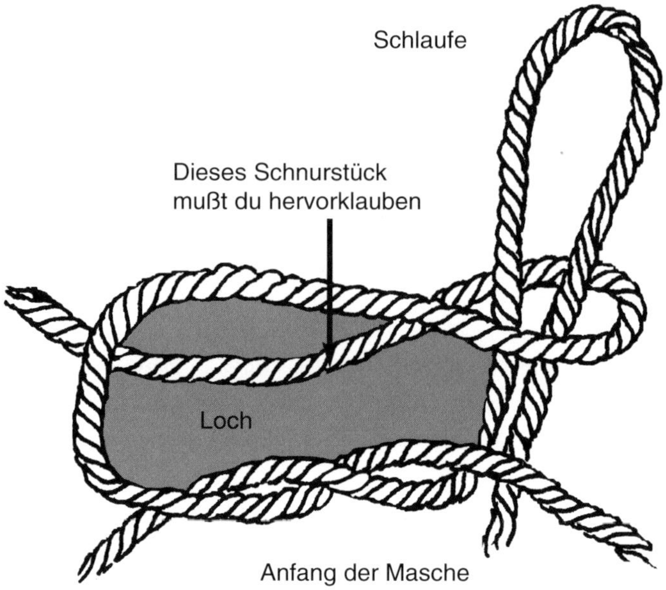

Diese Informationen genügen Cyrille. Er macht einige Versuche und scheitert mehrmals; einmal macht er eine Handbewegung ungeschickt, ein andermal läßt er eine Fixierung zu früh los. Schließlich bildet sich unter seinen Fingern mit viel Glück ein Knoten. Es ist ihm gelungen, ein deutliches Loch zu formen, und er hat den richtigen Schnurteil erwischt, der hervorgeholt und zur zweiten Schlaufe gemacht werden muß. Jetzt legt er sich befriedigt schlafen. In den nächsten Tagen übt er weiter und findet selbst einige Abkürzungen und Verbesserungen seines Verfahrens. Dabei entwickelt er eine Fingerfertigkeit, die es ihm erlaubt, das Tor und das Loch zu verkleinern und die Übergabe der Schnurteile von einer Hand in die andere ohne Pannen zu bewerkstelligen. Es besteht kein Zweifel, daß Cyrille bald auch mit unhandlich weichen oder starren Schnüren seine Knoten verfertigen kann. Er wird andere Sorten von Knoten, die anderen Zwecken dienen, kennenlernen. Und er wird noch viel weniger auf fremde Hilfe angewiesen sein als bei seinem ersten Knoten. Er wird sich daran erinnern, wie wir uns mit dem Seil ein grobes Bild unseres Handlungsziels geschaffen und wie wir markante Eigenschaften hervorgehoben haben. Diese Methode macht ihn autonom.

Die Kunst des Knotenknüpfens sichert Cyrille das Ansehen in der Gesellschaft seiner Kameraden. Das ist das eine. Wichtiger aber als dieser kurzlebige Erfolg ist der Weg, der ihn zu diesem Ziel geführt hat. Das Wie des Lernens ist das Entscheidende. Am Beispiel des Knotenknüpfens hat Cyrille gelernt, WIE man lernt. Darauf kommt es an.

3. Spiel. Kernideen als Auftakt zum Lernen

Unbestritten ist, daß ein Mensch viel Zeit braucht, um mit einem neuen Sachgebiet vertraut zu werden. Wie aber erlebt der Lernende den langen Weg zum Wissen? Ist es eine Durststrecke, geprägt von Mühsal, Entbehrungen, fehlendem Überblick und lustlosem Einüben von noch unverstandenen Details? Oder kann die verheißene Erfüllung aus der fernen Zukunft in die Gegenwart des Lernenden hereingeholt werden? Gibt es ein Lernen, das in jeder Phase zu einem ganzheitlichen Erlebnis werden kann? Das hängt ab von der Art, wie der Stoff an die Schüler herangetragen wird. Obwohl die didaktische Praxis eine Vielfalt von Möglichkeiten aufweist, läßt sich der Umgang mit dem Stoff durch zwei gegensätzliche Grundhaltungen charakterisieren: Der ganzheitliche Dialog mit Kernideen steht in Opposition zur segmentierenden Wissensvermittlung.

Das Wort WISSENSVERMITTLUNG suggeriert eine Modellvorstellung, die aus dem Maschinendenken stammt. Die Lehrperson oder das Lehrbuch zergliedert das gesamte Stoffgebiet in kleine Segmente, die in den Lektionen häppchenweise verabreicht werden. Man erwartet, daß sich die so vermittelten Erklärungen in den Köpfen der Schüler „einprägen" und sich nach und nach von selbst zu einem Ganzen zusammenfügen. Im Idealfall verhalten sich die Schüler so wie ein Tonband, eine Videokassette oder eine Computerdiskette, auf die man Musik, Texte, Bilder, Daten und Programme überspielen kann: Sie speichern alle Erklärungen der Lehrperson und funktionieren nachher genauso, wie es die vermittelten Daten und Programme erwarten lassen. In der Praxis ist man natürlich großzügiger und rechnet mit Verlusten: Der Lehrer spielt das gleiche Band mehrmals ab, läßt das Überspielte wiederholen, liefert Variationen und läßt üben, üben, üben ...

Dieser mechanistischen Unterrichtspraxis stellen wir das Arbeiten mit KERNIDEEN gegenüber. Auch hier spielt das Segmentieren des Stoffs eine wichtige Rolle: Sie dient dem Lehrer aber bloß zur privaten Klärung und wird den Schülern nicht als Lerninhalt vorgelegt. Aus seiner Rückschau auf sein geordnetes und gegliedertes Wissensgebiet entwickelt der Lehrer Kernideen, die das Ganze in vagen Umrissen andeuten. Diese Kernideen sind es, die den Schülern in den Lektionen vorgestellt werden. Sie sind so knapp und prägnant, daß sie das Gedächtnis der Lernenden nicht belasten. Das Vorstellen der Kernideen hat mit „Beibringen" und „Einprägen" nicht das geringste zu tun.

Kernideen sind nicht die Inhalte des Lernens, die in mühsamer Kleinarbeit durchgenommen werden, sondern ein attraktiver Auftakt eines individuellen Lernprozesses. Sie sind Kern und Zentrum eines Arbeitsprozesses, in welchem der Schüler die Hauptrolle spielt und an welchem der Lehrer beratend teilnimmt. Der Stoff, der im mechanistischen Unterricht vom Lehrer vermittelt und vom Schüler gespeichert wird, wächst aus der Kernidee heraus und wird von jedem Schüler auf individuelle Weise entfaltet und ausdifferenziert. Der Monolog des Lehrers wird ersetzt durch den Dialog des Lernenden mit der Sache, die in der Gestalt der Kernidee von allem Anfang an als ganzheitliches Gegenüber anwesend ist. Die Sklavenarbeit des Übens, die der Lernende nur unter drohendem Zwang leistet und die laufend überwacht und kontrolliert werden muß, wird ersetzt durch Reflexion: Der Lernende ordnet und gliedert in der Rückschau die Ergebnisse seines Dialogs mit der Sache. Diese integrierende Tätigkeit erfordert ebensoviel Zeit und Energie wie das mechanische Üben, aber es ist bei weitem befriedigender und wirksamer.

Das Wissen, das sich die Lernenden auf diese Weise erarbeiten, unterscheidet sich radikal vom mechanistisch vermittelten Wissen. Es ist integrierter Bestandteil der Person und nicht fremder Ballast, weil das Ich für seinen Aufbau verantwortlich war. Es macht den Lernenden autonom und unabhängig von lenkenden und begutachtenden Autoritäten, weil er es im Dialog mit der Kernidee aufgebaut hat: Er ist dabei nicht nur der Sache begegnet, sondern auch sich selber. Reflektierend hat er beide, die Sache und die Person, in ihrer Wechselwirkung kennengelernt und ausdifferenziert. Schließlich ist dieses Wissen auch handlungswirksam, weil es nicht bloß in einem abgelegenen Reservat des Gehirns gespeichert ist, sondern alle Schichten der Person durchdringt.

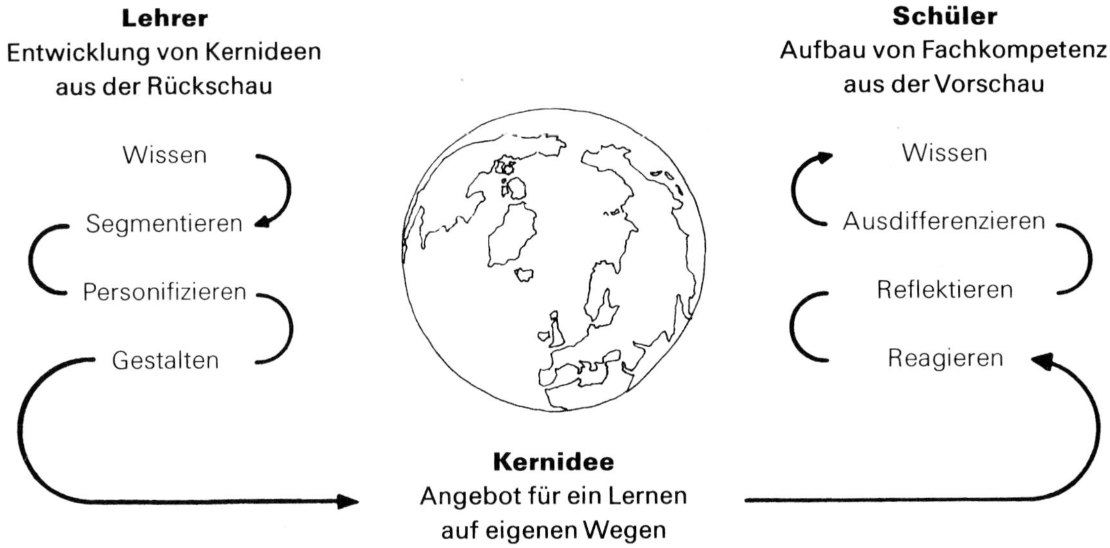

Szene 8. Papi, erklärst du mir die Welt?

Kinder, die lernen wollen, kümmern sich nicht um die traditionellen Fachgrenzen. Ihre Neugier und ihr Wissensdurst richten sich von allem Anfang an aufs Ganze. Was dieses Ganze ist, kann niemand im voraus wissen. Hat es aber einmal Fuß gefaßt, so wird es zur persönlichen Kernidee und beginnt zu wirken.

Mein siebenjähriger Sohn Jonas hält mir einen kleinen Terminkalender mit einer winzigen Landkarte unter die Nase: „Papi, erklärst du mir die Welt?" „Das ist nur eine Schweizer Karte", antworte ich. „Was, nur eine Schweizer Karte?" Jonas ist enttäuscht. Beim Durchblättern des Kalenders ist er zufällig auf eine Karte gestoßen; das hat seine Neugier für Geographie geweckt. Aber diese Neugier richtet sich aufs Ganze: Die Welt will er erklärt haben, nicht bloß die Schweiz. Ich versuche sein Interesse mit ein paar Namen zu beleben, die ihm von Ausflügen her bekannt sind: „Schau, hier ist der Genfersee. Und hier der Gotthard. Und da unten liegt Magliaso am Luganersee." Alles vergeblich. Wie sehr diese Namen sonst seine Phantasie anzuregen vermögen; heute wirken sie nicht. Was sollen diese Details. Jonas will keine Einzelheiten, er will das Ganze: die Welt. Ich steige in den Keller hinunter und suche unter einigem Gerümpel einen etwas verbeulten Globus hervor, den eines meiner älteren Kinder vor vielen Jahren geschenkt bekommen hat. Jonas nimmt die Kugel in die Hand und ist selig. Jetzt hat er, was er will: Amerika, Asien, Afrika, die großen Ozeane, den Mississippi, Grönland, den Nordpol und die Südseeinseln, die er von einer Kindergeschichte her kennt.

An dieser kleinen Episode läßt sich fast alles ablesen, was unserer Meinung nach zum Thema Lehren und Lernen gesagt werden muß: Zufall lenkt das Interesse auf einen Gegenstand. Das Ganze liegt von allem Anfang an im Blickfeld. Selten stehen im entscheidenden Moment ideale Unterrichtshilfen zur Verfügung. Aber das ist ganz unwichtig. Hat sich eine Kernidee in einem Menschen einmal festgesetzt, kann fast nichts mehr schiefgehen. Lehrer und Berater mögen stützen und helfen, so gut es eben gerade geht. Nur eines dürfen sie nicht tun: Das Kind von seinem Vorhaben ablenken und seine Energie in konventionelle Bahnen und Stufen des Lernens lenken wollen. Jeder Mensch muß auf seinen eigenen Wegen zum Ziel kommen.

Szene 9. Negative Zahlen im ersten Schuljahr?

Christina hat im Büchergestell Hofstadters „Gödel, Escher, Bach" (vgl. Hinweise Seite 223 f.) entdeckt. Mit sichtlichem Vergnügen betrachtet sie die Bilder und wundert sich über den endlos fließenden Wasserlauf, die treppensteigenden Mönche und die Ornamente, in denen uns aus den Zwischenräumen von Fischen unversehens Vögel entgegentreten. Plötzlich äußert sie den Wunsch zu rechnen. Sie holt Papier und Bleistift und fordert mich auf, ihr Aufgaben zu stellen. „Ich kann aber nur bis zwanzig rechnen, und mit dem Wegzählen habe ich Mühe", schränkt sie ein. Christina ist siebenjährig und besucht seit neun Monaten die erste Klasse der Primarschule. „Du hast Mühe im Rechnen? Das glaube ich nicht. Sicher kannst du schon eine ganze Menge. Schreib du mir doch zuerst eine Rechnung auf. Ich versuche sie dann zu lösen." Christina schreibt:

$$4 + \square = 5$$

„Das ist ganz leicht", kommentiert sie. „Stimmt", antworte ich, „es gibt eins." „So, jetzt bist du an der Reihe!" Ich notiere die folgenden Rechnungen, die Christina mit Leichtigkeit löst:

$$3 + \square = 5$$
$$2 + \square = 5$$
$$1 + \square = 5$$
$$0 + \square = 5$$

Bei der letzten Aufgabe zögert sie einen Moment, schreibt aber dann die richtige Zahl ins Leerfeld. „Gut gemacht", lobe ich. Christina verlangt aber weitere Rechnungen. „Schau, da habe ich etwas ganz Schwieriges. Was meinst du dazu?"

$$-1 + \square = 5$$

Nun ist sie offensichtlich überfordert: Sie rechnet zwar wie wild, nimmt ihre Finger zu Hilfe und nennt auch ein paar Zahlen; es ist aber ein reines Ratespiel. Ich verspreche, ihr zu helfen, und lasse sie ihr Schwarzpeterspiel holen. Mitten ins Wohnzimmer stellen wir eine große Kerze: Das ist die Null. Nun fordere ich Christina auf, sich neben der Kerze aufzustellen und in gleichmäßigen Schritten vorwärts zu marschieren. Bei jedem Punkt, wo ihr Fuß aufsetzt, lege ich eine Karte hin und sage: „Das ist die Eins, das ist die Zwei, das ist die Drei, das ist die Vier, das ist die Fünf." Jetzt hole ich die Rechnungen, die Christina bereits gelöst hat, und erkläre ihr: „Schau, was da auf dem Papier steht, gibt dir genau an, was du jetzt machen mußt. Die erste Rechnung beginnt bei der Vier – das ist der Start –; Ziel ist die Fünf. Probier nun, wie viele Schritte du machen mußt, um von der Vier zur Fünf zu gelangen." Christina begreift das Spiel schnell und benützt die gelösten Aufgaben nun als Handlungsanweisung.

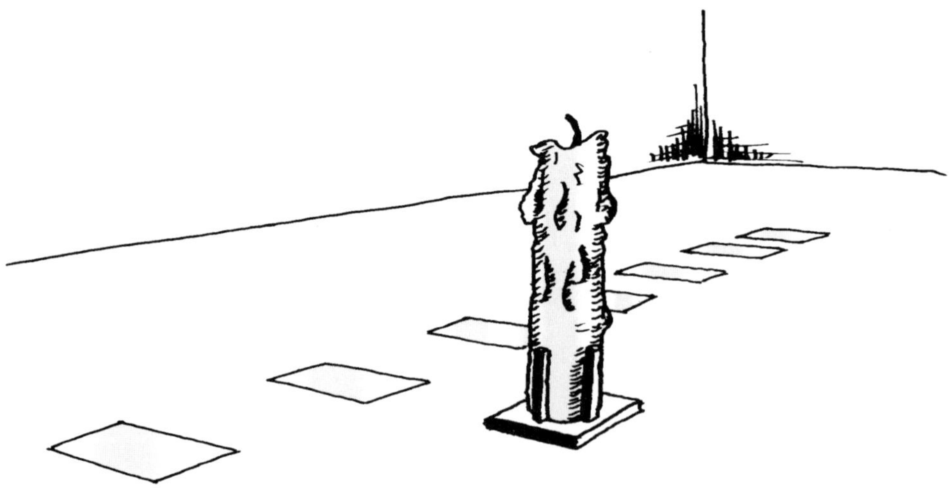

Bei der noch ungelösten Aufgabe zögert sie wieder. Sie sucht offensichtlich nach dem Startpunkt. Erst jetzt, nachdem sie das, was sie in der Schule gelernt hat, auch begriffen hat, wird ihr klar, was sie an der ungewohnten Aufgabe nicht versteht. Erst jetzt, nachdem sie mit ihren eigenen Schritten ihren eigenen ZAHLENSTRAHL aufgebaut hat, begreift sie, was es bedeuten kann, von einer vorgegebenen Zahl aus durch eine Addition zu einer zweiten, größeren Zahl zu gelangen. Sie hat die Rechnung 4 + □ = 5 in eine eigene Handlung übersetzt und kann jetzt formulieren:

Vom Startpunkt 4 aus muß man einen Schritt vorwärts gehen, um zum Zielpunkt 5 zu gelangen.

Wo befindet sich nun aber der Startpunkt -1? Wir schauen uns nochmals alle Stationen auf dem Zahlenstrahl an, die wir bereits als Startpunkte benützt haben, und stellen fest, daß keiner von ihnen für die -1 in Frage kommt. Es bleibt uns also nichts anderes übrig, als eine neue Karte auf den Zahlenstrahl zu legen. Aber wo? Von der ungewohnten Schreibweise scheint eine Suggestivwirkung auszugehen, jedenfalls legt Christina ohne große Umschweife eine Karte einen Schritt weit hinter die Null und bezeichnet sie als Startpunkt. Diese Handlung eröffnet uns neue Möglichkeiten: So, wie wir zuvor den Zahlenstrahl durch Vorwärtsschreiten aufgebaut haben, so erweitern wir ihn jetzt durch Rückwärtsschritte: Aus dem Zahlenstrahl wird die *Zahlengerade.* Ohne Mühe löst Christina jetzt folgende Aufgaben:

-1 + □ = 5
-2 + □ = 5
-3 + □ = 6

Beim Lösen dieser Aufgaben ändert sie ihr Verhalten: Sie stellt sich jetzt zuerst vor der Zahlengeraden auf und zählt, vom Zielpunkt ausgehend und mit dem Finger auf die Karten weisend, rückwärts die Schritte ab, die vom Start zum Ziel nötig sein werden. Dann hüpft sie zum Start, schreitet die vorausberechnete Anzahl Schritte ab und nennt das Resultat: Die Prognose hat sich bestätigt. Christina ereifert sich immer mehr bei diesem Spiel und verlangt immer neue Aufgaben.

Ihr Vater, der anfänglich interessiert zugeschaut hat, wird langsam ungeduldig: Einerseits wundert er sich über die Leichtigkeit, mit der seine Tochter mit Stoff, der überhaupt nicht stufengemäß ist, umgeht, andererseits ärgert er sich über den in seinen Augen unnötigen Aufwand, den sie dabei betreibt. „Du kannst doch bloß ... Man muß doch nur ...", greift er belehrend ein und bietet Abkürzungsregeln an. Christina will nun noch schwierigere Rechnungen haben. Ich notiere

□ + 8 = 5

Im gleichen Moment kommt ihre fünf Jahre ältere Schwester zur Tür herein und will natürlich wissen, was hier gespielt wird. Stolz breitet die Kleine ihr Wissen aus. Fränzi begreift schnell und löst im Handumdrehen auch die neue, schwierige Rechnung, in die sich Christina eben gerade einzuleben versucht. Jetzt ist es natürlich passiert. Fränzi blüht auf in der Lehrerrolle und läßt sich alle erdenklichen Tricks einfallen, um ihre Schwester zu belehren: „Komm, stell dich hier bei der Fünf auf, geh jetzt acht Schritte zurück. So, jetzt hast du die Lösung." Je mehr sich die kleine Lehrerin ereifert, desto lustloser wird die Schülerin. Es dauert keine zwei Minuten, bis Christina das Spiel verleidet ist. Sie hat keine Lust mehr zu rechnen und verläßt mißmutig das Wohnzimmer.

Eschers Bilderwelt hat in Christina offensichtlich den Wunsch geweckt zu rechnen. Gleichzeitig macht sich ein Gefühl von Ungenügen bemerkbar: „Mit dem Wegzählen habe ich Mühe." Auf diese Ausgangssituation kann ich als Lehrer sehr verschieden reagieren. Ich hätte zum Beispiel die Möglichkeit gehabt, die Schwäche, die Christina erwähnt, zum Thema zu machen und das Wegzählen mit ihr zu üben. Auf diese Weise hätte ich wohl dem

Bild, das man sich von der Rolle des Lehrers macht, am ehesten entsprochen: Der Lehrer ist da, um den Schülern das beizubringen, was sie noch nicht wissen.

Ich habe einen anderen Weg gewählt: Christina soll zeigen, was sie kann. Sie liefert mir ein Rechenbeispiel, vor dem sie keine Angst hat. Beispiele dieser Art hat sie schon unzählige gelöst. Dank einem Automatismus stellt sich sofort die Lösung ein. Ihre Antwort ist richtig. Hat sie aber die Frage verstanden, die in der Rechenaufgabe steckt? Kann sie diese überhaupt lesen? Weiß sie, was die einzelnen Zahlen und Symbole für sich genommen bedeuten und kann sie die Aussage verstehen, die in der Sprechweise 4 + □ = 5 steckt? Mit andern Worten: Versteht sie die Rechnung, die sie mühelos lösen kann? Das wollte ich durch meinen Test herausfinden.

Um Christina erleben zu lassen, was sich in dieser Rechnung abspielt, ändere ich nichts an ihrer Struktur, sondern variiere nur einen ihrer Parameterwerte: den Startpunkt. Über 3, 2 und 1 erreichen wir 0. Jetzt wird Christina unsicher. Wir nähern uns offensichtlich der Grenze, bis zu der ihr Automatismus wirksam ist. Bei -1 ist sie überschritten. Jetzt betreten wir Neuland. Ein neues Symbol tritt auf und zwingt uns, die bekannte Rechnung neu zu überdenken. Was spielt sich eigentlich alles ab, wenn ich von einem bestimmten Startpunkt, also zum Beispiel 2, ausgehe und zum Zielpunkt 5 kommen will? Um das zu verstehen, bauen wir mit Hilfe von Spielkarten und Kerze ein Bild der Zahlengeraden auf.

Daß das Problem „Wegzählen" damit noch nicht gelöst ist, kümmert mich im Moment wenig. Viel wichtiger ist mir, daß Christina ein Stück eingeübte Rechentechnik mit ihrer persönlichen Erfahrung in Verbindung gebracht hat. Rechnen in der neu erschlossenen Welt erlebt sie von nun an als sinnvolles Handeln. Diese Welt ist ausbaufähig; sie beheimatet mit der Zeit die ganze Mathematik. Neue Gebiete erscheinen nicht als neuer Stoff, sondern als Ausdifferenzierung oder als Weiterentwicklung des Bekannten. Die Subtraktion zum Beispiel braucht nicht mit einem Trick durch die Hintertür hereingeschmuggelt zu werden. Sie wird als neue Handlung in der vertrauten Welt eingeführt und erlebt.

Fruchtbare Lernsituationen lassen sich allerdings auch vom erfahrenen Didaktiker nicht ohne weiteres arrangieren. Ohne den unberechenbaren Wunsch Christinas, hier und jetzt zu rechnen, hätte der Schlüssel zur Welt der negativen Zahlen gefehlt. Der Zauber mit Kerze und Schwarzpeterkarten hätte nicht gewirkt. Das phantasievollste didaktische Arrangement wirkt kontraproduktiv, wenn es zur Unzeit inszeniert wird. Das gilt für den Unterricht im familiären Kreis ebenso wie für die Schule.

Regie: Überforderung durch Unterschätzung

Mit der Segmentierung unterschätzen wir die Kinder, und dadurch überfordern wir sie. Das kann man am Beispiel der ganzen Zahlen beobachten: Man teilt diesen Lehrstoff in viele kleine Teilgebiete auf und verstreut sie über acht Schuljahre. Eines kommt nach dem andern, schön der Reihe nach: Zahlen von 1 bis 10, Zahlen von 1 bis 20, und schon ist ein ganzes Jahr vorbei. Hefte füllen sich mit Kolonnen von ordentlich ausgerichteten Ziffern.

Resultate sind zweimal unterstrichen. Ein nächstes Etappenziel ist 100, dann 1000, und schließlich, Jahre später, werden in der Oberstufe der Volksschule dann feierlich die negativen Zahlen eingeführt. Absicht dieser Segmentierung ist es, Überforderung zu vermeiden. Das Gegenteil tritt ein: Die kleinen, oft banalen Teilgebiete, die vom Schüler nirgends eingeordnet werden können, häufen sich im Laufe der Jahre zu einem unübersichtlichen Stoffberg an. Das Interesse an Mathematik ist längst erloschen. Die permanent unterschätzten Schüler fühlen sich überfordert. Mathematik erscheint ihnen banal und unverständlich zugleich. Das ist ein Symptom einer weit verbreiteten Krankheit: der MATHEMATIKSCHÄDIGUNG (vgl. Baruk, Hinweise Seite 221).

Ein Erstkläßler ist ohne weiteres in der Lage, das Gebiet der ganzen Zahlen – also auch die negativen Zahlen – aufs Mal ins Auge zu fassen. Man muß ihm – wie das Beispiel mit Christina zeigt – nur Gelegenheit geben, die KERNIDEE DER ZAHLENGERADEN selber aufzubauen. Auf diese Weise schafft sich ein Schüler einen HANDLUNGSRAUM, in welchen er alle Rechnungen, die ihm im Laufe seiner Schulzeit begegnen, sinnvoll einbetten kann. Pflege und Ausgestaltung solcher Handlungsräume haben Vorrang vor dem Anwenden und Einüben von Rechentechniken. Ein Volksschüler braucht vielleicht nicht mehr als drei individuell aufgebaute Handlungsräume, um sich im gesamten Zahlenraum zu orientieren und um sicher rechnen zu lernen. Mathematik reduziert sich für ihn also auf wenige Vorstellungen, die er immer präsent hat und die sich mit zunehmender Kompetenz verfeinern und verändern.

Diese individuellen Handlungsräume sind es, an denen sich der Lehrer bei der Vermittlung des Wissens zu orientieren hat. Er darf die Schüler nicht mit immer scheinbar neuen Einzelheiten überschütten, und er darf auch nicht willkürlich neue Veranschaulichungen einführen. Damit entwertet er die individuell entwickelten Handlungsräume. Aufgabe des Lehrers ist es, die Schüler aufzufordern, neue Probleme vorerst mit Hilfe ihrer alten Vorstellungen zu lösen. Dabei darf er das individuelle Pröbeln und Experimentieren nicht durch wohlmeinende und altbewährte Ratschläge stören. In unserem Beispiel mit Christina wird dies überdeutlich: Die ungebetenen Helfer – ihr Vater und vor allem ihre Schwester Fränzi – behindern Christina in ihrem mathematischen Tun und legen es schließlich lahm. Je gekonnter Fränzi ihre Schwester zur Marionette ihrer didaktischen Phantasie macht, desto schneller verliert Christina das Interesse an der Sache. Zum Glück kann sie sich ungehindert zurückziehen, sonst käme Fränzi noch auf die Idee, sie motivieren oder unter Druck setzen zu müssen.

Liefert man einem Kind Abkürzungsverfahren (Algorithmen), solange es noch lustvoll und umständlich handelt, erstickt man das aufkeimende Begreifen. Ungeduldige Hilfsangebote von außen wirken lähmend. Das Kind darf in seinem umständlichen Tun so lange nicht gestört werden, bis das Spielbedürfnis befriedigt ist. Jetzt sucht das Kind von sich aus Abkürzungen: Christina zählt die Schritte mit den Fingern ab, nachdem es ihr verleidet ist, sie tatsächlich auszuführen. Sie nähert sich damit von selbst den abstrakten Operationen, die schließlich nur noch auf dem Papier oder im Kopf ausgeführt werden. Aber dieses abstrakte Hantieren mit Zahlen und Operationszeichen bleibt rückgebunden an Bewegungen im konkreten Handlungsraum, aus dem sie herausgewachsen sind. Überschätzt sich ein Kind – läßt es sich zu wenig Zeit auf dem Weg zur Abstraktion –, folgt daraus weder Überforderung noch Resignation: Der Weg zurück zum konkreten Handeln ist immer offen.

Szene 10. Warum gibt „Minus“ mal „Minus“ „Plus“?

Wo ein Stoff für einen Schüler zum interessanten Problem wird, ist nicht voraussehbar. Es sind meist naive und oft abwegige Fragen, in denen sich Interesse ankündigt; Fragen, die auch den Fachmann vorerst ratlos machen können. Natürlich kann dieser sich über die Naivität lustig machen und sich mit standardisierten Antworten aus der Affäre ziehen. Läßt er sich jedoch ernsthaft auf solche Fragen ein, muß er das gesicherte Gebäude seiner abstrakten Fachsprache verlassen und zusammen mit den Schülern nach einem konkreten, der jeweiligen Frage angepaßten Denk- und Handlungsmodell suchen. Dazu ein Beispiel. Es geht, wie in der vorangehenden Szene, um ganze Zahlen, diesmal aber nicht auf der Primar-, sondern auf der Hochschulstufe.

In einer Alphütte, weitab von aller Zivilisation, diskutierten wir mit einer Gruppe von Sekundarlehrerstudenten über individuelles Lernen. Unvermittelt erinnerte sich eine Studentin an eine Frage, die sie in ihrer Mittelschulzeit immer wieder beschäftigt hatte: „Warum gibt eigentlich ‚Minus' mal ‚Minus' ‚Plus'?“ Keiner ihrer Mathematiklehrer hatte diese Frage ernst genommen. Antworten wie „Man hat gar keine andere Wahl!“ oder „Jede andere Definition führt zu Widersprüchen!“ vermochten die Studentin in dieser abstrakten Form nicht zu befriedigen. Jetzt, in ihrer Ausbildung zur Lehrerin, wurde die Frage erneut brisant. Die Tatsache, daß auch sie ihren Schülern eine Regel weitergeben sollte, die sie selber nicht verstand und nicht erklären konnte, störte sie. Die andern Studenten hatten vorerst keine große Lust, sich mit dieser Frage zu beschäftigen. „Das ist halt so“, waren die ersten Reaktionen, „das mußt du eben glauben.“ Oder: „Deine Probleme möchte ich haben.“ Eigentlich wollte sich niemand ernsthaft auf das Problem einlassen, auch die Studentin nicht. Als selbst der Fachmann für Mathematik gestand, keine pfannenfertige Antwort zu haben, schien die Sache erledigt zu sein. Doch da geschah etwas Merkwürdiges: Wir, die beiden Lehrer, begannen miteinander zu diskutieren; es war eine Art lautes Denken. Jeder stellte die Fragen oder Ideen in den Raum, die ihm gerade einfielen. Die Studenten wurden neugierig. Bald beteiligte sich der eine oder andere am Gespräch. Die Situation war neu für sie: Plötzlich gab es keinen Experten mehr, den man fragen konnte. Man mußte versuchen, auf eigenen Füßen zu stehen. Unversehens war eine fruchtbare Lernsituation geschaffen. Die erste Gesprächsrunde führte noch zu keinem befriedigenden Ergebnis, aber das „Problem der Woche“ war gestellt, die Kernidee war geboren. Bei Spaziergängen, am Tisch und beim abendlichen Zusammensein wurde es immer wieder aufgegriffen: Wir arbeiteten gemeinsam in einer nicht-organisierten Form am Aufbau eines modellhaften Handlungsraums.

Anfänglich standen ganz elementare Fragen im Zentrum: Was heißt eigentlich 3 x 5 = 15? Was kann ich mir darunter vorstellen? Schon wenn man versucht, die Rechnung in die alltägliche Sprache zu übersetzen, spürt man, daß die Faktoren 3 und 5 Unterschiedliches bedeuten: Der Faktor 3 signalisiert eine Handlung, der Faktor 5 eine Anzahl Objekte. Bevor man jedoch handeln kann, muß man sich eine bestimmte Zahl von gleichartigen Objekten vorstellen, zum Beispiel Äpfel, Nüsse oder Steine. Aus diesen Objekten, so verlangt es die Rechnung, greife ich dreimal eine Fünfergruppe heraus. Es ist natürlich auch möglich, die Rechnung anders zu interpretieren. Man kann den Faktor 3 als eine Anzahl Objekte auffassen und das Malzeichen mit dem Faktor 5 verschmelzen: Man wählt fünfmal eine Dreiergruppe von Objekten aus. Die Studenten fanden allerdings diese zweite Interpretation als gekünstelt. Tatsächlich suggeriert die natürliche Sprache im Ausdruck „dreimal“ (auch: „trois fois“, „three times“, „tre volte“) eine bestimmte Verbindung: Das

Malzeichen gehört in der Rechnung 3 x 5 = 15 zur Drei und nicht zur Fünf. Ob wir nun so oder anders interpretieren, ändert nichts an der Tatsache, daß die beiden Faktoren eine unterschiedliche Bedeutung tragen. Im Ausdruck 3 x 5 = 15 steckt eine andere Handlung als im Ausdruck 5 x 3 = 15.

Solange keine negativen Zahlen ins Spiel kommen, bieten sich einfache Modellvorstellungen aus der Alltagserfahrung ohne weiteres an. Schwieriger ist es, sich die Rechnung 3 x (-5) = (-15) als sinnvolle Handlung vorzustellen. Mit Äpfeln oder Nüssen kommt man in Verlegenheit: Was sind negative Äpfel? Naheliegend ist es, auf den Handel mit Geld auszuweichen. Hier ist es üblich, mit Guthaben und Schulden zu operieren: Ein negativer Franken ist ein geschuldeter Franken. Ein Student fand Gefallen an diesem Bild und erfand ein Bankspiel, bei dem nicht nur Geldscheine gehandelt werden, sondern auch Schuldscheine. Wer in ein Geschäft geht und hier etwas kauft, kann zwischen zwei Zahlungsarten wählen: Entweder zahlt er, wie wir das gewohnt sind, mit Geldscheinen, oder er nimmt dem Verkäufer, zusammen mit der Ware, eine entsprechende Anzahl Schuldscheine ab. Das Spiel hat allerdings, wenn man es auf die Realität bezieht, einen kleinen Haken: Es setzt eine menschliche Gesellschaft voraus, in der alle grundehrlich sind, in der jeder seine Pflicht aus eigenem Antrieb tut und in der nie jemand etwas verliert. Man muß die Schuldscheine ebenso sorgfältig aufbewahren wie die Geldscheine und darf sie nur zusammen mit einer Leistung, die man erbringt, weitergeben. Der Versuch, uns in eine solche Gesellschaft einzudenken, führte uns zwar zu amüsanten ökonomischen und psychologischen Gedankenspielereien, lenkte uns aber von unserem Thema ab. Was sollen wir uns unter der Rechnung 3 x (-5) = (-15) vorstellen?

Als glücklicher Einfall erwies sich der Vorschlag, sich unter den Objekten Halbkugeln aus Holz vorzustellen: Halbkugeln aus Holz und eine riesige Holzplatte mit halbkugelförmigen Mulden. Man kann die Halbkugeln so in die Mulden legen, daß sie diese ganz ausfüllen. Wenn alle Mulden ausgefüllt sind, ist von den Halbkugeln nichts mehr zu sehen: Die Holzplatte erscheint makellos plan.

In diesem Modell lassen sich alle Varianten von Multiplikationen mit ganzen Zahlen als konkrete Handlungen durchspielen. Wir stellen uns folgende Ausgangslage vor. Ein Spieler steht vor der Holzplatte, die wie ein Tisch vor ihm aufgestellt ist. Einige Mulden sind mit Halbkugeln gefüllt, andere sind leer. Der Spieler trägt eine Schürze mit einer großen Tasche, in der sich ein genügend großer Vorrat an Halbkugeln befindet. Er kann nun zu jeder Multiplikationsaufgabe mit ganzen Zahlen – also zu a x b = ? – eine sinnvolle Handlung ausführen. Unser Interesse gilt den Veränderungen seines Vorrats. Die Anzahl Halbkugeln, die nach der Operation zu seinem Vorrat dazugekommen oder weggegeben worden sind, ist die Bilanz seiner Handlung und gibt das Resultat der Rechnung an.

Beginnen wir mit dem einfachsten Fall: $3 \times 5 = ?$ Unser Spieler interpretiert die Rechnung so: „Nimm dreimal fünf Halbkugeln zu dir!" Er beugt sich also dreimal über die Holzplatte, klaubt jedesmal fünf HALBKUGELN hervor und nimmt sie an sich. Er legt sie in seinen Schoß und ist jetzt um 15 Halbkugeln reicher. Bilanz: $3 \times 5 = 15$.

Zweiter Fall: $3 \times (-5) = ?$ Was sind -5 Halbkugeln? Der Spieler interpretiert sie als MULDEN und versteht die Rechnung so: „Nimm dreimal fünf Mulden zu dir!" Wie ist das möglich? Mulden wegnehmen heißt Mulden zum Verschwinden bringen. Dafür sind die Halbkugeln in seinem Vorrat da. Er greift also dreimal in die Tasche, holt je fünf Halbkugeln heraus, beugt sich dreimal über den Tisch und legt die Halbkugeln sorgfältig in die Mulden. Er hat 15 Kugeln hergeben müssen und ist folglich um 15 Kugeln ärmer. Bilanz: $3 \times (-5) = (-15)$.

Dritter Fall: $(-3) \times 5 = ?$ Offenbar sind fünf Halbkugeln im Spiel, aber was ist zu tun? Was heißt „minusdreimal" nehmen? So, wie sich eine Mulde mit einer Halbkugel aufheben läßt, so läßt sich die Handlung NEHMEN rückgängig machen durch die Handlung GEBEN. Aus der Rechnung $(-3) \times 5 = ?$ leitet er den Auftrag ab: „Gib dreimal fünf Halbkugeln her!" Er greift also dreimal in seine Tasche und verteilt je fünf Halbkugeln auf dem Holzbrett. Er hat somit 15 Kugeln hergeben müssen und ist folglich um 15 Kugeln ärmer. Bilanz: $(-3) \times 5 = (-15)$.

Und schließlich noch der Fall, von dem der Impuls und die Energie für unser Unternehmen stammt: $(-3) \times (-5) = ?$ Gleichsam als Lohn für den anstrengenden Aufbau unseres Gedankenmodells fällt uns die Lösung nun buchstäblich in den Schoß. Wir haben ja jetzt ein einfaches Gegenstück zum Nehmen – das Geben – und ein einfaches Gegenstück zur Halbkugel – die Mulde. Die Rechnung $(-3) \times (-5) = ?$ bedeutet also: „Gib dreimal fünf Mulden her!" Wo soll der Spieler nun auf einmal Mulden herzaubern? Nichts einfacher als das: Er nimmt dreimal fünf Halbkugeln vom Tisch und legt sie zum Vorrat in seiner Tasche. Auf der Holzplatte sind die geforderten Mulden entstanden, und er ist um 15 Halbkugeln reicher. Bilanz: $(-3) \times (-5) = 15$.

Das war ein hartes Stück Arbeit. Und wir durften den Studenten mit Fug und Recht zu ihrer Unverständnislosigkeit gratulieren. Ihre Bereitschaft, sich auf die Frage „Warum gibt „Minus" mal „Minus" „Plus"?" einzulassen und sie zur Kernidee zu machen, hat eine elementare Routineoperation – das Multiplizieren – zu einem interessanten Thema gemacht und mit Alltagsvorstellungen belebt.

REGIE: HANDLUNGSRÄUME AUS DEM STEGREIF ENTWICKELN

Führt eine Didaktik der Kernideen, die dem Befinden der Schüler – ihrer Neugier und ihrem Unbehagen in aktuellen Situationen – so viel Bedeutung zumißt, nicht zu einer Überforderung der Lehrer? Darf man von einem Lehrer erwarten, daß er aus dem Stegreif Denkmodelle und Handlungsräume entwickelt, wie es in der vorangehenden Szene demonstriert worden ist? Diese Fragen sind berechtigt. Sie treffen das Konzept einer Didaktik der Kernideen an einem neuralgischen Punkt. Der Verzicht auf Segmentierung verlagert das Problem der Überforderung vom Schüler auf den Lehrer. Weil die

Lehrer selber in ihrer Ausbildung den Stoff nur segmentiert zu Gesicht bekommen haben, sind sie nicht darauf vorbereitet, Kernideen zu entwickeln und zu pflegen. Weil sich ihnen ihr Fachwissen nur als endlose Kette von Einzelteilen präsentiert, können sie es zwar korrekt reproduzieren, sie können aber oft nicht darüber verfügen und sie können nicht situationsgerecht darüber reden. Das wirft ein neues Licht auf die Rolle der Kernideen. Kernideen sind nicht nur didaktische Instrumente, sie sind auch Kristallisationspunkte im Fachwissen der Lehrkraft. Sie helfen ihr, sich in der Fülle der Stoffe nicht zu verlieren und im Unterricht souverän zu reagieren. Eine Reform des Unterrichts setzt also eine Reform der Lehrerausbildung voraus. Wenn wir den Glauben an die Organisierbarkeit von Lernprozessen zugunsten des Glaubens an die Wirksamkeit der Unterrichtsstoffe aufgeben, darf sich die Lehrerausbildung nicht mehr im methodischen Zergliedern des Stoffs und im Präparieren von Lektionen erschöpfen. An die Stelle der Trockenübungen im Planen von Klassenunterricht tritt eine individuelle Vertiefung und Strukturierung des Fachwissens.

Basis für einen flexiblen, individualisierenden Unterricht ist die private Beziehung, die der Lehrer selber zum Stoff aufgebaut hat. Unabhängig vom Lehrplan und vom Lehrprogramm muß sich der gesamte Lehrstoff im Innern des Lehrers zu wenigen, jederzeit abrufbaren Kernideen bündeln. In diesen Kernideen spiegelt sich die Biographie ihres Besitzers: frühe, gravierende Begegnungen mit dem Stoffgebiet, Vermuten und Irren, Erfolg und Mißerfolg in den Jahren der Ausbildung, Umgang mit dem Stoff im Beruf und im Alltag. Solche Kernideen verwandeln Stoff in lebendiges Wissen und sind das Rückgrat des Lehrers. Ohne sie gibt es kein sach- und schülergerechtes Handeln im Unterricht. Private Kernideen erlauben es dem Lehrer, die zufällig auftretenden Momente zu erkennen, in denen die Kinder ihre Bereitschaft für einen wichtigen Lernschritt signalisieren. Sie sind es, die im fruchtbaren Augenblick ein spontanes und sachgerechtes Handeln ermöglichen: Der Lehrer braucht sich nicht ängstlich an seine Vorbereitung zu klammern. Im Vertrauen auf seine Kernidee kann er sich zusammen mit den Schülern ganz auf die unerwartete Situation konzentrieren. Jetzt gilt es, aus dem Moment heraus zu handeln und gemeinsam eine Welt zu erfinden, die Lebensraum für den neu entdeckten Stoffbereich werden kann. Als Hilfsmittel dient das, was halt zufällig gerade verfügbar ist. Auch wenn der Unterricht nun ganz anders verläuft, als geplant war, braucht sich der Lehrer keine Sorgen zu machen: Weil er sich an den entscheidenden Stellen private Kernideen aufgebaut hat, spannt sich ein Netz von Orientierungspunkten über das gesamte Stoffgebiet. Getrost kann er den vorgesehenen Weg verlassen und zusammen mit den Schülern einen ihm unbekannten Pfad einschlagen.

Ob man in einer solchen Situation an Halbkugeln aus Holz denkt, um sich eine Vorstellung der ganzen Zahlen aufzubauen, ob man Kerze und Schwarzpeterkarten verwendet oder ob man die Schulhaustreppe oder etwas ganz anderes zum Modell der Zahlengeraden macht, ist völlig belanglos. Gewiß, jedes Modell hat seine Vorzüge und Schwächen; vielleicht muß es später bei genauerem Hinsehen modifiziert oder sogar ersetzt werden. All das nehmen wir in Kauf. Entscheidend ist, daß die Schüler in einem glücklichen Moment erfahren und miterleben können, wie man ganz auf sich selbst gestellt mit den gerade verfügbaren Mitteln eine Gedankenwelt aufbaut, mit der man Probleme lösen und Erkenntnisse ermöglichen kann. Entscheidend ist, daß der Lehrer ebenso unvorbereitet wie die Schüler in die Situation hineingerät und deshalb echt und nicht gespielt vormacht, wie man eine Unsicherheit als Herausforderung annehmen und überwinden kann.

Szene 11. Wege im Reich der ganzen Zahlen

Läßt sich der Handlungsraum, den wir mit Christina in Szene 9 aufgebaut haben, so weit differenzieren, daß er für uneingeschränktes Addieren und Subtrahieren ganzer Zahlen tauglich wird? Diese Frage legten wir den gleichen Studenten vor, mit denen wir das Modell mit den Halbkugeln aus Holz erarbeitet hatten. Aus ihrem didaktischen Vorwissen war den Sekundarlehrerstudenten Bruners Unterscheidung zwischen den drei Ebenen des Denkens und Erkennens vertraut: Ebene der Handlungen, Ebene der Bilder, Ebene der Symbole (vgl. Bruner, Hinweise Seite 217). Sie hatten diese Ebenen bisher aber nur als Stufenleiter kennengelernt, die es möglichst schnell zu erklimmen gilt. Hat man die Stufe der Symbole einmal erreicht, kehrt man nicht mehr zu den Bildern und zu den Handlungen zurück. Dies war auch ihre Ausgangslage in Szene 10. Sie bewegten sich ausschließlich auf der symbolischen Ebene und wußten, daß „Minus" mal „Minus" „Plus" gibt, aber sie konnten keine Vorstellungen, geschweige denn Handlungen damit verbinden. Beim Entwickeln des Handlungsraums mit den Halbkugeln aus Holz hatten sie erlebt, daß isolierte Symbole das Denken blockieren und daß es unerläßlich ist, Symbole immer wieder mit Vorstellungen und Handlungen in Verbindung zu bringen. Man soll sich die drei Bereiche in Bruners Lernmodell also nicht als Stufenleiter vorstellen, sondern als Kreislauf, in dem man sich jederzeit frei bewegen kann.

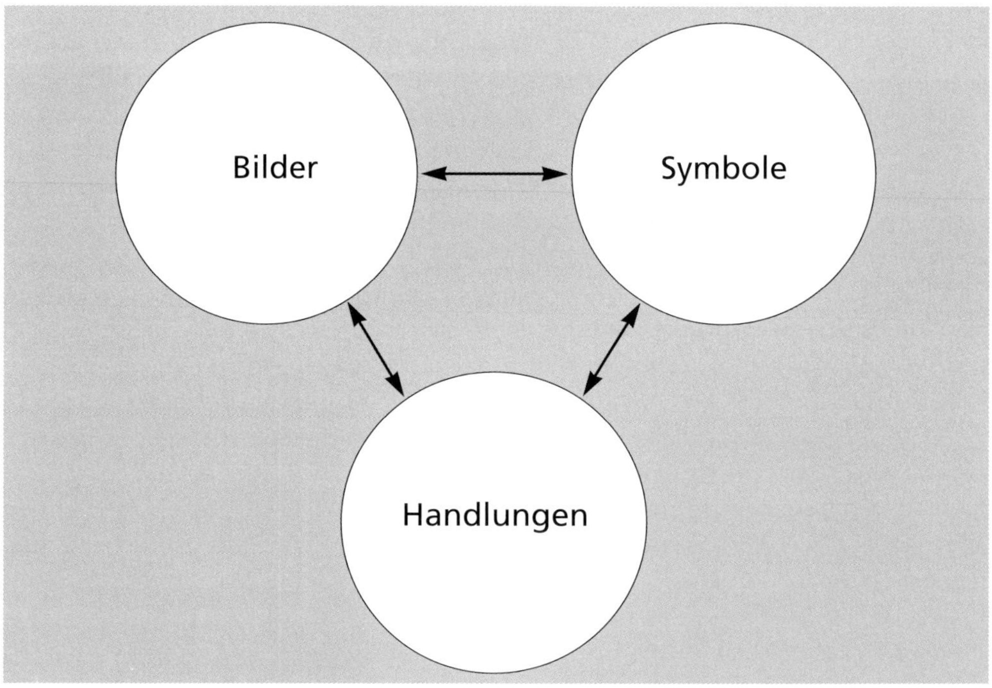

Die Gelegenheit, diese neue Einstellung zum Wissen in einem verwandten Gebiet zu erproben, lieferte uns unser neues Problem: Lassen sich für Addition und Subtraktion ganzer Zahlen Vorstellungen entwickeln, die ein handelndes Erleben solcher Operationen ermöglichen? Wir verzichten auf die Beschreibung des Weges, der zu einer Lösung geführt hat, und teilen nur das Ergebnis mit.

Um Addition und Subtraktion ganzer Zahlen handelnd erlebbar zu machen, benützten die Studenten das vertraute Modell der Zahlengeraden, mit dem bereits Christina gearbeitet hat. Die Zahlengerade wird am Boden aufgezeichnet und mit einer Nullmarke und einer positiven Richtung versehen. Hier stellt sich der Spieler auf und schreitet zuerst in der positiven Richtung vorwärts: Bei jedem Schritt wird eine Marke gesetzt und fortlaufend numeriert. Nun begibt sich der Spieler zum Ausgangspunkt zurück und schreitet rückwärts: Die Marken, die jetzt gesetzt werden, entsprechen den negativen Zahlen. Damit ist der Aufbau des Modells bereits abgeschlossen. Jetzt stellt sich die Frage, wie man sich in diesem Modell bewegt: Wie macht man das Modell zum Handlungsraum für Operationen mit ganzen Zahlen?

Wir stellen uns eine einfache Rechenaufgabe: Wieviel gibt 3 + 5? Ein Student stellt sich bei der Marke 3 auf, macht 5 Schritte vorwärts und landet bei der Marke 8. Auch die Subtraktion 3 – 5 = ? liefert keinen Anlaß zu Diskussionen. Die Gruppe dirigiert den Läufer auf der Zahlengeraden problemlos zur Marke -2. „Geh zur Marke 3, dreh dich um und mach 5 Schritte." Erste Schwierigkeiten tauchen bei der Rechnung 3 + (-5) = ? auf: Wie soll + (-5) in eine Handlung übersetzt werden, die sich von der vorangehenden Handlung -5 unterscheidet? Worin besteht, fachsprachlich ausgedrückt, der Unterschied zwischen dem Operationszeichen „–" und dem Vorzeichen „-"? Zu Recht wehren sich einige Studenten dagegen, dem Vorzeichen „-" die gleiche Handlung zuzuordnen wie dem Operationszeichen „–". Ihr Widerstand wird zur Herausforderung – zur Kernidee – für die Entwicklung eines tauglichen Handlungsraums. Es ist nicht zulässig, auf der Ebene der Symbole eine Umformung vorzunehmen, ohne sie auf der Handlungsebene auszudrücken. Wenn die Operation „–" mit „sich umdrehen" ausgedrückt wird, muß für das Vorzeichen „-" eine andere Handlung erfunden werden. Der Einfall, man könne sich ja auch durch Rückwärtsschreiten auf der Zahlengeraden bewegen, löste das Problem.

Dem Läufer auf der Zahlengeraden stehen nun also insgesamt vier Bewegungsmöglichkeiten zur Verfügung: Er kann vorwärts oder rückwärts schreiten, und er kann dies mit Blick in die positive Richtung oder mit Blick in die umgekehrte, negative Richtung tun. Diese Bewegungsarten erlauben es ihm, sämtliche Rechnungen der Art

$$a \pm b = ?$$

handelnd zu lösen. Das sind im Bereich der ganzen Zahlen insgesamt acht verschiedene Sorten von Aufgaben.

$$3 + 5 = ?$$
$$3 + (-5) = ?$$
$$(-3) + 5 = ?$$
$$(-3) + (-5) = ?$$
$$3 - 5 = ?$$
$$3 - (-5) = ?$$
$$(-3) - 5 = ?$$
$$(-3) - (-5) = ?$$

Damit sich ein Spieler in die Welt der Addition und Subtraktion ganzer Zahlen einleben kann, muß er in seiner Weise und in seinem Tempo verschiedenste Varianten mit konkreten Zahlen durchspielen. Ähnlich wie unsere Studenten wird er sich am Anfang ziemlich unbekümmert auf der Zahlengeraden bewegen. Erst wenn er sich ganz von der symbolischen Ebene löst und sich im Handlungsraum der Zahlengeraden bewegt, ohne die Aufgabe zuerst im Kopf auszurechnen, zeigt es sich, ob die erdachten Handlungen zuverlässig sind. Will man die Handlungsvorschriften einem Härtetest unterziehen, verteilt man die Aufgaben des Handelns und des Befehlens auf zwei Personen: Einer spielt den stur gehorchenden Läufer, der andere dirigiert ihn aus Distanz. Bei diesem Spiel wird erfahrbar, was ein Algorithmus ist und was er leistet. Der Läufer muß sich so dumm stellen wie eine Maschine und das und nur das tun, was ihm befohlen wird. Dann erst zeigt es sich, ob die Handlungsvorschriften – sie entsprechen einem Computerprogramm – lückenlos und widerspruchsfrei sind.

Auf diesem Weg können Schüler erleben, wie freies und unbekümmertes Bewegen auf zielgerichtetes und konsequentes Handeln eingeengt wird. Sie erfahren, wie Mathematik im Alltagshandeln wurzelt, wie sie eine unstrukturierte Vielfalt von Handlungsmöglichkeiten auf einfache Abläufe reduziert und wie sie diese systematisch ihren Zwecken dienstbar macht. Die Summe vielfältiger Spielerfahrungen verdichtet sich schließlich in knappen Regeln, die alle möglichen Bewegungen in diesem Spiel in einer abstrakten Handlungsanweisung beschreiben.

Wie berechnet man $a \pm b$ durch Schreiten auf der Zahlengeraden?
1. Begib dich zum Nullpunkt der Zahlengeraden und schau in die Richtung der positiven Zahlen 1, 2, 3 ... Hier ist dein Startplatz.
2. Lies die Aufgabe von links nach rechts und achte gut darauf, was dir jedes einzelne Zeichen zu tun befiehlt.
3. Hat a ein Minuszeichen, mußt du rückwärts gehen, und zwar so viele Schritte, wie die Zahl hinter dem Minuszeichen angibt. Hat a kein Minuszeichen, so mache die entsprechende Anzahl Vorwärtsschritte.
4. Nun folgt das Operationszeichen. Heißt es „+“, mußt du deine Blickrichtung beibehalten; heißt es „–“, mußt du dich um 180° drehen.
5. Hat b ein Minuszeichen, mußt du nun rückwärts gehen, und zwar so viele Schritte, wie die Zahl hinter dem Minuszeichen angibt. Hat b kein Minuszeichen, so mache die entsprechende Anzahl Vorwärtsschritte.
6. Du hast dein Ziel erreicht. Das Ergebnis kannst du an der Marke ablesen, bei der du stehst.

Es wäre natürlich Unsinn, einem Schüler einen solchen Algorithmus als Lernstoff in die Hand zu drücken. Jeder Lernende muß sich von seinen eigenen Kernideen leiten lassen, er muß seine eigenen Erfahrungen auswerten und sie auf seine eigene Weise verdichten und verallgemeinern. Wie nahe er dem Abstraktionsgrad der obigen Zusammenfassung kommt, ist sekundär. Auch sie stellt ja nur ein Etappenziel dar. Eine nächste Aufgabe könnte lauten: Verallgemeinere den Algorithmus auf drei oder mehr Summanden!

Regie: Kernideen in der Kontroverse

Kernideen sind keimfähige Konzentrate von komplexen und hochdifferenzierten Zusammenhängen. Sie können ohne großen Aufwand mitgeteilt werden: ein paar Sätze, eine Geste, eine Skizze genügen. Sie sind auch leicht verständlich, ein spezielles Vorwissen ist nicht erforderlich. Wer einer echten Kernidee begegnet, hat nicht nur das Gefühl, eine Schwelle zu überschreiten, einen Zugang zu etwas scheinbar Schwierigem zu finden, einen überraschenden Blick auf eine bisher verschlossene Welt zu erhaschen; er spürt auch das Bedürfnis, sich eingehender mit dem anvisierten Sachgebiet zu befassen. Kernideen erzeugen also ein vorerst noch ganz vages, aber energiespendendes Gefühl. Ein Gefühl, das vielleicht nur aus der Überzeugung besteht: „Ich kann und ich will.“ Das ist der Anfang.

Experten stehen Kernideen skeptisch gegenüber. Kernideen sind Vereinfachungen, vielleicht sogar Simplifizierungen. Jedermann versteht sie sofort, sie verbreiten sich schnell und können leicht zu Schlagwörtern verkommen. Beispiele gibt es zuhauf. „Du hast halt einen Minderwertigkeitskomplex", diagnostiziert fachkundig ein vierzehnjähriges Mädchen, das ihre Freundin über den ersten Liebeskummer hinwegtröstet. „Es ist halt alles relativ", meint der Unternehmer, der einem Bauherrn gegenüber seine Preise rechtfertigt. „Aber bitte nichts Klassisches", meint der Kunde im Plattengeschäft, „ich möchte eine Musik zur Unterhaltung." Wer weiß schon, daß „Minderwertigkeitskomplex" ein zentraler Begriff in der tiefenpsychologischen Theorie von Alfred Adler ist? Und wer will es dem ausgebildeten Psychologen übelnehmen, wenn er sich über den gedankenlosen Gebrauch dieses Begriffs ärgert? Ebenso ist es mit dem Begriff „Relativität": Einsteins epochemachender Begriff geriet als Schlagwort schnell in Umlauf, wurde mit unzähligen Mißverständnissen belastet und machte seinen Erfinder zum Gespött der Massen. Die Redensart „das ist einstein" wurde lange Zeit als Ausdruck für „spinnig" und „unsinnig" verwendet. Und schließlich die landläufige Unterscheidung zwischen klassischer Musik und Unterhaltungsmusik. Vergeblich lehnen sich die Kunstverständigen gegen diese völlig untaugliche Etikettierung der Musik auf. Wen wundert es, daß bereits Pythagoras sein Wissen zur Geheimlehre erklärte und seinen Schülern verboten hat, es Unbefugten zu verraten. Jeder, der die Mühe auf sich nimmt, ein Sachgebiet gründlich zu studieren und zu durchforschen, wehrt sich spontan gegen Popularisierungen. Im Munde eines Laien verliert sein liebgewonnenes Wissen seine charakteristischen Eigenschaften: Komplexität, Differenziertheit und Nuancierungen gehen verloren. So gerät der Experte unversehens in die Rolle des Priesters, der gegen die Säkularisierung seiner Religion kämpft.

Man braucht Pythagoras allerdings gar nicht erst zu bemühen, um diesem „Priester-Phänomen" zu begegnen. Jeder mag an sich selbst beobachten, wie er mühsam Erworbenes vor dem raschen Zugriff Unbefugter verteidigt. Da ist das ältere Ehepaar, das sich dank harter Arbeit endlich ein Auto erspart hat und nun bissig und resigniert feststellt: „Heute fährt jeder Nichtsnutz auf der Straße herum." Oder der pedantische Beamte, dem mit eiserner Strenge die Regeln der deutschen Rechtschreibung eingebläut worden sind. Er schreit Zeter und Mordio über den heutigen Sprachzerfall und verkündet: „Vereinfachte Rechtschreibung? Kommt gar nicht in Frage!" Und schließlich der stolze Computer-Benützer, der sich in nächtelanger Arbeit Hunderte von Tastenbefehlen gemerkt hat und im Moment, wo er seine Maschine einigermaßen bedienen kann, erlebt, wie eine neue Computer-Generation auf den Markt kommt, die jeder Neuling sofort bedienen kann: „Mit so einem Kinderspielzeug gebe ich mich nicht ab!" Gewiß, es braucht keine speziellen psychologischen Kenntnisse, um den Mechanismus zu durchschauen, der in diesen alltäglichen Beispielen wirksam ist. Die Frustration unserer drei Experten ist unmittelbar verständlich. Wenn das Problem verschwindet, an dem sie sich bewährt zu haben glauben, wird ihr ganzer Einsatz entwertet. Wie steht es aber mit den großen Schöpfungen unserer Kultur? Tut ihnen der vergröbernde und simplifizierende Zugriff durch Kernideen Gewalt an?

Was schadet es der Musik Bachs, wenn man sie als musikalische Fundgrube benützt. Wenn man Klangfolgen und Rhythmen herausgreift, pointiert, variiert und vereinfacht? Ist es tatsächlich ein Sakrileg, wenn Musiker der Play-Bach-Strömung die Musik ihres Meisters in eingängige Schlager verwandeln? Wenn sie Bach auf Kernideen reduzieren, die immer nur einen Aspekt seiner Musik plakativ hervorheben? Oder Goethe? Was schadet es seiner Lyrik, wenn man sie kopiert, analysiert oder gar parodiert? *Lesen heißt immer auch: zerstören – wer das nicht glauben will, möge die Gehirnforscher fragen –; zerstören und wieder zusammensetzen. Dabei entsteht allemal etwas Neues. Ein Klassiker ist ein Autor, der das nicht nur verträgt; er verlangt es; er ist nicht totzukriegen durch unsere liebevolle Rohheit, unser grausames Interesse.* So äußert sich Hans Magnus Enzensberger in seiner eigenwilligen Poetik, dem „Wasserzeichen der Poesie", welche „Die Kunst und das Vergnügen, Gedichte zu lesen" lehrt (vgl. Hinweise Seite 225).

Wir stimmen Enzensberger zu: Ein Kunstwerk nimmt keinen Schaden, wenn Laien es ungelenk benützen, obwohl es ein subtiles und differenziertes Gebilde ist. Was für die Kunst gilt, gilt auch für die Wissenschaft. Es tut der Mathematik oder der Sprachwissenschaft keinen Abbruch, wenn man in vergröbernden Modellen über sie spricht. Im Gegenteil: Es braucht Kernideen, um in die Wissenschaft einzudringen. Kernideen schaden also niemals der Sache, von der sie eine Vorschau liefern, sie schaden allenfalls den Experten der Sache, die sich verraten fühlen. Aber das ist ein psychologisches Problem; wir nehmen es in Kauf.

Die Arbeit mit Kernideen ist nichts Ungewöhnliches. Werbung zum Beispiel wäre ohne Kernideen gar nicht denkbar. Auch in den Massenmedien spielen sie eine zentrale Rolle: Wer mit einer Botschaft bei Menschen ankommen will, die sich nicht aus eigenem Antrieb dafür interessieren, muß sich kurz fassen. Gute Kernideen sind ansteckend, sie verbreiten sich in Windeseile. Sie sind wirksam, aber auch gefährlich. Demagogen bedienen sich ihrer: Sie bringen auf eine zündende Formel, was unterschwellig sich anbahnt. Das, wonach man lange schon gesucht hat, erscheint plötzlich zum Greifen nahe. Gibt man sich mit der groben Vorschau auf neue Zusammenhänge zufrieden, lähmen Kernideen das Denken, anstatt es zu aktivieren. Wer Kernideen mit Erkenntnissen verwechselt, wird überheblich und unberechenbar. Er übersieht, daß Kernideen den Anfang eines Lernprozesses markieren, nicht das Ziel. Zum Dogma erstarrt, können Kernideen gefährlich werden: Die Energien, die sie freisetzen, werden nicht mehr kontrolliert durch die kritische Besinnung auf den tatsächlichen Stand der Dinge.

Es ist im Interesse der Sache, wenn wir mit Kernideen arbeiten, aber es ist gefährlich für die Menschen, wenn man Kernideen mißbraucht: Das sind die beiden Ergebnisse unserer Überlegungen. Vergröberungen, ja sogar Simplifizierungen, sind zulässig, wenn sie den Zugang zu einem neuen Sachgebiet erschließen. Gefährlich werden Kernideen jedoch, wenn sie als Dogmen oder Schlagwörter das Denken blockieren und zu Instrumenten der Manipulation degenerieren.

Diese Chance und diese Gefahr müssen wir im Auge behalten, wenn wir uns auf die Suche nach Kernideen für die Schule machen. Wir wollen Kernideen nicht als Droge einsetzen, sondern als Heilmittel; sie sollen Lernprozesse auslösen und beschleunigen und nicht träges und überhebliches Scheinwissen verbreiten. Damit Kernideen nicht zu Dogmen verkommen, müssen sie von Fall zu Fall neu formuliert werden. Kernideen entstehen spontan aus Situationen heraus, in denen sich Schüler und Lehrer vor Sachprobleme gestellt sehen: Die Schüler versuchen, Zusammenhänge in einem neuen Sachgebiet zu erkennen, und der Lehrer versucht, sich in ihre Optik einzuleben und ihre Fragen zu verstehen. Das ist das Klima, in dem Kernideen entstehen und im positiven Sinn wirksam werden können. Auf diese Weise verlieren Kernideen nie den Charakter des Vorläufigen. Haben sie ihren Dienst getan, verschwinden sie wieder und machen neuen Kernideen Platz: Der Lernende ist ein Stück vorangekommen. Schaut er zurück, so überblickt er das Gebiet, zu dem ihm die überholte Kernidee Zutritt verschafft hat; schaut er nach vorn, ist er auf neue Kernideen angewiesen, die ihm ein Weiterkommen ermöglichen.

4. Spiel. Reisetagebücher: Sprache als Schlüssel zur Mathematik

Bekanntlich führen viele Wege nach Rom. Leider lassen es die organisierenden Reiseveranstalter nur ungern zu, daß Individualisten vom gängigen Trampelpfad – heute müßte man eher von Hochleistungstransportwegen sprechen: Städtezug, Autobahn, Flugzeug – abweichen. Was für die Ferien gilt, finden wir auch in der Schule. Lernen wird organisiert wie eine Gruppenreise: Alle Teilnehmer absolvieren im Takt ein Programm, das bis in die kleinsten Details vorbereitet und geplant ist. Das ist für die Teilnehmer auf die Dauer nicht nur ermüdend, es tötet jede Eigeninitiative und jeden Unternehmergeist ab und ist deshalb ineffizient. Die Veranstalter müssen immer ausgefallenere Tricks aushecken, um die Leute bei der Stange zu halten und sie zu motivieren, das abgekartete und risikolose Spiel mitzuspielen.

Wir hatten Gelegenheit, zwei Primarschüler während eines Monats privat zu unterrichten und ihr Verhalten beim Lernen zu beobachten. Der Stoff war durch den offiziellen Lehrplan vorgegeben. Wir haben den beiden Kindern, einem elfjährigen Mädchen und einem zwölfjährigen Jungen, bereits am ersten Arbeitstag das Stoffprogramm für den ganzen Monat vorgelegt und mit ihnen diskutiert, auf welche Weise es bewältigt werden könnte. Die Kinder konnten die Reihenfolge, in der sie sich mit den Stoffgebieten beschäftigen wollten, selbständig festlegen. Auch die Dauer und die Art der Beschäftigung mit den einzelnen Gebieten konnten sie selber bestimmen. Vorgeschrieben waren einzig die zu erreichenden Lernziele. Auch verlangten wir von ihnen, ein Heft – wir nannten es JOURNAL oder REISETAGEBUCH – zu führen, das fortlaufend Aufschluß geben sollte über Art und Dauer der Beschäftigung mit dem gewählten Thema, über offene Fragen und über die Ergebnisse. All das mußte für uns außenstehende Berater nachvollziehbar dargestellt werden. Wir erwarteten nicht nur Aufschlüsse über die individuellen Wege und Irrwege des Lernens, sondern wollten auch nachweisen, daß es mit geringem Zeitaufwand möglich ist, Schüler durch wenige, aber gezielte Informationen individuell zu fördern. Die Zeit, die der Lehrer für die individuelle Beratung und Stoffvermittlung aufzuwenden hat, sollte nicht mehr als ein Zwanzigstel der Arbeitszeit ausmachen, die ein Schüler für sein selbständiges Lernen benötigt. Wir hatten eine Schule vor Augen, in der die entscheidenden Schritte für das Lernen nicht vom Lehrer organisiert werden, sondern durch die direkte und private Auseinandersetzung des Schülers mit dem Stoff initiiert und gelenkt werden können. Auch sollte es einem Lehrer – wie bisher – möglich sein, rund zwanzig Schüler zu betreuen. Im Zentrum der folgenden beiden Szenen stehen die Reisetagebücher von Oliver und Manuela. Die beiden Kinder haben einige Zeit investiert, um sich schreibend einen privaten Zugang zur mathematischen Denkweise zu erarbeiten. Trotzdem haben sie ihr Ziel schneller erreicht, als es im Lehrprogramm vorgesehen war.

Wer sich in die beiden Reisetagebücher einlebt, bemerkt bald einmal, wie und an welcher Stelle der Lehrer beratend am Prozeß des Schreibens und des Erkennens teilnehmen kann. Die umfassenden Erklärungen des Lehrers, die im konventionellen Unterricht einen breiten Raum einnehmen, fallen weg. An ihre Stelle treten kurze, handlungsbezogene Gespräche im kleinen Rahmen. Oft genügt ein einziger Satz, ein kurzer Hinweis, eine erhellende Geste, um den Dialog des Lernenden mit dem Stoff wieder zu beleben. Bei diesem LERNEN AUF EIGENEN WEGEN spielt das Verfassen von Texten eine zentrale Rolle.

Weil das Schreiben den Gedankenfluß stark verlangsamt, erhält der Schüler Gelegenheit, seine eigenen Aktivitäten der Reflexion zugänglich zu machen. Seine singuläre Art, Probleme anzupacken und zu lösen, wird dadurch nicht nur aufgewertet, sondern auch faßbar und diskutierbar. Individuelles Fragen und Handeln wird kultiviert: Es ist Basis und Instrument für das Entwickeln von Algorithmen und das Generieren von Wissen.

Es gibt in der Tat beliebig viele Wege, um zu einer bestimmten Erkenntnis zu gelangen. Der Verlauf eines Weges hängt von zwei Faktoren ab: vom Sachgebiet und vom lernenden Individuum. Einerseits läßt sich das Sachgebiet in eine begrenzte Anzahl von Stationen aufgliedern, die in fast beliebiger Reihenfolge durchschritten werden können. Andererseits bestimmen die individuelle Vorgeschichte und die momentane Disposition des Lernenden die Wahl der Stationen, den Rhythmus und das Tempo, mit denen sie durchlaufen werden. Das bedeutet: Auf endlich vielen Wegen gibt es unendlich viele Wanderungen. Auch wenn zwei Wanderer die gleiche Route wählen, sind ihre Erfahrungen verschieden; der je individuelle Rhythmus macht sie zu etwas Einmaligen.

Solche Beobachtungen haben gravierende Konsequenzen: Die Didaktik darf keine wegleitenden Handlungsvorschriften erlassen. Kein einziger Weg, der je zu einer Erkenntnis geführt hat, darf zur Norm erhoben, verabsolutiert und gelehrt werden. Die Didaktik darf das Lernen nur ermöglichen, keinesfalls aber organisieren: Lernprozesse sind prinzipiell nicht lernbar, weil sie nur zum Ziel führen, wenn sie auf einem individuell richtigen Weg nach einem individuell richtigen Rhythmus verlaufen. Wandererfahrungen sind nicht wiederholbar!

Szene 12. Winkelmessung: umständlich, aber folgenreich

Der zwölfjährige Oliver ist Legastheniker. Ihm gefällt unsere Idee vom Journal gar nicht. Mathematik ist sein Lieblingsfach, aber es kostet ihn größte Überwindung, auch nur einen Satz zu schreiben. Es ist klar, daß er sich gleich zu Beginn unseres Schulversuchs auf das mathematische Hauptthema in seinem Stoffprogramm, die Winkelmessung, stürzt. Unsere „Einführungslektion" in dieses Thema könnte karger nicht sein. Die Vorbereitung ist minimal: Wir beschaffen einen Transporteur und zeichnen einige Winkel mit unterschiedlichen Bogenradien auf ein Blatt. Die Kernidee vermitteln wir Oliver in einem einzigen Satz: „Hier hast du einen Transporteur; mit diesem Instrument kannst du alle Winkel auf diesem Blatt messen."

Mit Elan macht sich Oliver an die Arbeit. Er braucht kaum zehn Minuten, um die zwanzig Winkel zu messen. Seine Ergebnisse sind mehr oder weniger gute Näherungswerte. „Ich hab so gut gemessen, wie es eben ging", kommentiert er, „aber der Transporteur paßt halt nicht auf alle Winkelbogen gleich gut. Gibt es nicht verschieden große Transporteure?" Oliver demonstriert sein Problem an einem extremen Beispiel.

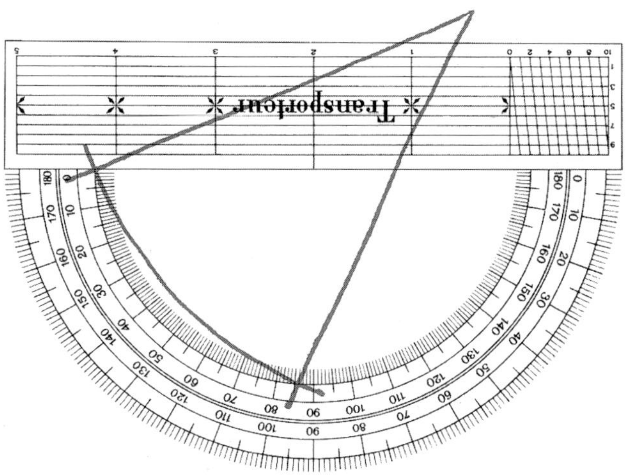

Damit haben wir nicht gerechnet. Was dem Mathematiker aus der Rückschau absurd erscheint, ist, wenn man sich in die Optik des Lernenden einlebt, ganz natürlich. Oliver geht von seinem Vorwissen aus: dem Messen von geraden Strecken mit dem Maßstab. Die Skala auf dem Transporteur erinnert ihn an die Skala auf dem Maßstab. Er behandelt den Transporteur – das ist seine Kernidee – wie einen gekrümmten Maßstab und schiebt ihn an die Endpunkte des Winkelbogens heran. Jetzt merkt er, daß sich nicht alles so verhält wie bei der Streckenmessung: Der gekrümmte Maßstab verläuft nicht automatisch entlang der gezeichneten Bogenlinie. Diesen scheinbaren Mangel des neuen Instruments versucht Oliver durch ein neues Meßverfahren zu überspielen. Er setzt die Nullgradmarke so auf den einen Endpunkt des Winkelbogens, daß sich dort Bogen und Transporteurkante ein kurzes Stück lang fast decken. Jetzt rollt er den Transporteur – wie ein Rad auf der Innenseite eines Zylinders – längs der gezeichneten Bogenlinie ab.

Auf diese Weise löst Oliver die Aufgabe, die er sich selbst gestellt hat, mit den verfügbaren Instrumenten auf befriedigende Weise: Analog zur Streckenmessung entwickelt er eine korrekte Methode zur Vermessung von Kurvenlängen.

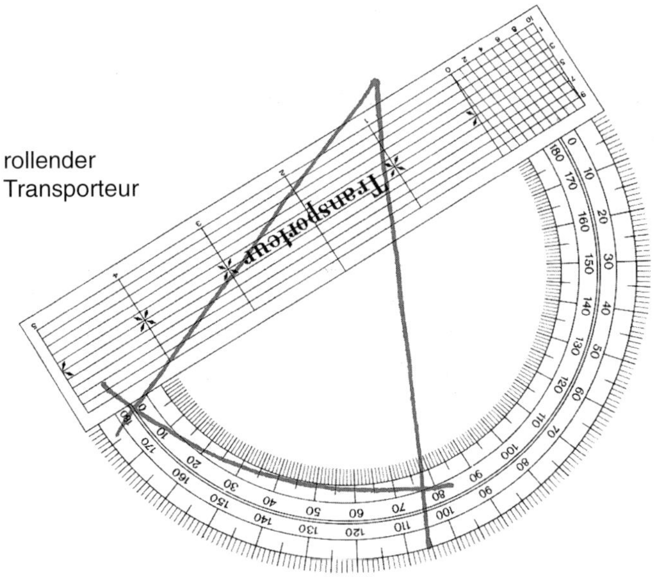

Bevor wir die verschlungenen Pfade weiterverfolgen, auf denen Oliver ein Teilgebiet der Geometrie erkundet hat, möchten wir seinen ersten Lernschritt kurz kommentieren. Von der Sache her gesehen ist Oliver dem gesteckten Lernziel noch nicht nähergekommen. Sein Experimentieren mit dem Transporteur hat ihm aber ein Verfahren nahegelegt, das in andern Gebieten der Mathematik und in der Technik eine wichtige Rolle spielt: das näherungsweise Vermessen eines nicht faßbaren Objekts durch berührendes Abtasten. Der Mathematiker verfährt so, wenn er mit der Infinitesimalrechnung Kurvenlängen bestimmt; aber auch der Vermessungstechniker nützt die Methode aus, wenn er sein Meßrad auf der kurvigen Straße abrollt. Herausgefordert durch das Stoffgebiet hat Oliver eine Entdeckung gemacht, die ganz in seinem Ich verankert ist, weil er sich das Problem auf seine Weise zurechtgelegt und mit seinen eigenen Mitteln gelöst hat.

Das Beispiel zeigt, wie unsinnig es ist, Lernschritte für ganze Klassen organisieren zu wollen. Natürlich hätte ein geschickter Didaktiker Olivers Irrweg, den Transporteur als gekrümmten Maßstab aufzufassen, voraussehen können. Er hätte seine Schüler bereits in der Einführungslektion auf diesen Irrweg aufmerksam machen können, um einen störungsfreien und geradlinigen Fortgang der Arbeit zu sichern. Damit erweist er aber nicht nur den Schülern, die für Olivers Irrweg anfällig wären, einen schlechten Dienst, sondern auch allen andern. Diese belastet er mit einer unnötigen Vorsichtsmaßnahme, jenen raubt er die Chance eines fruchtbaren Irrtums. Versucht er diesem Dilemma auszuweichen, indem er alle Klippen umschifft und die Kinder ohne Umschweife zum korrekten Winkelmessen erzieht, macht er die Sache nur noch schlimmer: Die verborgenen Klippen werden dem Schiffer zum Verhängnis, sobald er nicht mehr auf den Dienst des Lotsen zählen kann. Dazu ein Beispiel: Vielen Schülern, die längst geschickt mit dem Transporteur hantieren, bereitet der Begriff „Bogenmaß eines Winkels" große Mühe. Es ist unwahrscheinlich, daß Oliver je zu ihnen gehören wird. Mit Hilfe des Bogenmaßes drückt man nämlich die Größe eines Winkels auf die gleiche Weise aus, wie er es versucht hat: Man mißt die Länge des Winkelbogens, der sich zwischen zwei Schenkeln aufspannt, in einem Längenmaß, zum Beispiel in Zentimetern. Warum man den Radius dieses Bogens vorher festlegen und warum er in unserem Fall 1 cm betragen muß, dürfte Oliver klar sein. Er verdankt dies nicht einem ausgeklügelten Lernprogramm, sondern seinem eigenen Suchen und Irren. Man mag es drehen und wenden, wie man will: Lernschritte sind nicht programmierbar. Wir müssen akzeptieren, daß wir nur das Lernfeld abstecken und Kernideen vermitteln können. Und wir müssen daran glauben, daß die Kinder etwas lernen, wenn wir ihnen GÜNSTIGE RAHMENBEDINGUNGEN schaffen. Über das Was und das Wie im einzelnen haben wir keine Macht.

Doch kehren wir nun zu Oliver und seinem Problem, Winkel zu messen, zurück. Für ihn ist die Sache ja in einem gewissen Sinn erledigt. Er hat, wenn auch auf umständliche und nicht ganz befriedigende Art, die vorgegebenen Winkel gemessen. Er hat dabei zwar wichtige Erfahrungen gemacht, aber das ist ihm in keiner Weise bewußt. Die vorgeschriebene Arbeit ist getan, aber es will sich kein Erfolgsgefühl einstellen. Oliver spürt, daß etwas noch nicht ganz stimmen kann: Das Instrument „Transporteur" ist ihm noch fremd. Es stört ihn, daß man den Transporteur während des Meßvorgangs bewegen muß. „Gell, ich hab das nicht ganz richtig gemacht", kommentiert er seine Ergebnisse und schaut Peter, den Fachmann für Mathematik, fragend an. Auch diesmal ist der Aufwand für die Belehrung minimal. Peter zeichnet wortlos einen zweiten Bogen in einen der Winkel auf Olivers Blatt ein.

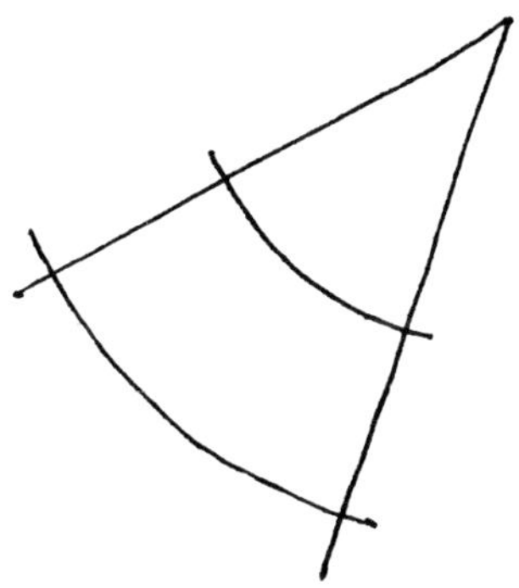

Oliver schaut verwundert zu, dann beginnt es in seinem Innern zu arbeiten. Plötzlich geht ein Leuchten über sein Gesicht: eine Art Lachen, das verschmitzt und verschämt zugleich ist. Er packt schnell seine Sachen zusammen und zieht sich zurück. Während der ganzen „Lektion" ist kein einziges Wort gewechselt worden.
Oliver hat begriffen, worauf es ankommt: Nicht der Bogen ist maßgebend, der zufällig gerade eingezeichnet ist; die Spreizung der beiden Schenkel des Winkels ist das Entscheidende, sie wird im Winkelmaß ausgedrückt. Der Winkel bleibt immer derselbe, unabhängig davon, ob ich den Radius des Winkelbogens vergrößere oder verkleinere. Diese Einsicht nützt Oliver aus, um seine Methode der Winkelmessung zu REVIDIEREN. Jetzt kann er das Dilemma der ungleich gekrümmten Bogen beseitigen; er braucht nur den Radius des Bogens seines Transporteurs in den Zirkel zu nehmen und damit in allen Winkeln auf seinem Blatt einen neuen Winkelbogen einzuzeichnen. Das neue Verfahren funktioniert: Oliver präsentiert uns strahlend sein Blatt mit den richtigen Winkelmaßen.

Oliver zweifelt nicht daran, daß seine Ergebnisse richtig sind. Man spürt auch, daß ihm der Erfolg Auftrieb gegeben hat: Er ist voller Tatendrang. Jetzt ist Urs, der Lehrer für Sprache, am Zug. Er erinnert Oliver an die Abmachung, ein Journal zu führen, und schlägt vor: „Du könntest doch für Manuela einen Text verfassen und ihr erklären, wie man Winkel mißt." – „... und wie man einen Winkel konstruiert, wenn man sein Maß kennt", ergänzt Peter den Auftrag. Olivers Begeisterung ist nicht gerade groß, aber das Thema lockt ihn. „Wenn ich schon schreiben muß", meint er, „dann am liebsten noch über Mathematik." Sein Text, an dem er rund eine halbe Stunde gearbeitet hat, gibt uns wiederum überraschende Einblicke in die individuellen Krümmungen und Windungen, denen der Prozeß seines Lernens folgt.

Arbeitszeit: 90min 7.1.86

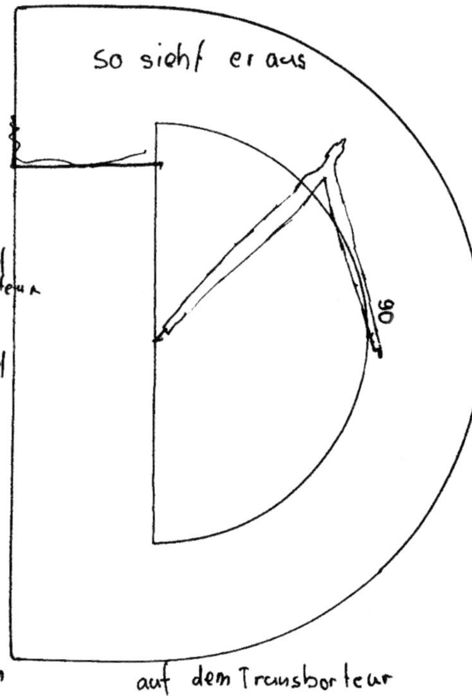

Der Transpoteur

Zuerst stecht man den Zirkel unten inder Mitte ein. Dan setzt man den Zirkel auf 90° und legt ~~in~~ den Transporteur zur seite. ~~Hi~~ Man nimmt den Zirkel und ziet bei zum Beistil diesem Winkel die Zirkelspitze unten also dahin und zieht oben einen Bogen dann kann mann mit den Zahlen 1-180 abmessem wiefiel ° der Winkel hat.

Wie man einen Winkel zeichnet, wenn angegeben ist, er solle ~~zum Beispiel~~ 50° gross sein.

Man nimt den Transporteur und zeichnet einmal einen Winkelbogen. Zeichnung

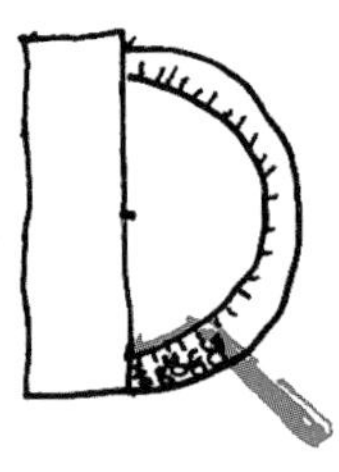

Dann Nimmt man den Transporteur und legt in zur Seite. Dan sieht es auf dem Blat so aus

Dan nimmt man den Zirkel und steckt in an einem Ende ein und

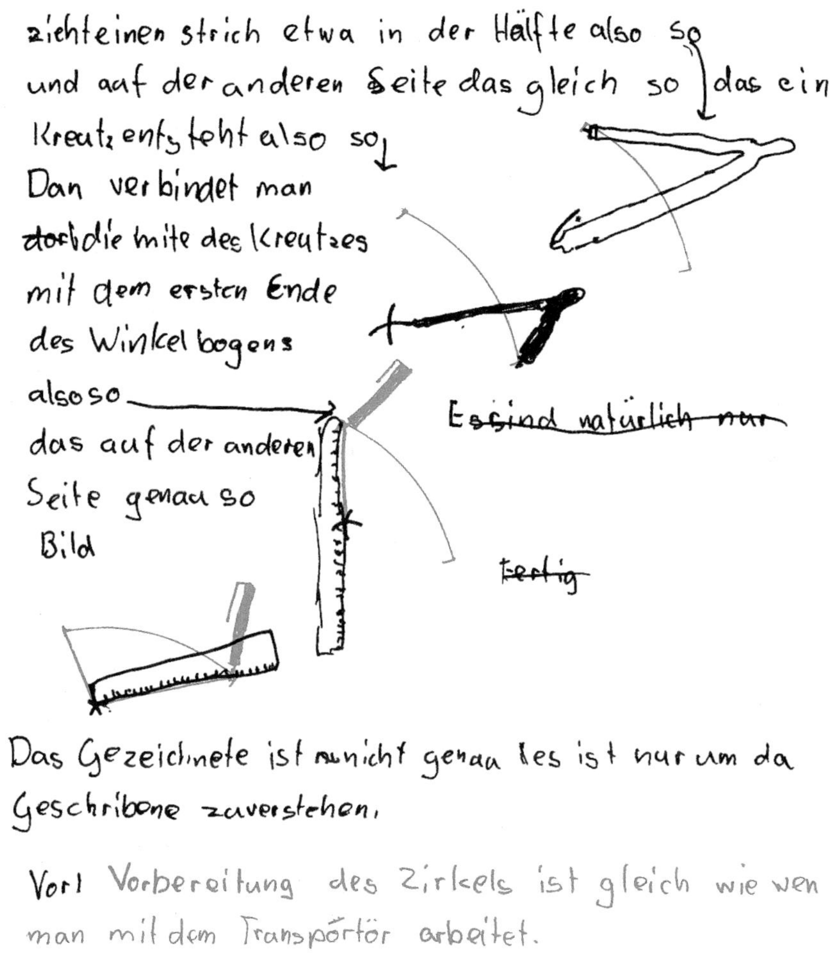
ziehteinen strich etwa in der Hälfte also so
und auf der anderen Seite das gleich so das ein
Kreutz entsteht also so
Dan verbindet man
~~dort~~ die mite des Kreutzes
mit dem ersten Ende
des Winkelbogens
alsoso
das auf der anderen
Seite genau so
Bild

Es ~~sind natürlich nur~~

~~Fertig~~

Das Gezeichnete ist ~~nu~~ nicht genau ~~(~~es ist nur um da Geschribene zuverstehen.

Vorl Vorbereitung des Zirkels ist gleich wie wen man mit dem Transpörtör arbeitet.

Sieht man von den Rechtschreibfehlern und vom unbeholfenen Satzbau ab, darf man Olivers Text als originelle Lösung der gestellten Aufgabe bezeichnen. Es gelingt ihm hervorragend, sein Defizit im Sprachlichen durch wirklich gekonnte Skizzen wettzumachen. Bezeichnend ist, daß er das Gezeichnete als „nicht genau" charakterisiert, während er die Mängel in den sprachlichen Ausführungen nicht erwähnt. In seiner Kommunikation mit dem Leser spielt das Geschriebene eben nur eine untergeordnete Rolle: Es braucht, wie er sich ausdrückt, „das Gezeichnete …, um das Geschriebene zu verstehen". Darum rückt für ihn die Frage nach der Qualität der Zeichnungen, ihrer formalen Perfektion, ins Zentrum. Der Wille, seinen Text zu verbessern, ist also vorhanden; er konzentriert sich aber – und das ist konsequent – auf DAS Ausdrucksmittel, dem er eine erklärende Wirkung zutraut: die Skizzen. Zwänge man Oliver, das Geschriebene zu überarbeiten, wäre sein aufkeimender Wille, sich verständlich zu machen, desavouiert. Das würde ihn nicht nur auf der emotionalen Ebene blockieren, sondern auch auf der intellektuellen. Seine Kritik an den Zeichnungen entspringt nämlich einer wichtigen Einsicht: Wer verstanden werden will, muß sich auf die Form – die sorgfältige Ausgestaltung seiner Aussage – konzentrieren. KOMMUNIZIEREN HEIßT GESTALTEN: Das ist die KERNIDEE DES SPRACHUNTERRICHTS. Diese Kernidee hat Oliver begriffen: Sie ist in ihm wirksam geworden. Daß sie ihm beim Zeichnen und nicht beim Schreiben eingefallen ist, ist vollkommen irrelevant. Entscheidend ist, daß er sie dort konkretisieren und ausdifferenzieren darf, wo sie aufgebrochen ist. Für Oliver beginnt der Sprachunterricht also beim Zeichnen. Zeichnungen sind der Hauptträger seiner Kommunikation. Anerkennt der Deutschlehrer dies nicht und gibt er Oliver nicht Gelegenheit, vorerst seine Skizzen zu kultivieren, wird er ihn schwerlich dafür gewinnen können, sich für Rechtschreibung, Satzbau und Textgestaltung zu interessieren. Diesen Umweg zur Sprache wird man dem Legastheniker zugestehen müssen.

Erstaunlich ist, daß Oliver bei seinen Erläuterungen dem MITTELPUNKT des Transporteurbogens kaum Beachtung schenkt. Er benützt ihn zwar, um den Radius in den Zirkel zu übernehmen, und er deutet ihn in seiner ersten Skizze sogar an. Aber Oliver übersieht, daß dieser Mittelpunkt beim Messen der Winkelbogen genau auf den Scheitelpunkt zu liegen kommt. Darum benützt er ihn auch bei der Konstruktion des 50-Grad-Winkels nicht: Wie bei seiner ersten Begegnung mit dem Transporteur konzentriert er sich wieder ganz auf den Winkelbogen. Er benützt den Transporteur als Schablone, um den 50-Grad-Bogen auf sein Blatt zu bringen. Wie er es beim Streckenmessen gelernt hat, markiert er die beiden Enden des Bogens deutlich. Ohne zu merken, daß er kurz vor dem Ziel steht – er müßte ja nur noch den Mittelpunkt des Transporteurbogens übertragen –, legt er das Instrument bewußt „zur Seite" und erfindet eine abenteuerliche Konstruktion zur Bestimmung des Scheitels und der Schenkel.

Wieder ein Umweg! So lautet das Urteil, wenn man nur die Aufgabe vor Augen hat, einen Winkel mit vorgegebenem Maß zu konstruieren. Und wieder eine nicht eingeplante Entdeckung, muß ergänzt werden, wenn man sich die Mühe nimmt, das zu würdigen, was Oliver tatsächlich getan hat, und sich nicht darauf beschränkt, den enttäuschten Lehrer-Erwartungen Ausdruck zu geben. Oliver macht es seinen Lesern allerdings gar nicht leicht. An Stolperstellen und Angriffspunkten mangelt es dem folgenden Satz wahrlich nicht: „Dan nimmt man den Zirkel und steckt in an einem Ende ein und zieht einen strich etwa in der Hälfte also so und auf der anderen Seite das gleich so das ein Kreutz entsteht also so." Der lesende Lehrer muß – und genau das erwarten wir von ihm – schon eine besondere KULTUR DES ZUHÖRENS entwickeln, um die Kommunikation mit dem unbeholfenen Autor nicht abzubrechen. Doch die Geduld lohnt sich. Im zitierten Satz kündigt sich eine Entdeckung an, die Oliver ein Experimentierfeld erschließt, das weit über den vorgeschriebenen Stoff hinausreicht:

- Bestimmung des Kreismittelpunkts bei gegebener Kreislinie
- Begriff der Kreissehnen und der Mittelsenkrechten
- Konstruktion des Umkreises eines gegebenen Dreiecks

Diese Stoffgebiete erkundet und erarbeitet Oliver aus eigenem Antrieb und mit Erfolg unmittelbar nach Abschluß des Themas „Winkelmessung". Im zitierten Satz steckt der verletzliche Keim für seine selbständige und unerwartete Erweiterung seines Wissensbereichs innert kürzester Zeit. In seiner mißverständlichen Formulierung „etwa in der Hälfte", die man nur zusammen mit den beigefügten Skizzen richtig deuten kann, steckt die Kernidee für die Konstruktion einer Symmetrieachse mit Hilfe des Zirkels.

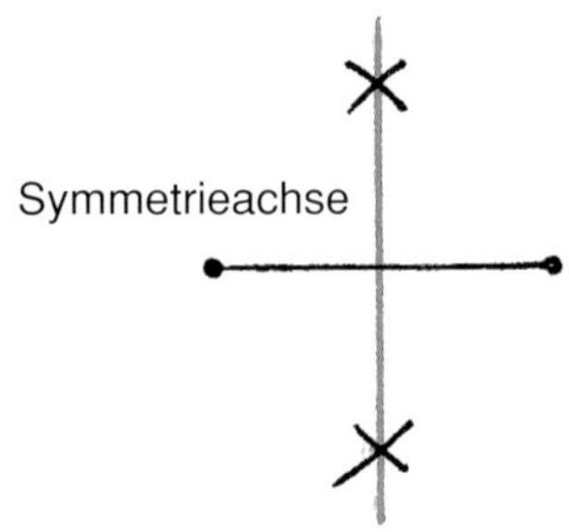

Es gehört zu den wichtigsten Aufgaben des Lehrers, solche verletzliche aber entwicklungsfähige Keime in den chaotischen und oft auch unappetitlichen Schüleräußerungen aufzuspüren und freizulegen. Menschliches Leben, wir wissen es alle, ist in seinen Anfängen unendlich zart und schutzbedürftig. Zaghaft nur kündigt es sich an; Schmerz und Schmutz begleiten das Glück der Geburt; Geduld und Feingefühl sind nötig, um dem aufkeimenden Leben Raum zu schaffen und wohlmeinende Hilfe nicht in Bedrohung umschlagen zu lassen. Verletzlicher noch als im Physischen ist der Mensch in seiner seelischen und geistigen Entwicklung. Unbedachte Eingriffe in Lernprozesse können nicht nur aufkeimendes Erkennen ersticken, sie machen auch blind für witzige und erheiternde Details, die sich in vielen Äußerungen von Schülern verstecken. Oliver jedenfalls amüsiert sich sehr, als wir ihn auffordern, die mit seinen liebevoll skizzierten Zirkeln eingetragenen „Striche“ mit einem wirklichen Zirkel nachzuzeichnen. Er merkt, daß er die beiden Striche, die das „Kreutz“ bilden, verwechselt und zudem den einen auf die falsche Seite hin gekrümmt hat.

Die Art, wie Oliver mit Zirkel und Transporteur hantiert, macht uns auf ein wichtiges Merkmal des individuell gesteuerten Lernens aufmerksam: Die KERNIDEE, die einen Lernprozeß in Gang setzt, ist sehr RESISTENT. Der Lernende ist zwar bereit, sie zu revidieren und auszudifferenzieren, er sträubt sich aber, sie beiseite zu schieben. Und das ist gut so. Die Kernidee ist nicht nur der Kristallisationspunkt, um den herum sich alles neu Entdeckte angliedert; sie ist auch der Energiespender, der das individuelle Erkunden initiiert und motiviert. Genauso verhält es sich mit der Kernidee, die Oliver beim Erkunden der Winkelmessung antreibt und steuert. Sie lautet: „Der Transporteur ist ein gekrümmter Bogenmaßstab.“ Schritt für Schritt entfernt er sich vom gesicherten Gebiet der Streckenmessung, das diese Kernidee hervorgebracht hat. Zuerst muß er die „statische“ Meßmethode – der Maßstab liegt ruhig auf der zu messenden Strecke – über Bord werfen und eine dynamische Meßmethode – das Abrollen des Transporteurs – erfinden. Dann merkt er, daß die Länge der vorgezeichneten Winkelbögen nicht verbindlich ist, und beginnt mit eigenen, normierten Winkelbögen zu arbeiten. Dafür braucht er ein neues Instrument: den Zirkel. Er bleibt aber seiner Kernidee treu und mißt nach wie vor Bogenlängen. Von den Möglichkeiten des neuen Instruments macht er nur minimalen Gebrauch: Der Zirkel dient ihm einzig dazu, normierte Bögen von konstanter Krümmung zu zeichnen. Auch bei der Konstruktion des 50-Grad-Winkels bleibt seine Kernidee wirksam: Sie hindert ihn daran, die Bedeutung des Transporteurmittelpunkts zu erkennen und diesen für die Konstruktion des Winkels auszunützen. Er ist wieder ganz auf die Bogenlinie fixiert, die er sorgfältig vom Transporteur auf das Blatt überträgt und mit roter Farbe deutlich hervorhebt. Auch vom Zirkel macht er den gleichen, zurückhaltenden Gebrauch wie zuvor. Daß man seine Schenkel nicht verändert, ist für ihn ganz selbstverständlich. Der letzte Satz in seinem Text – Oliver wechselt abrupt von Schwarz auf auffälliges Rot – ist als Warnung an unaufmerksame Leser gedacht. Allen andern ist klar, daß die unveränderte Zirkelöffnung eine für die Konstruktion des Scheitelpunkts absolut notwendige Bedingung darstellt.

Olivers ursprüngliche Kernidee ist nun genügend ausdifferenziert und gefestigt: Er kann problemlos Winkel messen und konstruieren. Es widerstrebt uns deshalb, ihm den Trick mit dem Mittelpunkt, der ihm ohne Umstände den Scheitelpunkt liefern würde, zu verraten. Oliver soll die Chance haben, die Grenzen seines umständlichen Handelns selber zu erkennen und zu überschreiten, um neue Kernideen der Winkelkonstruktion zu entwickeln. Zu diesem Zweck geben wir ihm ein neues Instrument, das ihn sofort fasziniert: das Geodreieck.

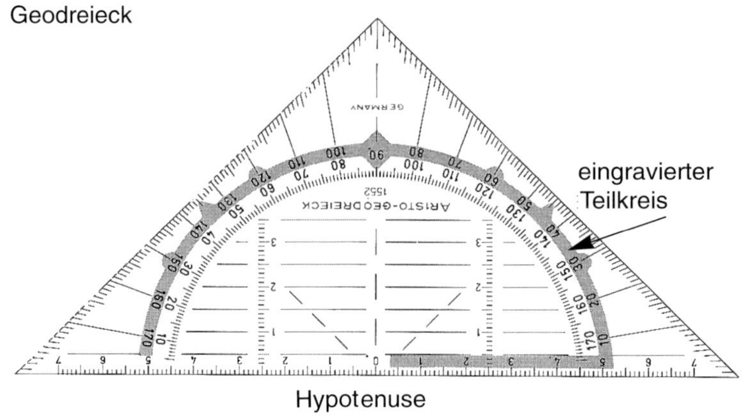

Oliver macht sich sofort an die Arbeit und versucht, die alte Aufgabe, die er leicht variiert, mit dem neuen Instrument zu lösen. Verlangt ist jetzt, mit dem Geodreieck einen 40-Grad-Winkel – vorher waren es 50 Grad – zu konstruieren. Die Beweglichkeit, die er sich in der Aufgabenstellung gestattet, steht in deutlichem Kontrast zum „konservativen" Umgang mit dem neuen Instrument. Er klammert sich beim Geodreieck ganz offensichtlich an diejenigen Merkmale und Eigenschaften, die ihm vom Transporteur her schon vertraut sind, und versucht mit viel Mühe und Aufwand, den eingravierten Kreisbogen mit der Gradeinteilung für die Konstruktion auszunützen. Die neuen Möglichkeiten, die ihm das Geodreieck bietet, scheint er überhaupt nicht wahrzunehmen. Wie bisher benützt er den Maßstab, um die Winkelschenkel zu zeichnen, und den Zirkel, um die Schenkellängen in den Griff zu bekommen. Er braucht drei Heftseiten, um mit dem neuen Instrument einigermaßen zurechtzukommen und dessen Einsatz mit dem alten zu koordinieren. Bald einmal gelingt ihm eine Konstruktion; er hat aber große Mühe, sie zu beschreiben. Erst die dritte Fassung ist vollständig und nachvollziehbar. Sie zeigt sehr schön, wie umständlich und aufwendig es ist, das Geodreieck so zu benützen, als ob es ein Transporteur wäre.

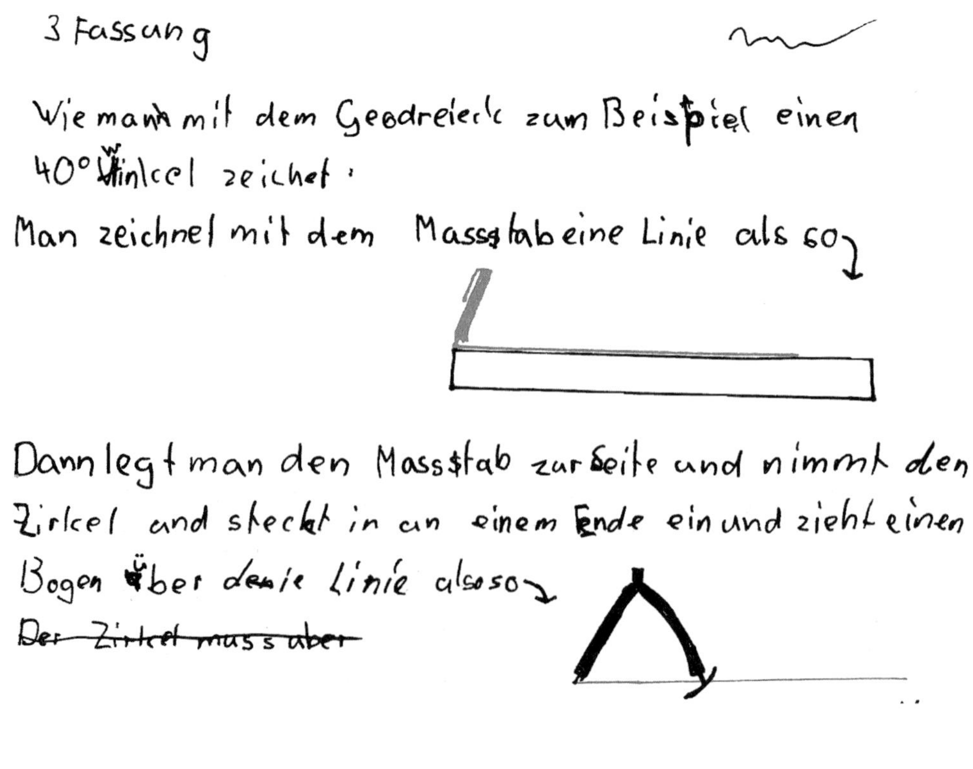
3 Fassung

Wie mann mit dem Geodreieck zum Beispiel einen 40° Winkel zeichet:

Man zeichnet mit dem Masstab eine Linie als so

Dann legt man den Masstab zur Seite und nimmt den Zirkel und steckt in an einem Ende ein und zieht einen Bogen über den die Linie also so

~~Der Zirkel muss aber~~

Dann nimmt man das Geodreieck und ~~steckt~~ legt die
Zahl 40 im innern Kreis des Geodreieckes ~~auf in die~~ an
die Stelle wo sich der Bogen und die Linie kreuzen also so
und ~~zeichn~~ macht unten am Geodreieck einen
Kkleinen Strich also da

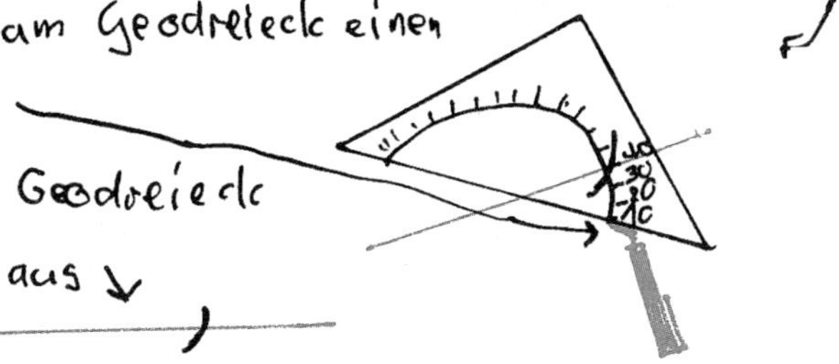

Dann nimmt man das Geodreieck
weg und es sieht so aus ↓
Dan verbindet man
den kleinen Strich mit dem Ende wo man den
Zirkel einsteckte um einen Bogen zuschlagen also so ↓

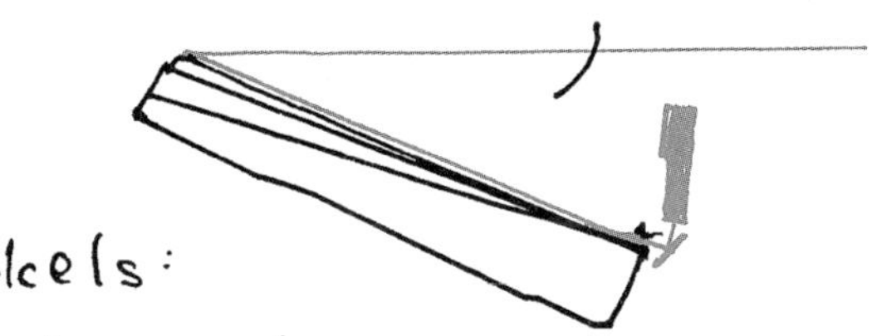

Vorbereitung des Zirkels:
Man steckt in unten also da ein
unddas andere Ende setzt man
auf 90°

Wichtig: Man darf den Zirkel nie zusammen
stossen ~~oder~~ undgar nicht an den Senkel berüren
nur oben am Halter halten.

Oliver übernimmt die Kernidee aus seiner erfolgreichen Konstruktion mit dem Transporteur und versucht sie aufs Geodreieck zu übertragen. Auch diesmal arbeitet er ausschließlich mit dem Winkelbogen. Dabei kommt ihm allerdings die Form des neuen Instruments nicht mehr so weit entgegen wie die des alten: Der Winkelbogen, den er beim Transporteur als Schablone benützen konnte, ist beim Geodreieck nur eingraviert. Oliver muß also eine neue Konstruktion erfinden. Die Aufgabe, die er sich stellt, lautet so: ICH MUß DEN EINGRAVIERTEN WINKELBOGEN DES GEODREIECKS AUFS PAPIER ÜBERTRAGEN, UND DAS NEUE INSTRUMENT MUß DABEI EINE WICHTIGE ROLLE SPIELEN. Er weist bei der Besprechung seiner dritten Fassung ausdrücklich darauf hin, daß er von der früher entdeckten Möglichkeit, den Winkelbogen effektiv zu zeichnen, nicht Gebrauch machen wollte. Erst auf diesem Hintergrund kann man seine KONSTRUKTIONSIDEE richtig würdigen. Wir fassen sie kurz zusammen: Mit Hilfe des Maßstabs und des Zirkels bereitet Oliver sich eine Strecke vor, die, wie er erst am Schluß verrät, genau so lang ist wie der Radius des eingravierten Teilkreises auf dem Geodreieck. Dann legt er die 40-Grad-Marke des Geodreiecks, die aus einem kurzen, eingravierten Strich besteht, auf das eine Ende seiner Strecke und bringt sie durch sorgfältiges Drehen mit der Geraden, auf der seine Strecke liegt, zur Deckung. Jetzt überträgt er den Strich der Null-Grad-Marke aufs Papier und kann so den Bogen des 40-Grad-Winkels begrenzen, ohne ihn zu zeichnen. Er braucht dieses Strichlein nun nur noch zu verlängern und mit dem anderen Ende seiner Strecke – es ist leider nur durch das Loch markiert, das der Zirkel hinterlassen hat – zu verbinden. Dazu benützt er nicht etwa die sich anbietende Hypotenuse des Geodreiecks, sondern den vertrauten Maßstab. Auf großen Umwegen hat er sein Ziel erreicht. Auch diesmal beachtet er den Mittelpunkt des eingravierten Teilkreises (jetzt ist es der Mittelpunkt der Hypotenuse des Geodreiecks) nicht.

In der Besprechung der dritten Fassung machen wir Oliver auf die Hauptschwäche seiner Konstruktion aufmerksam: das wacklige Ausrichten des Geodreiecks, bei dem er sich einzig an der kurzen 40-Grad-Marke orientiert. Gibt es da nicht eine zuverlässigere Methode? Oliver nimmt das Geodreieck nochmals zur Hand, bringt es in Position und beobachtet sich selber beim Vorgang des Ausrichtens. Nach einer kurzen Phase des REFLEKTIERENS ertönt ein befreiendes Aha. Oliver hat den Mittelpunkt entdeckt! Die Vorbereitung der Strecke, das Ausrichten des Geodreiecks und das Zeichnen des zweiten Winkelschenkels können nun elegant und sicher in einem einzigen Arbeitsgang vollzogen werden. Bleibt noch das Journal.

4 Fassung

Mann macht eine ~~Linie~~ ~~Gerade~~ Strecke als so ↓

und setzt das 0 ~~unten~~ ~~inder Mitte unten des Geodreieckes auf~~ ~~einen~~ auf den Anfang der Strecke ~~also so grad~~ und dreht das Geodreieck so das der Strich vor der Zahl 40 auch auf der ~~Se~~ Strecke ist.

Man merkt es Olivers vierten Fassung an, daß die Energie zum Formulieren erschöpft ist. Urs macht ihm deshalb das Angebot, Sekretär zu spielen und den Text in den Computer einzutippen. Der Vorschlag wirkt Wunder: Oliver ist hell wach und besteht darauf, den Computer selber bedienen zu dürfen. Er kommt allerdings bald ins Stocken. Jetzt, wo er nicht mehr so leicht aufs Zeichnen ausweichen kann, muß er versuchen, seine Anleitung präzis und vollständig zu formulieren. Erst als der Begriff „Strahl" erarbeitet ist, schreibt er die fünfte Fassung selbständig zu Ende.

> *Wie man mit dem Geodreieck einen Winkel zeichnet (5. Fassung)*
> Man zeichnet einen genügend langen Strahl etwa in die Mitte des Blattes. Den Anfangspunkt des Strahls machen wir zum Scheitelpunkt eines Winkels. Jetzt setzen wir die Null auf der Mitte der längsten Seite des

Geodreiecks auf den Anfang des Strahls und halten den Finger darauf und schieben den Strich unter die Zahl 40 auf dem Halbkreis im Geodreieck auf den Strahl und nehmen den Bleistift und verbinden den Anfang des Strahles.

Die sechste und letzte Fassung entsteht in einem längeren Dialog mit Urs. Diese Form der SCHREIBBERATUNG ist zwar sehr aufwendig, aber auch sehr wirkungsvoll, wenn sie im richtigen Zeitpunkt erfolgt. Weil Oliver mit der Sache, die zur Sprache kommen soll, vertraut ist und sie durch und durch kennt, ist er offen dafür, zentrale Probleme der Textgestaltung wahrzunehmen und nach Lösungen zu suchen. Im folgenden Protokoll hat Urs die wichtigsten Aspekte des beratenden Gesprächs festgehalten.

Wie man mit dem Geodreieck einen Winkel zeichnet (6. Fassung)
Man zeichnet einen genügend langen Strahl etwa in die Mitte des Blattes. Den Anfangspunkt des Strahls machen wir zum Scheitelpunkt eines Winkels. Jetzt setzen wir die Null, die auf der Mitte der längsten Seite des Geodreieckes liegt, auf den Anfang des Strahls und halten den Finger darauf. Nun schieben wir den Strich bei der Zahl 40 des Halbkreises im Geodreieck auf den Strahl. Achtung: Die Null darf nicht vom Scheitelpunkt wegrutschen. Mit dem Bleistift fährt man vom Scheitelpunkt aus in die Richtung, in der auch 0 Grad ist, und zeichnet so den zweiten Schenkel.

In diesen wenigen Zeilen kristallisieren Olivers abenteuerliche Entdeckungsreisen. Hat sich der Aufwand gelohnt? Wer an der OPTIK DES WISSENDEN festhält und aus seiner reichen Erfahrung auf das Thema Winkelmessung zurückschaut, wird mit einem überzeugten Nein antworten müssen. Wie leicht wäre es doch gewesen, Oliver mit ein paar belehrenden Erklärungen und mit viel Übungsmaterial zum Messen und Konstruieren von Winkeln anzuleiten. Wer dagegen die Mühe nicht scheut, sich in die OPTIK DES LERNENDEN einzuleben, wird anders urteilen. Olivers Weg, der von außen betrachtet verschlungen und oft sogar absurd umständlich verläuft, gehorcht einer inneren Gesetzmäßigkeit. Oliver tut, wenn man nur sein Wissen und seine Erfahrungen in Rechnung stellt, immer etwas sehr Naheliegendes und oft sogar etwas sehr Pfiffiges. In seiner Landschaft verläuft der Weg, den er wählt, ganz in der Nähe der Ideallinie. Nur der Betrachter, der unbeteiligt in luftiger Höhe thront und die Topographie des Lernenden auf eine Ebene projiziert, wundert sich über die Serpentinen.

Protokoll der Schreibberatung

1. Begriffsbildung

Im ersten Satz der vierten Fassung hat Oliver ursprünglich das Wort „Linie" benützt. Er spürt, daß diese weitgefaßte Bezeichnung nicht genügt und will sie durch eine Skizze erläutern. Ich schlage vor, zuerst nach einer präziseren Formulierung zu suchen, und zeichne eine Wellenlinie aufs Blatt. Oliver reagiert blitzartig und ersetzt „Linie" durch „Gerade". Bei der Formulierung des zweiten Satzes merkt er, daß wir auf dieser Geraden noch einen Punkt festlegen müssen. Er will das Wort „Gerade" durch „Strecke" ersetzen, zögert dann aber: „Wir brauchen ja nur einen Punkt auf der Geraden, nicht zwei." Jetzt ist der ihm noch unbekannte Begriff „Strahl" fällig. Oliver ist begeistert von der eleganten Lösung des Problems, die uns im zweiten Satz mit Hilfe der Begriffe „Strahl" und „Scheitelpunkt" in den Schoß fällt.

2. Gliederung als Lesehilfe

Der dritte Satz der fünften Fassung lautet: „Jetzt setzen wir die Null auf der Mitte der längsten Seite des Geodreiecks auf den Anfang des Strahls ..." Ich fordere Oliver auf, den Satz laut zu lesen. Er stolpert beim zweiten „auf" und spürt, daß der Leser irregeführt wird, weil er das erste „auf" mit „wir setzen" in Verbindung bringt. Was tun? Wir müssen eine Barriere nach „Null" einbauen. Oliver schlägt ein Komma vor, merkt aber, daß das nicht ohne Änderung des Satzbaus geht. Lösung: Die nähere Kennzeichnung der „Null" verlangt einen Relativsatz.

3. Perspektivwechsel

Um die Fortsetzung besser zu gliedern, schlage ich Oliver einen Perspektivwechsel vor. Zum Subjekt machen wir nun nicht mehr den zum Handeln aufgeforderten Leser, der bisher durch das unpersönliche „man" repräsentiert war, sondern die Sache, auf die es uns ankommt: die Null. Dadurch schlagen wir zwei Fliegen auf einen Streich: Wir vermeiden die ermüdende Fortsetzung „und dann ...", „und dann ..."; zudem zieht die „Null", die Oliver bei seinen Experimenten erst spät entdeckt hat, als Subjekt an der ersten Stelle des Satzes die volle Aufmerksamkeit auf sich. Diese Wirkung wird noch verstärkt durch das „Achtung" und den Doppelpunkt.

4. Wortstellung

Einen ähnlichen Effekt wie durch den Perspektivwechsel erzielen wir im letzten Satz einzig durch die Wortstellung: Wir eröffnen den Satz nicht mit dem farblosen Subjekt „man", sondern mit dem Satzglied „mit dem Bleistift".

Regie: Schülergekritzel als Unterrichtsbasis – lohnt sich der Aufwand?

- Im Unterricht ist es üblich, daß die Schüler sich auf die Denk- und Ausdrucksweise der Lehrperson einzustellen haben. Wie schwierig das für sie ist, können wir nur ermessen, wenn wir die Rollen einmal tauschen.

- Als Beispiel dient uns Olivers Text über die Winkelmessung. Wir gehen davon aus, daß das, was Oliver überlegt und zum Ausdruck bringt, aus seiner Optik sinnvoll und zweckmäßig ist. Dem Leser wird dadurch allerdings eine interpretatorische Leistung zugemutet, die ähnlich anstrengend sein mag wie etwa die Deutung eines modernen, stark chiffrierten Gedichts.

- Wir nehmen diese Anstrengung auf uns, weil wir überzeugt sind, daß sie für das Lernen grundlegend ist: Wir dürfen nicht erwarten, daß die Schüler unseren Stoffen und Methoden mehr Respekt und Verständnis entgegenbringen, als wir es tun, wenn wir auf ihre oft schwer zugänglichen Äußerungen reagieren.

- Es wäre außerordentlich leicht, Olivers Text zu entwerten. Man braucht ihn nur – und das ist das übliche Vorgehen – an Texten zu messen, wie sie ein Fachmann über das gleiche Thema verfaßt. Man könnte ihm neben zum Teil grotesken Verirrungen im Sachlichen Ungenügen im Sprachlichen und mangelnde Sorgfalt in der Darstellung vorwerfen.

- Außerordentlich schwer ist es dagegen, die tatsächliche Leistung wahrzunehmen und zu verstehen, die Olivers Text zum Ausruck bringt. Zuerst ist die Barriere der unkultivierten Darstellung zu überwinden. Dann gilt es, alles, was dasteht – auch ungewohnte Zeichen, Gestrichenes und zufällig erscheinende Kleckse –, ernst zu nehmen und nach seiner Bedeutung im Zusammenhang des Ganzen zu fragen. Nur so ist es möglich, zur Sachebene vorzustoßen und begreifend nachzuvollziehen, was der Verfasser gedacht und geleistet hat.

- Die Art, wie Oliver vorgeht, entspricht einem menschlichen Grundverhalten. Er handelt genau so, wie wir es an seiner Stelle auch tun würden: Durch die Umstände gezwungen, entfernt er sich nur vorsichtig vom vertrauten Streckenmessen und achtet streng darauf, daß der Rückweg ins Bekannte immer offen bleibt.

- Daß Oliver auf eine menschliche, unserem eigenen Tun verwandte Art vorgeht, liegt für uns Erwachsene allerdings nicht offen zu Tage: Unser enormer Wissensvorsprung steht uns im Wege und macht uns blind für die rührende Natürlichkeit seines Forschens und die innere Stimmigkeit seines Textes.

- Wenn wir Erwachsene nicht zu den Strukturen des kindlichen Lernens vordringen und hier einwirken, reißen wir die Schüler aus dem Wirkungskreis heraus, in welchem sie autonom und kompetent arbeiten können, und machen sie von uns abhängig. Ausgesetzt in der von uns vorfabrizierten Welt des standardisierten Wissens, verlieren sie ihr Selbstvertrauen und werden heimat- und orientierungslos.

- Wir verstehen Unterricht als Dialog zwischen zwei Welten. Jede Aktion des beratenden Lehrers ist eine Antwort auf eine bestimmte Lernerfahrung, über die ein Schüler berichtet. Belehrung im Detail ist nicht planbar; sie basiert auf der sorgfältigen und sachbezogenen Analyse dessen, was der Lernende in seiner Sprache erkannt und dargestellt hat.

- Solcher Unterricht stellt an alle Beteiligten neue Anforderungen. Der Lernende muß Gelegenheit erhalten, seine Auseinandersetzung mit dem Stoff in seiner Sprache darzustellen. Die Lehrperson muß sich auf die ihr vorerst fremd erscheinenden Texte einlassen und den Lernenden dort abholen und beraten, wo er steht.

- Es genügt nicht, daß der Lehrer es besser weiß als der Schüler und daß er ihm alles richtig und verständlich vormachen kann, entscheidend ist, daß er das, was der Schüler kann und tut, begreift und daß er daraus die richtigen Konsequenzen für die Fortsetzung des Unterrichts zieht.

- Angelernte Mathematikkenntnisse genügen nicht, um Olivers Kritzeleien gerecht zu werden. Wer im Lande der Mathematik nicht zu Hause ist, wer nicht mathematisch sehen, fühlen und denken kann, vermag Olivers Leistungen, die in seinem Text oft nur undeutliche Spuren hinterlassen haben, kaum wahrzunehmen. Als Beispiel mag die folgende Skizze dienen. Die deplazierten Linien, die bei der ersten Lektüre von Olivers Text allenfalls als Störfaktoren ins Auge fallen mögen, eröffnen, näher betrachtet, der mathematischen Deutung ein weites Feld …

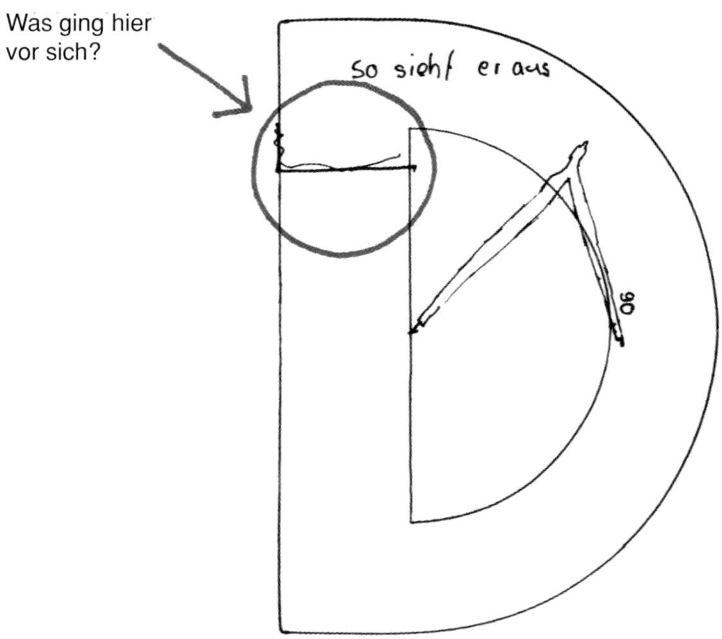

Oliver hatte zuerst die Absicht, ein Bild des Transporteurs aufrecht und in verkleinertem Maßstab zu zeichnen. Er hat mit einer vertikalen Strecke begonnen und eine horizontale Basisstrecke angefügt. Jetzt merkt er, daß es schwierig ist, die beiden Halbkreise korrekt aufzusetzen, und daß alles sehr klein und unübersichtlich wird. Er entschließt sich, neu anzufangen und den Transporteur als Schablone zu benützen. Die zwei gezeichneten Strecken werden durchgestrichen. Dann legt Oliver die Schablone so aufs Blatt, daß die gestrichene, vertikale Strecke in der Basislinie der um 90° gedrehten Figur verschwindet.

- Je mehr Zeit sich der Lehrer nimmt, auf die Eigenart jedes einzelnen einzugehen, desto mehr stärkt er das Selbstvertrauen seiner Schüler und desto intensiver und selbständiger arbeiten sie. So steht immer mehr Zeit für individuelle Beratung zur Verfügung.

- Lehren beginnt nicht mit Reden, sondern mit Zuhören. Verstehendes Nachvollziehen ist die Hauptaufgabe des Lehrers, nicht korrigierendes Eingreifen. Nur wenn die Schüler nicht pausenlos mit Lehrerwissen überhäuft werden, lernen sie, ihr eigenes Wissen zu aktivieren und in Richtung auf das Lehrerwissen hin zu revidieren, zu differenzieren und zu erweitern.

Szene 13. Im Dickicht der Brüche

Wie verhält sich ein Kind, wenn man es im DICKICHT DER BRÜCHE aussetzt und ihm Gelegenheit gibt, das Thema auf eigenen Wegen zu erforschen? Sicher ist, daß es nicht den Weg vom Einfachen zum Komplizierten wählt, sondern sofort aufs Ganze zusteuert. Die elfjährige Manuela, mit der wir das Experiment durchgeführt haben, will wissen, wie man mit Brüchen rechnet. Präparierte Aufgaben, bei denen alles schön aufgeht, interessieren sie nicht. Wieviel gibt $\frac{1}{7} + \frac{1}{3}$? Wer sich so tief in ein fremdes Gebiet vorwagt, muß sich absichern. Darum verfaßt Manuela Reisetagebücher. Lange verweilt sie bei bildhaften Vorstellungen und handelt sehr umständlich mit den Brüchen. Rechenrezepte, die schnell zum Ziel führen, kommen erst ganz am Schluß. Wer sich in Manuelas Texte vertieft, kann miterleben, wie persönlich und unwiederholbar die Geburt einer Erkenntnis ist.

Übersicht über den Verlauf des Experiments

Manuelas Lernprozeß gliedert sich deutlich in zwei Phasen: das eigene Erkunden des Stoffgebiets und die Darstellung des Erarbeiteten für einen Neuling. Die Arbeit erstreckt sich über drei Wochen und nimmt insgesamt rund 15 Stunden Zeit in Anspruch. Zwischen den beiden Phasen liegt eine Pause von zehn Tagen, in der sie sich mit anderen Themen beschäftigt. Der folgende Zeitraster spiegelt den Arbeitsrhythmus, den Manuela selber bestimmt hat.

8. Januar: Manuela verschafft sich im Aufgabenbuch einen Überblick über die Stoffmenge und stößt auf den Begriff „unechte Brüche". (30 Minuten)
9. Januar: Selbständige Weiterarbeit am Thema „Brüche"; Kristallisationspunkt: Wieviel gibt $\frac{3}{4} : \frac{1}{4}$? (15 Minuten)
10. Januar: Manuela erarbeitet die Multiplikation und die Division und nimmt den beratenden Lehrer während einem Drittel ihrer Arbeitszeit in Anspruch. (180 Minuten)
13. Januar: Addition beliebiger Brüche. Der Lehrer wird während einem Viertel der Arbeitszeit beansprucht. (180 Minuten)
24. Januar: Manuela löst den Auftrag, ihre Kenntnisse des Bruchrechnens auszunützen, um einen Neuling ins erarbeitete Gebiet einzuführen. (120 Minuten)
27. Januar: Manuela testet ihre handgeschriebene Anleitung zu den Themen „Bruch mal ganze Zahl" und „Bruch durch ganze Zahl" an ihrer Mutter und ärgert sich über ihre eigene, unregelmäßige Handschrift. Manuela verfaßt am Computer eine Anleitung zum Einstieg ins Thema „Ganze Zahl durch Bruch". Der Berater hilft ihr während 30 Minuten. (180 Minuten)
28. Januar: Manuela erfindet ein Modell zur Veranschaulichung des Themas „Bruch mal Bruch". Der Berater hilft ihr während 60 Minuten. (195 Minuten)

Scheitern auf der Ebene der Algorithmen

Manuela hat eine recht positive Erfahrung mit ihrem Geometriestoff hinter sich. Das beflügelt sie. In der Überzeugung, das Bruchrechnen ebenso rasch und elegant zu bewältigen wie die Winkelsorten, stürzt sie sich in die Arbeit. Sie blättert in ihrem Rechenbuch aus der

Schule, versucht sich in dieser und jener Aufgabe und stolpert schließlich über den Begriff „unechte Brüche“. Eine kurze Erklärung genügt. Manuela faßt die Definition unbekümmert und salopp zusammen.

> <u>unechte Brüche</u> sind Brüch ~~wo der~~ bei denen der Zähler grösser ist als der Nenner. z B $\frac{3}{2}$, $\frac{5}{4}$, $\frac{9}{8}$, $\frac{6}{3}$.
> Im Buch steht: $7\frac{2}{3}$ jetzt muss man 7·3 rechnen weil ich herausfinden möchte wieviel drittel 7 ganze hat. Nachher das Ergebnis +2 rechnen weil man schon $\frac{2}{3}$ hat. Das ist das Ergebnis, kapirt?

Ungeduldig versucht sich Manuela am nächsten Tag in weiteren Aufgaben aus ihrem Rechenbuch. Sie kommt nicht weiter. Schon nach einer Viertelstunde gibt sie auf. Sie ist bei einem für sie unüberwindbaren Problem hängengeblieben: Wieviel gibt ¾ : ¼? Diese Aufgabe hat sie sich selber gestellt. Im Buch stand nämlich nur □ · ¼ = ¾. Vom Rechnen mit ganzen Zahlen her ist ihr dieser Aufgabentyp vertraut. Sie weiß, daß man □ ·3= 15 auf die Rechnung 15 : 3 umformen kann. Diese Regel, es ist ein Algorithmus, wendet sie nun in der neuen Situation an und scheitert. Daß man 15 : 3 nur beantworten kann, wenn man □ ·3 = 15 löst, ist ihr nicht mehr bewußt. Der Algorithmus ist für sie nichts weiter als eine mechanische Regel, die keine Erklärungskraft mehr hat und deshalb in der ungewohnten Situation zwangsläufig versagt. Manuela bricht ihre Arbeit ab, indem sie, wie wir das abgemacht haben, das Problem formuliert, das sie nicht überwinden kann. (Manuelas Originaltexte sind im folgenden grau unterlegt.)

> *Bei den Nummern 15 + 16 steht □ · ¼ = ¾ oder 3 · □ = ⅗ das ist dasselbe oder jetzt muß man rückwärts rechnen also ¾ : ¼ aber ich weiß nicht, wie das geht!?*

Das Problem ¾ : ¼, auf das Manuela nach insgesamt 45 Minuten unverbindlicher Übungsarbeit zufällig gestoßen ist, wird für sie zum eigentlichen, privaten Kristallisationspunkt des Bruchrechnens. Was bedeutet „Teilen durch ¼“? Auf diese Frage kommt sie immer wieder zurück, und von ihr her erarbeitet und klärt sie alle neu auftretenden Probleme. Wir sind überzeugt, daß dieses zufällig aufgetretene Problem seine Erkenntnisfunktion nicht hätte erfüllen können, wenn wir Manuela nicht darauf verpflichtet hätten, Fragen und Probleme so, wie sie sich bei ihrem individuellen Arbeiten eben gerade einstellen, schriftlich zu fixieren. Wo und wie ein Thema einem Menschen zum Problem wird, ist weder planbar noch vorhersehbar. Aus diesem Grund müssen unsere Schüler vor aller Wissensvermittlung lernen, auf DIE Fragen und Probleme zu achten, die sich ihnen persönlich stellen. Nur Fragen, die sich ein Mensch tatsächlich stellt, sind für ihn verständlich und können zur privaten Basis eines individuellen Lernprozesses gemacht werden. Sie sind der Antrieb, die innere Motivation, aus denen Ausdauer, Fleiß, Sorgfalt und Befriedigung entspringen (vgl. Gadamer, Hinweise Seite 214 f.).

Multiplikation und Division beliebiger Brüche

Zusammen mit ihrem mathematisch geschulten Berater packt Manuela ihr Problem an und beschäftigt sich während drei Stunden mit verschiedenen Themen des Bruchrechnens. Entscheidend ist, daß Manuela nicht einfach Seiten mit Zahlen füllt, sondern ihre Überlegungen in einem zusammenhängenden Text dokumentiert. Wenig Mühe bereiten ihr offensichtlich die Aufgabentypen „Ganze Zahl mal Bruch" und „Wieviel mal Bruch gibt ganze Zahl?"

> *1. Angenommen man muß $3 \cdot \frac{3}{4}$ rechnen. Ich rechne zuerst $3 \cdot 3$ also $3 \cdot$ den Zähler das Ergebnis teile ich durch 4 also durch den Nenner. $3 \cdot 3 = 9 : 4 = 2\frac{1}{4}$*
> *2. $\square \cdot \frac{3}{5} = 3$. Ich rechne wieviel Fünftel 3 Ganze erhalten indem ich $3 \cdot 5$ rechne. Anders ausgesprochen 3 Ganze haben wieviel 5tel. Das Ergebnis ist $\frac{15}{5}$. Danach rechne ich aus wieviel mal der Zähler also 3 in $\frac{15}{5}$ Platz haben 5 mal. Das Ergebnis heißt also 5.*

Größere Anforderungen an Manuelas Vorstellungskraft stellt der Aufgabentyp „Ganze Zahl durch Bruch". Manuela hat eine Aufgabe ausgewählt, die ganz am Schluß des entsprechenden Kapitels steht.

> *3. $40 : \frac{2}{3}$ Wenn man beim Geteiltrechnen etwas überlegt, merkt man daß immer gefragt ist, wieviel sind 1 z. B. bei $40 : 5$ ist die Frage wieviel bekommt 1 also 8 nicht wieviel bekommen 2, 3 oder 4. Bei $40 : \frac{2}{3}$ dasselbe: wieviel bekommt 1 Ganzes. $\frac{3}{3}$ also. Ich löse die Rechnung zuerst mit Vorstellen*
> *40 Äpfel : $\frac{2}{3}$ Person wieviel ißt eine ganze Person.*
>
> 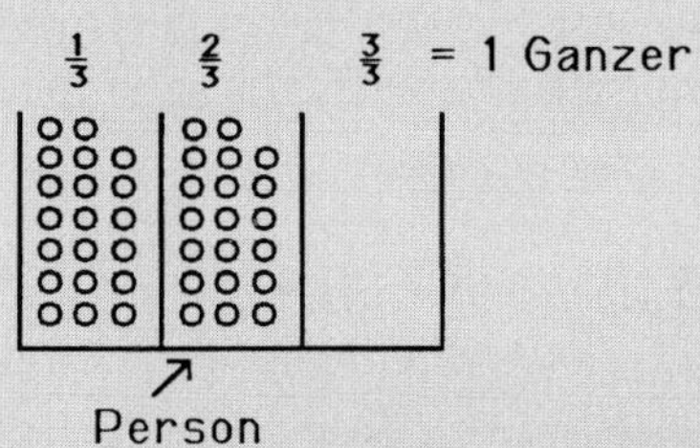
>
>
> *$\frac{2}{3}$ Person essen 40 Äpfel $\frac{1}{3}$ Person die Hälfte eine ganze Person 60 Äpfel. Und weil gefragt ist wieviel ißt eine ganze P also $\frac{3}{3}$ lautet das Ergebnis 60.*
> *Ohne Vorstellen: Zuerst muß ich wissen wieviel 40:2 ($\frac{1}{3}$) ist.*
> *Die Hälfte von 40 = 20 Hälfte von 2 = 1. $20 \cdot 3 = 60$. Einfach: $40 : 2 = 20 \cdot 3 = 60$.*
> *Dasselbe bei $18 : (3\frac{3}{5})$. 3 ganze in 5tel verwandeln und die 3 vom Zähler dazuzählen = 18; $18 : \frac{18}{5}$, $18 : 18 = 1 \cdot 5 = 5$.*

Man wird als Leser dieses Textes einige Anstrengungen auf sich nehmen müssen, um Manuelas Gedankengang nachvollziehen zu können. Aber der Aufwand lohnt sich. Der Text gibt nicht nur unschätzbare Einblicke in Manuelas individuelle Denkbewegungen, er wird auch dem Sachthema auf eine erstaunliche Weise gerecht. Welcher Erwachsene wäre in der Lage, auf so anschauliche Weise zu erklären, was „geteilt durch 5" bedeutet, oder gar „geteilt durch $\frac{2}{3}$"?

Nach dieser Arbeit ist Manuela einigermaßen erschöpft, aber befriedigt. Nur ganz am Rand werden noch die Themen „Bruch durch Bruch" und „Bruch mal Bruch" angeschnitten. Interessant ist, wie sich Manuelas Art zu denken und zu antworten während der Arbeit ändert. Zuerst bietet sie auf jede Frage sofort einen Fächer von Antworten an. Dabei kombiniert sie auf möglichst verschiedene Arten Elemente, die in der Frage bereits enthalten sind. Auf die Frage zum Beispiel „Wieviel sind 5 Zehntel?" liefert sie folgende Antworten zur Auswahl: 5, 50, 100, 500 usw. Wir lassen uns nicht darauf ein und wechseln kommentarlos zu einem anderen Thema. Unvermittelt wechselt auch Manuela die Gangart und geht jetzt ernsthaft auf die Fragen ein und beantwortet nun auch problemlos die obige Frage. Daß sie vom Raten aufs Denken umgestellt hat, merkt man auch am Tonfall. Sie wählt nun für die Antworten nicht mehr die Fragemelodie, sondern den bestimmten und abschließenden Tonfall einer selbstverständlichen Aussage. Erst beim Verfassen der Texte allerdings vertraut Manuela sich ganz dem Gang der eigenen Vernunft an und schreitet ruhig und sicher auf ihrem eigenen Weg zum Ziel.

Addition beliebiger Brüche

Bereits im Bereich der Multiplikation und der Division von Brüchen ist Manuela an die Grenze gestoßen, die vom Lehrbuchautor für die fünfte Primarschulklasse angesetzt worden ist. Die Beschränkung auf Aufgaben der Art 13 : $^{13}/_{8}$ oder 51 : $^{17}/_{3}$ – der Zähler des Bruchs ist gleich groß wie die ganze Zahl oder ein Teiler von ihr – erweist sich im Rückblick als willkürlich und hemmend. Manuela ist enttäuscht, daß selbst bei den kompliziertesten Aufgaben nur speziell ausgewählte Brüche zum Zug kommen und daß die Resultate stets ganzzahlig sind. Sie spürt, daß hier das eigentliche Problem des Dividierens durch einen Bruch dauernd umschifft wird.

Manuela hat von allem Anfang die Kernidee des Teilens einer ganzen Zahl durch einen beliebigen Bruch angesteuert: Gefragt ist, wie viele Dinge auf eine ganze Person entfallen würden, wenn man weiß, daß auf einen Teil dieser Person so und so viele Dinge entfallen. Das kommt in ihrem Text und ihrer Zeichnung deutlich zum Ausdruck. Die Aufgabe 18 : ($3^{3}/_{5}$) = 18 : $^{18}/_{5}$, die sie ihrem Aufgabenbuch entnimmt, kann sie zwar problemlos lösen, ihre Einsicht ins Teilen kommt aber nicht voll zum Tragen. Es ist nicht sehr spannend, 18 Dinge auf 18 Kästchen, von denen jedes $^{1}/_{5}$ Person andeutet, zu verteilen. Daß ein anderer Schüler für die vereinfachte Aufgabenstellung dankbar sein könnte – sie beruht auf dem Bild des Messens: Ein kleines Stück ($^{18}/_{5}$) wird am fünfmal größeren Stück (18) gemessen –, soll hier nicht bestritten werden. Wir halten es aber für verkehrt, wenn man Schüler einer bestimmten Schulstufe durch entsprechende Aufgabenstellungen prinzipiell auf eine Teilerkenntnis zurückbindet. Bereits die ersten Aufgaben, so meinen wir, sollten so beschaffen sein, daß sie trotz ihrer Einfachheit den Blick auf den allgemeinen Fall lenken. Das bestätigt sich in aller Deutlichkeit bei Manuelas Einstieg in die Addition von Brüchen.

Hier stellen wir eine Aufgabe an den Anfang, die zwar einfach ist, aber sofort ins Zentrum der Addition von Brüchen hineinführt.

$$^{1}/_{2} + ^{1}/_{3} = ?$$

Trotz der einfachen Zahlen täuscht die Aufgabe nicht darüber hinweg, daß jetzt etwas Neues, Fremdes kommt. Wir brauchen also ein taugliches Denkmodell, um das fremdartige Problem einfangen und in eine vertraute Situation einbetten zu können. Es bieten sich zwei Modelle an: die Uhr und der Kuchen. Mit Hilfe der Uhr findet Manuela die Lösung der gestellten Aufgabe schnell: $^{1}/_{2}$, also eine halbe Stunde, und $^{1}/_{3}$, also 20 Minuten, sind zusammen 50 Minuten. Das ist zwar richtig, aber nicht ganz befriedigend: Wir sind von Stunden ausgegangen und sind unversehens bei Minuten gelandet. Die eigentliche Schwierigkeit der Aufgabe muß erst noch überwunden werden: Wie viele Stunden sind denn 50 Minuten? Prompt kommt die Antwort „$^{50}/_{60}$ Stunden". Das Denkmodell hat sich bewährt: Weil die Uhr eine Einteilung in Stunden und Minuten aufweist, suggeriert sie einen Sortenwechsel. Selbst daß man $^{50}/_{60}$ zu $^{5}/_{6}$ kürzen kann, läßt sich an der Uhr ablesen. Brüche mit 2, 3, 4, 5, 6, 10, 12, 15, 20, 30, 60 im Nenner kann Manuela nun im Uhrmodell auf anschauliche Weise addieren.

Bald will Manuela allerdings wissen, wie das denn mit Siebteln oder Dreizehnteln sei. Wir notieren eine entsprechende, wiederum sehr einfache Aufgabe.

$$^{1}/_{7} + {}^{1}/_{13} = ?$$

Wir suchen nach einem neuen, geeigneteren Modell, auf dem man die Einteilungen nach Bedarf selber vornehmen kann. Kuchen kann man in fast beliebige Sektorenstücke einteilen. Einen Siebtel- und einen Dreizehntelkuchen kann sich Manuela gut vorstellen. Nur, wie zählt man sie zusammen? Offenbar brauchen wir – wie schon bei der Uhr – kleinere Stücke, gleichsam Minutenstücke. Wie groß müssen diese Stücke denn sein? Jetzt lassen wir Manuela allein. Sie schreibt wiederum alles auf, was sie sich überlegt.

> *Ich suche die erste Zahl die in der 7+13er Reihe steht also 7 · 13 = 91. Den Kuchen teilen wir in 91 Teile. Ein 7tel vom $^{91}/_{91}$ Kuchen hat $^{13}/_{91}$ das heißt also, daß ein 13tel vom Kuchen $^{7}/_{91}$ enthält. Ein 13tel + ein 7tel vom Kuchen ist ein $^{20}/_{91}$ vom Kuchen also $^{20}/_{91}$.*

Anschließend an diese klärende Vertiefung stellt sich Manuela selber eine Reihe von schwierigeren Additionsaufgaben und löst sie problemlos:

$$^{5}/_{7} + {}^{11}/_{13} = ?$$
$$^{6}/_{7} + {}^{7}/_{11} = ?$$
$$^{3}/_{7} + {}^{4}/_{11} = ?$$
$$^{4}/_{11} + {}^{5}/_{13} = ?$$

Jetzt schieben wir die folgende Aufgabe dazwischen:

$$^{3}/_{26} + {}^{5}/_{13} = ?$$

Manuela löst sie nach alter Manier und erhält $^{169}/_{338}$. Wir schlagen ihr vor, nur mit 26steln zu arbeiten statt mit 338steln. Das Ergebnis überrascht sie: $^{13}/_{26}$, das ist ja $^{1}/_{2}$. Mit Aufgaben der Art

$$^{7}/_{4} + {}^{7}/_{6} = ?$$

erarbeiten wir den Inhalt des Begriffs „kleinstes gemeinsames Vielfaches". Ansatzweise entwickelt Manuela auch den Algorithmus zur Addition beliebiger Brüche. Abschließend kehren wir zum Anfang zurück: Manuela hat jetzt neue Methoden zur Verfügung, um die Aufgabe $^{1}/_{2} + {}^{1}/_{3} = ?$ zu lösen. Sie ist nicht mehr auf die Uhr angewiesen.

Manuela ist in einem halben Tag weit über die Grenze des Stoffprogramms ihrer Klasse hinaus ins Zentrum der Addition beliebiger Brüche vorgestoßen. Nun will sie noch die Aufgaben lösen, die auf ihrem Pflichtprogramm stehen. Es handelt sich ausschließlich um die Addition gleichnamiger Brüche. Manuela empfindet das als ärgerliche und abstumpfende Schikane.

Manuela verfaßt einen Leitfaden zum Bruchrechnen

Zwischen der ersten Begegnung mit Brüchen und der schriftlichen Klärung des Entdeckten und Gelernten liegt eine Pause von 10 Tagen. Das hat seine guten Gründe. Manuela hat nach ihrer ersten, intensiven Auseinandersetzung mit dem Thema vorerst einmal genug von diesem Stoff. Die zeitliche Distanz und das damit verbundene Vergessen von Einzelheiten erlaubt es ihr zudem, noch einmal neu ans Bruchrechnen heranzutreten. Es ist gleichsam eine zweite Begegnung mit einem schon recht guten Bekannten. Der Auftrag lautet: Du bist nun schon recht tief ins Bruchrechnen eingedrungen; deine Freundin Gaby dagegen steht erst ganz am Anfang. Schreib nun einen Text für Gaby, mit dessen Hilfe sie selbständig das Bruchrechnen erlernen kann.

Manuela macht sich gern an die Arbeit. Der Auftrag gefällt ihr. Schon nach einer halben Stunde kommt sie mit ihrer Lösung. Ihr Text beansprucht nur eine Heftseite. Oben auf der Seite zählt Manuela auf, was sie Gaby alles erklären will: Malrechnen, Teilen, Undrechnen. Dann faßt sie das, was sie Gaby erklären will, in einem einzigen Satz zusammen. Es handelt sich um die merkwürdige Neuheit im Bruchrechnen, daß die Grenze zwischen Malrechnen und Teilen nicht mehr so scharf ist wie beim Rechnen mit ganzen Zahlen.

> *Teilen heißt nicht immer „:". In diesen Rechnungen heißt „:" auch „·" und umgekehrt.*

In diesem Satz schimmert offensichtlich noch die Überraschung durch, die Manuela bei den ersten einfachen Divisionen durch Brüche empfunden hat. Die Einsicht, daß man im Bruchrechnen teilen kann und nachher mehr erhält, war für Manuela eine kleine Sensation. Sie brauchte einige Zeit, bis sie innerlich nachvollziehen konnte, daß es 40 gibt, wenn man 20 durch $\frac{1}{2}$ teilt. Von diesem Erlebnis ist in Manuelas Text allerdings kaum mehr etwas zu spüren. Es handelt sich um eine bloße Erläuterung des Rechnerischen. Manuela erklärt Gaby lediglich die Algorithmen für die beiden allgemeinsten Fälle im Bruchrechnen.

> *Malrechnen (Die fette Zahl gilt.)*
> *Wir rechnen* $\frac{3}{4} \cdot \frac{4}{6}$. $\frac{\mathbf{3}}{4} \cdot \frac{\mathbf{4}}{6} = \frac{\mathbf{12}}{4} : \frac{4}{\mathbf{6}}$. *Ich rechne* $\mathbf{4} \cdot \mathbf{6} = \frac{12}{\mathbf{24}}$.
> *Und was sind 12 von 24? Ein Halbes. Das Ergebnis heißt also* $\frac{1}{2}$.
>
> *Teilen*
> *Wir rechnen* $\frac{3}{4} : \frac{4}{6}$. *Zuerst rechnen* $\frac{3}{\mathbf{4}} : \frac{\mathbf{4}}{6}$, *indem ich 4 · 4, also den ersten Nenner mal den zweiten Zähler rechne. Also gibt das* $\frac{3}{16}$. *Nachher rechne ich mal 6.*

Es leuchtet Manuela schnell ein, daß sie Gaby mit diesem Text überfordern würde. Wir schlagen ihr vor, ein einfacheres Beispiel zu wählen und es so zu erläutern, daß sich Gaby unter jeder Operation etwas vorstellen kann. Mit den Rechnungen $\frac{3}{4} \cdot 5$ und $\frac{3}{4} : 5$ macht sich Manuela nochmals an die Arbeit.

Nach einer halben Stunde kommt sie mit ihrem Ergebnis zurück. Dreierlei fällt auf an ihrem Text: Das Tempo des Erklärens wird drastisch verlangsamt, das Schriftbild wirkt ruhig, und sorgfältig ausgemalte Figuren klären den Sachverhalt bis ins Detail. Es ist ganz offensichtlich, daß sich in Manuelas Einstellung zum Auftrag etwas Grundlegendes geändert hat: Sie stellt sich nun behutsam auf ihre Adressatin ein, und das kommt auch ihr selber und der Sache zugute. Manuela hat einen der Situation angemessenen Rhythmus gefunden und läßt sich nun ein zweites Mal mit ihrer ganzen Person aufs Thema „Bruchrechnen" ein.

Wir beginnen, indem wir einen Bruch mit einer ganzen Zahl multiplizieren z. B. $\frac{3}{5} \cdot 3$. Du stellst dir $\frac{3}{5}$ eines Kuchens vor.

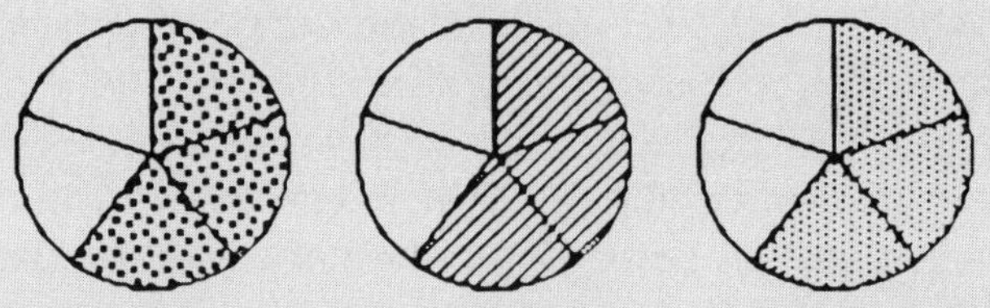

Nun kannst du die Fünftel zählen und du siehst, du erhältst $\frac{9}{5}$. Das ist aber ein unechter Bruch. Du verwandelst $\frac{9}{5}$ in einen echten Bruch.

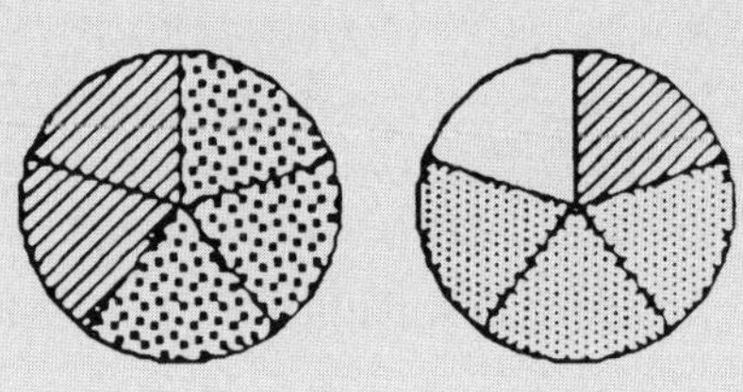

Nach dieser hübschen Passage geht Manuela allerdings der Schnauf aus. Sie spürt, daß ihr Ziel plötzlich in die Ferne gerückt ist und daß sie noch viele Seiten füllen müßte, wenn sie Gaby ihr ganzes Wissen über das Bruchrechnen ähnlich liebevoll darlegen wollte. Es geht ihr hier nicht anders als so manchem wohlmeinenden Lehrer: Sie gerät unter Stoffdruck. Und sie wählt instinktsicher den Ausweg, mit dem sich geplagte Lehrer häufig zu retten versuchen: Sie sagt Gaby kurz und bündig, wie man's macht. Es ist das alte Rezept, mit dem sich Lehrer um ihre Pflicht drücken: „Hier hast du die Algorithmen; jetzt mußt du halt üben."

Das ist nicht schwer. Schwerer wird es, wenn man zwei Brüche multipliziert.
Diese Tabelle hilft dir vielleicht:
Was heißt „mal $\frac{1}{2}$"? mal 1 durch 2
Was heißt „durch $\frac{1}{2}$"? durch 1 mal 2
Was heißt „mal $\frac{3}{4}$"? mal 3 durch 4
Was heißt „durch $\frac{3}{4}$"? durch 3 mal 4

Wir gönnen Manuela eine kleine Verschnaufpause und ermuntern sie dann, die Aufgabe $\frac{3}{4} : 5$ auf ähnliche Weise zu erklären wie die Aufgabe $\frac{3}{5} \cdot 3$. Nach einer halben Stunde bringt sie die Lösung.

Wir rechnen $\frac{3}{4} : 5$.
Eine Mutter hat $\frac{3}{4}$ Kuchen und muß ihn auf 5 Kinder verteilen.
Wieviel bekommt jedes?

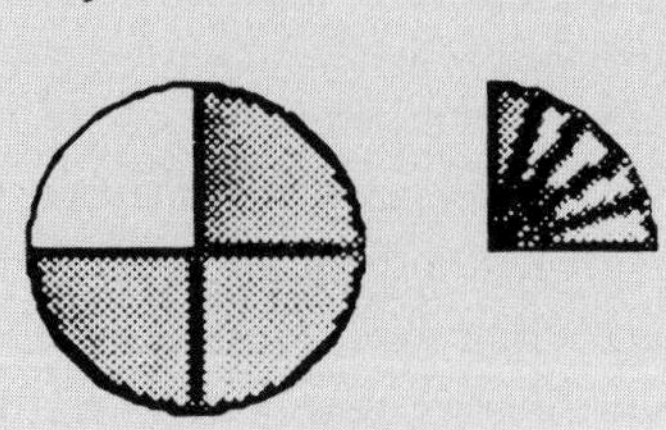

Jetzt kannst du jedes der drei Viertelstücke in 5 Teile teilen, weil es 5 Kinder sind. Jeder Viertel hat 5 Teile. Aber was für Teile? Jetzt mußt du noch einen Viertel dazu denken. Also ¼, und jeder 4-tel hat fünf Teile. Die Rechnung heißt also $4 \cdot 5 = 20$, also sind es 20-stel. Weil du nur ¾ hast, sind es nur $^{15}/_{20}$, und das kannst du durch 5 Kinder teilen. 15 : 5 = 3. Also bekommt jedes Kind $^{3}/_{20}$.
Am Anfang steht ¾ : 5 und das Ergebnis ist $^{3}/_{20}$. Du könntest eigentlich von ¾ den Nenner nehmen, also 4, und rechnest ihn mal 5. Das ist auch $^{3}/_{20}$.

Nach rund zwei Stunden hat Manuela einen ersten Teil ihres Auftrags erfüllt. Sie hat zur Hauptsache selbständig gearbeitet; für die Beratung wurden knapp 15 Minuten beansprucht.

Ein neues Medium öffnet neue Möglichkeiten

Bevor Manuela sich dem Thema „Multiplikation und Division mit Brüchen" zuwendet, möchte sie ihre Anleitung testen. Sie hat allerdings große Hemmungen wegen ihrer Schrift. Ihre von Hand gefertigte Anleitung ist ihr zu wenig perfekt, sie traut ihr nicht ganz. Als ideale Testperson bietet sich die Mutter an. Gespannt beobachtet Manuela, wie sie die Anleitung liest, und ist überrascht, wie schnell die Mutter die beigefügten Testaufgaben löst. Das ist zwar ein Erfolgserlebnis. Trotzdem stellt sich kein richtiger Schwung für die Weiterarbeit ein. Ist ihr Interesse am Thema schon erlahmt, oder sind es nur Widerstände gegen die aufwendige und wenig befriedigende Schreibarbeit? Wir fragen Manuela, ob sie Lust habe, die Fortsetzung in den Computer einzugeben. Sie ist sofort hell begeistert und macht sich an die Arbeit. Über eine Stunde lang tippt sie geduldig ein Zeichen nach dem andern ein und bemüht sich dabei, alle zehn Finger zu benützen. Dann will sie mit dem entsprechenden Programm auch noch erläuternde Figuren zeichnen. Hier ist sie aber dankbar für unsere Hilfe. Nach rund drei Stunden liegt das folgende Ergebnis vor. Der Text – und weitgehend auch die Bilder – sind Manuelas Werk. Wir haben uns auf kleine korrigierende Eingriffe beschränkt. Der Computer erwies sich dabei als ideales Instrument der Schreibberatung. Der Text bleibt während der ganzen Arbeit „lebendig" und kann probeweise ergänzt oder verändert werden. Eingriffe des Lehrers verunstalten ihn nicht, sondern fügen sich bruchlos ins Ganze ein und können vom Schüler bearbeitet oder gelöscht werden, wenn sie ihm nicht gefallen. Die hemmende Angst, Fehler zu machen, verschwindet rasch und macht einer Lust zum Formulieren und Experimentieren Platz: Das Erreichte präsentiert sich immer in einem perfekten Schriftbild und legt inhaltliche Mängel schonungslos offen; Widerstände gegen Verbesserungen und Überarbeitungen gibt es keine, weil man nicht immer wieder von vorne beginnen muß.

Teilen
Jede Teilungsrechnung kann man sich mit Kindern und Kuchen lebhaft vorstellen. Was bedeutet z. B. 40 : 5? Es hat 40 Kuchen, die man auf 5 Kinder verteilen muß. Die Frage, die man leicht vergißt, lautet: Wieviel bekommt ein Kind? Natürlich heißt die Antwort hier 8.

Die Rechnung ist schwieriger, wenn man durch einen Bruch teilen soll. Was gibt 5 : ¾? Wir verwandeln die Rechnung in Kuchen und Kinder: 5 Kuchen soll man auf ein ¾ Kind verteilen. Wir stellen uns vor, daß der Magen des Kindes aus vier gleichen Teilen besteht. Die 5 Kuchen müssen wir gleichmäßig auf drei dieser

vier Teile verteilen. Einer dieser drei Teile bekommt einen ganzen und zwei Drittel Kuchen. Das rechnet man so: 5 : 3 = $1\frac{2}{3}$. In zwei Teilen hat man dann das Doppelte, also $3\frac{1}{3}$. Das Dreifache in drei Teilen, also 5 Ganze, was ja klar ist. Die Frage lautet: Wieviel bekommt ein Kind, d. h. 4 Viertel des Magens? Also das Vierfache von $1\frac{2}{3}$. Das gibt 6 Ganze und $\frac{2}{3}$, das sind $6\frac{2}{3}$.

Kurz gefaßt: Die Aufgabe 5 : $\frac{3}{4}$ kann man lösen, indem man 5 durch 3 rechnet (das, was in einen Magenteil geht) und das Resultat mal 4 rechnet (das, was in den ganzen Magen ginge).
Ein paar solcher Beispiele: (Zeichne jedesmal eine Figur wie oben)
$3 : \frac{2}{3} = ?$
$3 : \frac{5}{8} = ?$
$6 : \frac{7}{9} = ?$

Manuela erfindet den Nährwertkuchen

Das Malrechnen mit Brüchen wird zu einer letzten, großen Herausforderung für Manuela. Es muß ein Bild erfunden werden, bei dem man miterleben kann, was sich abspielt, wenn man $\frac{3}{4} \cdot \frac{5}{7}$ rechnet. Manuela möchte beim Kuchenmodell bleiben, das sich bei der Division so glänzend bewährt hat. Im Gespräch mit ihrer Mutter erfindet Manuela eine neue Sorte von Kuchen: den Nährwertkuchen. Eine Bäckerei ist auf die Idee verfallen, ihre Kuchen auf eine neue Art anzupreisen: Auf den Schildchen steht nicht mehr ein Preis, sondern ein Bruch. Der Bruch gibt an, wie viele ganze Hungereinheiten mit diesem Kuchen gestillt werden können. Hier das Ergebnis.

Malrechnen

Wir haben eine Geschichte zum Malrechnen erfunden. Ein Beispiel: 2 · 3 = 6. Beim Bäcker kauft man zwei Kuchen. Einer dieser Kuchen enthält den Nährwert für 3 Personen. Die beiden gekauften Kuchen das Doppelte, also den Nährwert für 6 Personen.

Wir haben mit einem einfachen Beispiel begonnen. Dieses Beispiel brauchen wir auch bei den schweren Rechnungen. Man soll sich merken, daß die erste Zahl beim Malrechnen die Menge der Kuchen ansagt, und die zweite Zahl zeigt den Nährwert für Personen an. Der Grund der Geschichte ist, daß man dieses Beispiel auch für Bruchrechnungsbeispiele brauchen kann. Man kann sich auch unter einem halben, unter einem viertel oder einem drittel Kuchen etwas vorstellen. Die zweite Bruchzahl bedeutet zum Beispiel den Nährwert für eine halbe Person. Wir stellen uns vor, der Magen füllt sich bloß zur Hälfte.

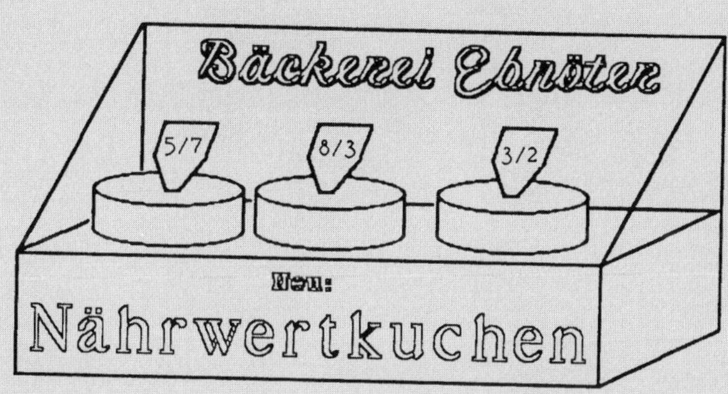

Die Rechnung lautet: $\frac{3}{4} \cdot \frac{5}{7}$. Wir übersetzen diese Rechnungen ebenfalls wie das obere, leichte Beispiel. In der Bäckerei kauft Vreni einen Kuchen, der $\frac{5}{7}$ ihres Hungers stillt. Sie weiß, daß die Mutter zu Hause einen weiteren Kuchen von $\frac{2}{7}$ Nährwert versteckt hält. Vreni schleicht nach Hause, öffnet den Schrank und ... oh weh, Mutters $\frac{2}{7}$-Kuchen ist weg. „Nun gut", denkt sie, „jetzt muß ich mich mit dem $\frac{5}{7}$-Kuchen zufrieden stellen. Als sie ins Wohnzimmer tritt, sieht sie ihren kleinen Bruder Hans zufrieden mit einem Viertel ihres Kuchens hinausrennen. „Dieses freche Biest!" schimpft Vreni. „Jetzt habe ich nur noch $\frac{3}{4}$ des $\frac{5}{7}$-Kuchens. Der wievielte Teil meines Hungers wird wohl jetzt noch gestillt?"

Du kannst es dir so vorstellen:

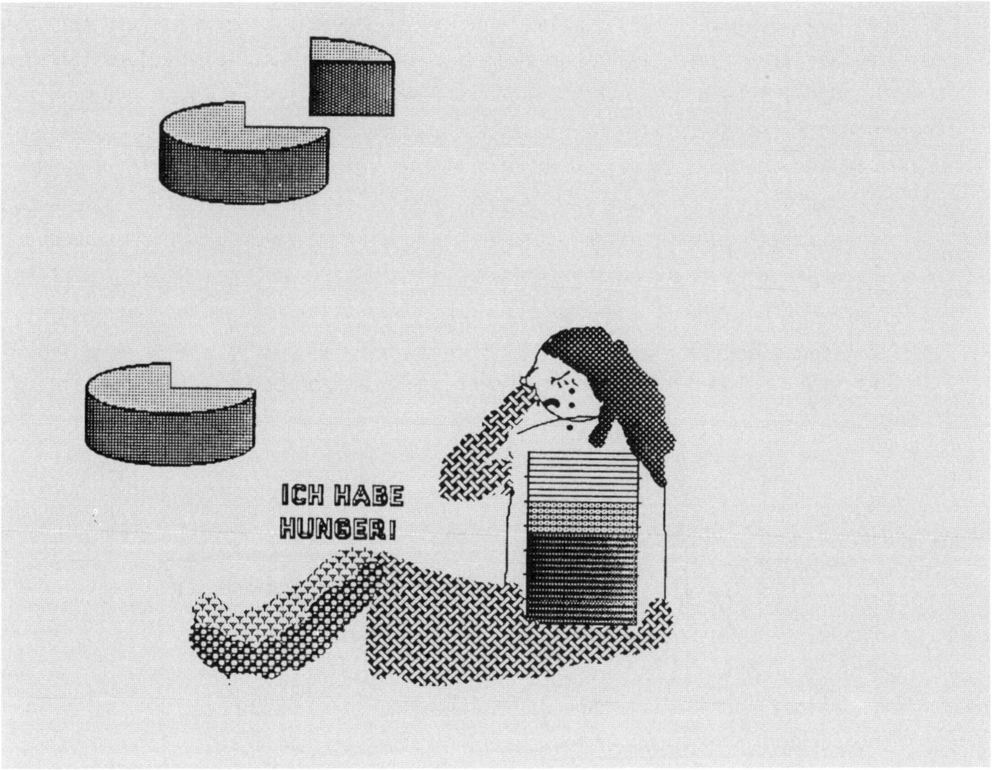

REGIE: VOM EINFACHEN ZUM SCHWIERIGEN? – NEIN DANKE!

Lehrbücher sind in der Regel so aufgebaut, daß sie von einfachen Spezialfällen ausgehen und in kleinen Schritten, zwischen denen oft Jahre liegen, zum allgemeinen Fall führen. Sie wollen die Angst vor einem neuen Stoffgebiet abbauen, indem sie immer nur einen Zipfel des Ganzen aufs Mal zeigen. Das halten wir für falsch, und zwar aus verschiedenen Gründen. Wir stützen uns dabei auf die Erfahrungen mit Manuela.

1. Neue Stoffgebiete erscheinen den Schülern immer als etwas Fremdes, Angsteinflössendes. Das wollen wir nicht verschleiern; wir wollen vielmehr lernen, damit umzugehen. In der Konfrontation mit Fremdem sollen die Schüler erfahren, wie man scheinbar unüberwindbare Probleme mit Hilfe geeigneter Methoden anpacken und lösen kann. Manuela zum Beispiel gewinnt Vertrauen ins schriftliche Formulieren und erlebt, wie Gedanken sich beim Schreiben entwickeln und klären.

2. Die Kinder werden unterschätzt und unterfordert. Schüler einer fünften Primarklasse sind, wie unser Beispiel zeigt, durchaus in der Lage, alle vier Grundoperationen mit Brüchen bis in die Schicht der allgemeinsten Fälle zu verstehen. Nur wenn wir sie mit den Kernideen des GANZEN Stoffgebiets konfrontieren, können sie an einfachen Beispielen anschauliche Denkmodelle aufbauen, die nicht nur für einen Spezialfall taugen, sondern auch den allgemeinen Fall klären helfen.

3. Erfahrungsgemäß werden die Kinder nur selten von den einfachsten Fragestellungen eines Stoffgebiets angesprochen und gepackt. Manuela zum Beispiel findet über die Frage „Wieviel gibt $\frac{3}{4} : \frac{1}{4}$?" einen Zugang zum Bruchrechnen.

4. Der Einstieg bei einfachen Spezialfällen verdeckt in der Regel die brisanten Probleme eines neuen Sachgebiets und versetzt die Schüler in eine falsche Sicherheit. Ohne zu spüren, was der Kern der Sache ist, langweilen sie sich bei endlosen Übungen mit gleichartigen Fragestellungen. Sie behelfen sich meist mit irgend einem Trick oder einer Faustregel, die nur gerade im aktuellen Fall funktioniert. Kommt dann eine neue Sorte von Spezialfällen an die Reihe, stehen sie wie der Esel am Berg und müssen wieder ganz von vorne beginnen. So erleben sie ein Fach wie Mathematik als ein unendlich hohes Gebäude mit unendlich vielen Etagen, die ganz eng übereinandergeschichtet sind, aber nichts miteinander zu tun haben. Ein Sammelsurium von Spezialfällen, zu denen man jedesmal einen neuen Schlüssel benötigt. Das Schlimmste ist nur, daß der Schlüsselbund immer schwerer wird und daß sich die unzähligen Schlüssel verteufelt ähnlich sehen.

5. Übungsaufgaben in Ehren, sie sind unerläßlich. Aber Serien von gleichartigen Übungsaufgaben lullen die Schüler ein und lenken sie von der Sache ab. Anstatt das Ganze zu segmentieren und in unzählige Teilschritte aufzugliedern, müssen wir das Ganze aufs Mal präsentieren, und zwar immer wieder. Schon der achtjährige Zweitkläßler kann begreifen, was bei $\frac{1}{2} + \frac{1}{3} = \frac{5}{6}$ passiert. Und es besteht kein Zweifel, daß Manuela sich im nächsten und im übernächsten Jahr wieder mit Brüchen beschäftigen muß. Aber sie wird ganz anders ans Thema herangehen, als sie es diesmal getan hat. Sie verfügt über taugliche Denkmodelle, und sie vertraut ihrer Fähigkeit, selbständig zu denken. Sie weiß, wie man einen Denkprozeß verlangsamen muß, wenn kein Algorithmus zur Verfügung steht, und sie weiß, wie man die Schreibfähigkeit einsetzt, um einen Denkprozeß über eine längere Strecke zu unterhalten und zu kontrollieren. Brüche sind für sie kein Schreckgespenst.

5. Spiel. Lernen mit Maschinen

Das Fach Informatik weckt unterschiedliche Emotionen. Die einen schwärmen von den schier unbegrenzten Möglichkeiten des Computers, andere rüsten sich zur Rettung des Menschen vor der Maschine und malen ein düsteres Zukunftsbild. Bedroht der Computer die Menschlichkeit des Menschen? Und war diese Menschlichkeit vor der Erfindung des Computers gesichert? Wie dem auch sei; eines läßt sich nicht wegdiskutieren: Die elektronische Datenverarbeitung (EDV) hat einen Prozeß eingeleitet, der die menschliche Kommunikation, die Arbeitswelt und die Gesellschaft von Grund auf verändert. Ob sich diese Veränderung zuungunsten des Menschen auswirken wird, ist allerdings noch nicht entschieden.

Wie wir uns auch immer dazu stellen mögen, der Computer hält Einzug in unsere Schulzimmer. Was mit diesem neuartigen Instrument aber getan werden soll, ist schon vielen recht unklar. Die einen denken an die Computerspiele, die ganze Heerscharen von Erwachsenen und Kindern in ihren Bann geschlagen haben; andere denken an Lernprogramme, die sogar Lehrer ersetzen sollen. Das sind alles Einsatzmöglichkeiten des Computers, die wir für die Schule nicht im Auge haben. Viel weniger spektakulär, aber umso wirkungsvoller sind die Leistungen des Computers im Bereich der Textgestaltung und der Programmierung. Die im vorangehenden Spiel beschriebenen Erfolge, auf die Manuela und Oliver zurückblicken können, wären ohne Computer nicht möglich gewesen. Die beiden Kinder hätten ihre Texte aus rein physischen Gründen nicht in die vorgestellte Schlußform bringen können. Was für eine unproduktive und für ein Kind sinnlos erscheinende Arbeit ist es doch, einen Text drei- oder viermal abschreiben zu müssen, bis er allen Bedürfnissen gerecht wird? Schraubt nicht auch mancher Erwachsene eher seine Ansprüche herunter, als daß er den Text halt nochmals korrigiert? Mit dem Computer sind das keine Probleme mehr. Er fördert den Perfektionismus. Ein Wort auswechseln, ein Satzglied umstellen, einen Abschnitt einfügen und natürlich alle Rechtschreibfehler korrigieren ist eine Frage von Sekunden. Der Text sieht immer gut aus, der Lehrer kann eingreifen und Alternativen vorschlagen, die der Schüler akzeptieren oder löschen kann. Die Schreibberatung nimmt ganz andere Formen an: Sie wird individuell, kann bei der Kernidee des einzelnen Schülers starten und muß nicht eine Einheitskost für eine ganze Klasse bereithalten.

Während die geschilderte Arbeit am Computer sich auf komplizierte Programme abstützt, die die Maschine gar nicht mehr als die ursprüngliche Rechenmaschine erscheinen lassen, gibt es eine zweite Art der Beschäftigung mit ihr, die überraschenderweise noch viel prinzipieller eine Didaktik der Kernideen erfordert: Es handelt sich um das Programmieren selbst. Jeder, der schon einmal Computerunterricht gegeben oder erhalten hat, muß festgestellt haben, daß ein Klassenunterricht im Gleichschritt aller Schüler nicht länger als zwei Lektionen dauern kann. Sofort zeigen sich ungeheure Unterschiede zwischen den Leistungen der einzelnen Schüler. Der Lehrer muß sich viel Ungewohntes einfallen lassen, um allen gerecht werden zu können. Der Computer wird, so paradox das klingen mag, zum Mitstreiter für eine Didaktik, die den einzelnen Menschen ins Zentrum stellt, dessen Aktionen zu hundert Prozent ernst nimmt und ihm umgehend einen Spiegel seiner Aktionen vorhält.

Szene 14. Maschinelles Lernen ohne Maschine

Zu Recht wird verlangt, daß die Schüler im Unterricht Tugenden wie Sorgfalt, Exaktheit, Pünktlichkeit, Fleiß, Ordentlichkeit, Strenge und Konsequenz erwerben sollen. Es ist auch selbstverständlich, daß die Lehrperson diese Tugenden glaubwürdig verkörpern muß. Bedeutet das aber, daß die Beziehung zwischen Schülern und Lehrern vor allem durch Strenge, Ordentlichkeit, Pünktlichkeit, Fleiß, Exaktheit und Konsequenz gekennzeichnet ist? Lernen die Schüler diese Tugenden am besten von einem Lehrer, der beinahe mit der Perfektion einer Maschine exakt, ordentlich und pünktlich ist? Ist der Lehrer, der streng und gerecht alle gleich behandelt und gegen die schwankenden Einflüsse der momentanen Situation immun ist, das Ideal?

Es liegt auf der Hand, daß die erwähnten Tugenden unentbehrliche Tugenden des Maschinenzeitalters und der hochdifferenzierten Arbeitsteilung sind. Die Maschine diktiert das Verhalten des Arbeitenden; ihre Präzision, Unermüdlichkeit und Gleichförmigkeit setzen die Maßstäbe, an denen die Tugenden der Arbeiter gemessen werden. Man mag sich dazu stellen, wie man will, Maschinen sind eine Realität. Wir stehen nicht vor der Wahl, mit oder ohne Maschinen zu leben. Entweder gelingt es uns, Humanität im Zeitalter der Maschinen neu zu definieren, oder wir lassen das Menschliche im Mechanischen untergehen. Die Schule, die auf das Leben und auf die Arbeitswelt vorbereitet, hat hier eine Schlüsselfunktion.

Lange bevor das unaufhaltsame Eindringen der Maschinen in den Unterricht begonnen hat, hat sich das maschinelle Lehren und Lernen etabliert. Unter dem Druck der Anforderungen unseres Maschinenzeitalters fühlten sich viele Lehrer in die Rolle einer Maschine gedrängt: Sie haben den Stoff segmentiert, um den Unterricht maschinell organisieren und die Schüler im Gleichschritt durchs Stoffprogramm leiten zu können. Auf diese Weise hofften sie nicht nur, den Zugang zum Stoff so leicht wie möglich zu machen, sie glaubten auch, die Tugenden, die im Maschinenzeitalter wichtig sind, zu fördern: Belohnt wurden immer die Schüler, die fleißig, pünktlich, gleichförmig und zuverlässig mitmarschierten.

Es braucht also gar keine Maschinen, um Unterricht maschinell zu inszenieren. Das hat auch Pascal zu spüren bekommen. Er ist Schüler einer dritten Primarklasse. Rechtschreiben ist nicht seine Stärke. Das Auswendiglernen von Diktaten ist ihm ein Greuel. Er kann sich das Schriftbild der Wörter einfach nicht einprägen. Erschwerend kommt hinzu, daß er Schweizerdeutsch spricht. Eines Tages stolpert er in einem Diktat über die beiden Wörter „nicht" und „nichts". Es sind Fremdwörter für ihn. „Nicht" heißt in seiner Mundart „nöd", „nichts" heißt „nüüt". Intuitiv kann er keine Verbindung zwischen den vertrauten und den neuen Wörtern herstellen. Zudem sind sie so im Diktat plaziert, daß sie akustisch nur von einem geübten Ohr und nur bei einer deutlichen Sprechweise unterschieden werden können:

> ... Das konnten die Kinder aber nich*t* sehen. Da wurden sie sehr traurig, denn sie hatten auch nich*ts* zu essen ...

„Habt ihr denn den Unterschied zwischen den Wörtern „nicht" und „nichts" nicht besprochen?" fragt Pascals Vater, als er die Fehler im Diktatheft sieht. Pascal verneint, gesteht dann aber, daß er die Faustregel falsch angewendet habe, mit welcher ihm die Lehrerin hatte helfen wollen. Sie hat ihm empfohlen, sich beim Auswendiglernen des Diktats folgendes zu merken: „In der dritten Zeile steht ‚nicht', in der fünften ‚nichts'."

Gewiß, das Beispiel ist grotesk. Aber es ist nicht erfunden, leider. Und es hat ein ebenso groteskes Nachspiel. Angesprochen auf den Vorfall, verteidigt die Lehrerin die Methode des Auswendiglernens: „Die Kinder müssen sich die Wortbilder eben einprägen." Den Vorschlag, „nichts" probeweise durch „Äpfel", „Birnen" usw. zu ersetzen und die Kinder so erleben zu lassen, daß „nichts" ein Stellvertreter für etwas Eßbares ist, während „nicht", wenn man es wegläßt, den ganzen Satz ins Gegenteil verkehrt, weist die Lehrerin entschieden zurück: „Grammatik haben wir erst in der vierten Klasse." Wenn sie wenigstens die schweizerdeutschen Lautungen zum Vergleich herangezogen hätte! Aber eben, wenn man Lernen als Speichern auffaßt, muß jedes Innehalten und Pröbeln als Verzögerung erscheinen. Faßt man die Schüler als kleine Maschinen auf, wirken Reflexion und Eigentätigkeit nur störend.

Es gibt kaum ein Stoffgebiet, das so streng reglementiert ist wie die Rechtschreibung und das sich für schematisches Einüben und Kontrollieren so gut mißbrauchen läßt. Regeln und Ausnahmen gibt es zuhauf, Zweifelsfälle lassen sich durch Nachschlagen im Lexikon beseitigen. Alles ist schon festgelegt, wenn der Lernende das Feld betritt. Nicht der geringste Spielraum für eigenes Tun und Experimentieren, so scheint es auf den ersten Blick. Wie nirgends sonst im mechanistischen Unterricht stechen hier die Mängel der menschlichen Konstitution gegenüber der Maschine ins Auge. In einem Fach, in dem sich nun wirklich alles aufs Auswendiglernen und Einprägen zu reduzieren scheint, mag man sich nichts sehnlicher wünschen als ein Schülergehirn, das wie der Massenspeicher eines Computers funktioniert. Man braucht die richtige Schreibweise eines Wortes nur einmal einzulesen, dann ist sie für alle Zeiten richtig gespeichert und abrufbar.

Im Rechtschreibunterricht fühlt sich die mechanistische Didaktik in ihrem Element. Hier zeigt sie ihr wahres Gesicht: Der ideale Schüler ist die Maschine; an der Maschine wird der Mensch gemessen. Fehlerfreies Schreiben wird gleichgesetzt mit gutem Deutsch. Die Rechtschreibleistung ist aber nicht nur der Maßstab für die sprachlichen Fähigkeiten eines Menschen, sie qualifiziert ihn in seiner Ganzheit. Wer beim Schreiben Fehler macht, gibt sich eine Blöße. Er wirkt unglaubwürdig, ganz unabhängig von dem, was er zu sagen hat. Man zweifelt grundsätzlich an seinen menschlichen und fachlichen Qualitäten. Er scheint ein Faulenzer und Drückeberger zu sein, dem konzentriertes Lernen und Arbeiten nicht zusagt. Wer Rechtschreibfehler macht, wenn er sich um eine Stelle bewirbt, ein Produkt anbietet oder einem anderen Menschen seine Liebe kundtut, hat kaum Chancen. Gibt es keine Alternative zu diesem düsteren Kapitel des Sprachunterrichts? Läßt das gigantische Regelwerk der Rechtschreibung tatsächlich keinen Spielraum für ein Lernen auf eigenen Wegen?

Szene 15. Eine mühsame Reise im Dschungel der Rechtschreibung

Sabina besucht die dritte Klasse der Primarschule. Sie hat von ihrem Lehrer den Auftrag bekommen, das folgende Diktat zu üben.

> *Eine mühsame Reise*
> An einem Dienstagmorgen standen Tim und sein Vater schon um sechs Uhr auf. Nach dem Frühstück fuhren sie mit der Eisenbahn nach Flums. Von dort aus wanderten sie den Berg hinauf. Ihre Rucksäcke waren schwer. Tim war müde und schwitzte. Bei einem Bächlein setzten sie sich unter eine Tanne und aßen und tranken.

Sabina bittet mich, ihr den Text zu diktieren. Meine leisen Zweifel am Nutzen dieses Verfahrens überhört sie. Also diktiere ich. Sabina macht drei bis vier Fehler pro Satz. Was tun?

Sabina fordert mich auf, ihren Text zu korrigieren, damit sie die Fehler verbessern kann. Meiner Aufforderung, doch zuerst selber nach Fehlern zu suchen, kommt sie nur widerwillig nach. Das ist auch verständlich: Ihre Suche verläuft ziemlich erfolglos. „Wie machst du denn das, wenn du Fehler suchst?“ frage ich sie. „Ich lese einfach noch einmal alles genau durch“, ist die Antwort. „Was meinst du mit ‚genau‘?“ frage ich weiter. „Worauf achtest du?“ „Auf die schwierigen Wörter“, antwortet sie, „wir haben die schwierigen Wörter in der Schule bereits geübt.“ Einprägen von Einzelfällen; darum geht es also.

Trotzdem versuche ich, Sabina anzuleiten, wenigstens eine Sorte von Fehlern selber zu entdecken: die Fehler in der Groß- und Kleinschreibung. Um diesen Fehlertypus zu erkennen, muß man über grammatisches Vorwissen verfügen (grammatisches Prinzip der Rechtschreibung). Da geht es einmal um den Begriff Satz (Der Anfang eines Satzes wird mit einem Großbuchstaben markiert) und um das Erkennen der Wortarten (Namenwörter schreibt man groß). „Suche einmal alle Satzanfänge und alle Wörter, vor die man ein ‚der‘, ‚die‘ oder ‚das‘ setzen kann“, fordere ich Sabina auf. „Alle diese Wörter schreibt man groß.“ Mit Hilfe dieser Anleitung setzt Sabina fast ohne Hilfe alle erforderlichen Großbuchstaben ein.

Aber Sabina will keine Experimente für einen individualisierenden Rechtschreibunterricht über sich ergehen lassen, das ist mir klar; sie will morgen ein Diktat mit möglichst wenigen Fehlern schreiben. Vorerst geht es also nur darum, eine möglichst gute Gedächtnisleistung zu erbringen. Ich korrigiere also ihren Text, Sabina radiert die fehlerhaften Wörter weg, ersetzt sie in korrekter Schreibweise und rahmt sie mit einem Rotstift ein. Jetzt fordere ich sie zu einem Pingpong-Match heraus. Sabina läßt sich zwar gern ablenken, zeigt sich aber doch besorgt wegen der vielen Fehler. „Weißt du, dieser Match gehört auch zum Üben“, beruhige ich sie. Ungläubig schaut sie mich an. Wie soll ich einem neunjährigen Kind erklären, wie das menschliche Gehirn funktioniert? Und welches der vielen Modelle, die uns die Hirnphysiologie anbietet, kommt der Sache am nächsten? Ich versuche es mit einem rhetorischen Muster. „Weißt du, zum Lernen gehört nicht nur das Üben, sondern auch das Vergessen.“ Doch diese Dialektik verfängt nicht bei Sabina; auch nicht, als ich sie darauf hinweise, daß zum Tag ja auch die Nacht, zur Bewegung auch die Ruhe gehöre. Das Wort „Vergessen“ ist für sie mit lauter negativen Wertungen besetzt. Sie hat das Wort bis jetzt ausschließlich im Zusammenhang mit Vorwürfen zu hören bekommen. Mehr Erfolg habe ich mit einer zweiten Kernidee zum Thema Gedächtnis und Lernen. Mir fällt das Bild vom Stein ein, der eine kreisförmige Wellenbewegung auslöst, wenn man ihn ins Wasser wirft. „Stell dir vor", erkläre ich Sabina, „du müßtest nach einem Stein tauchen, den jemand ins Wasser geworfen hat. Wenn du sofort tauchst, kannst du dich an den Kreisen auf der Wasseroberfläche orientieren. Wenn du aber zuwarten mußt, bis sich die Wasseroberfläche wieder geglättet hat, mußt du ein anderes Suchverfahren anwenden. Du mußt die Stelle, an welcher der Stein gesunken ist, mit Merkpunkten der Uferlandschaft in Verbindung bringen. Und du mußt, wenn du tauchst, den Seegrund systematisch absuchen. Ähnlich ist es mit dem Üben und dem Vergessen. Wenn du ununterbrochen die richtige Schreibweise eines Wortes einübst, orientierst du dich nur an den vergänglichen Wellenbewegungen an der Oberfläche deines Gehirns. Dann schreibst du die Wörter heute richtig, aber morgen hast du sie vergessen. Und weil du nicht weißt, wie man Wörter, die man ‚vergessen' hat, wieder auffinden kann, hast du keine Chance im Diktat. Wenn du aber heute schon übst, wie man schwierige Wörter ins Vergessen sinken läßt, wie man sich ihren Standort mit Hilfe von Mehrpunkten in der gesicherten Uferlandschaft des Gedächtnisses merkt und wie man sie dann durch gezieltes Absuchen des ‚Gedächtnisgrundes' wieder auffindet, übst du das, was du morgen brauchst."

Wieviel Sabina verstanden hat von diesen Ausführungen, weiß ich nicht. Das Bild vom Stein aber hat ihr offensichtlich eingeleuchtet. Nach dem Match diktiere ich ihr den Text ein zweites Mal. Immer noch zehn Fehler. Aber sie erschrecken Sabina diesmal nicht, sie gibt sich ganz selbstsicher: „Wir haben das mit dem Vergessen eben falsch gemacht. Ich habe mir ja gar keine Fixpunkte am Ufer gemerkt. Ein Wunder, daß ich noch soviel gewußt habe!" Wir schauen uns die Fehler an und überlegen uns, was man vorkehren müsse, um die richtige Schreibweise wieder aus dem Vergessen hervorzuholen.

Da sind einmal die Wörter, bei denen Sabina ein „h" vergessen hat: mühsam, Uhr, Frühstück, fuhren, ihre. Sabina weiß, daß das „h" in diesen Wörtern den vorangehenden Vokal „lang" macht, sie kennt also den Begriff Dehnungs-„h".

Ich fordere Sabina auf, denselben Vokal eines Wortes einmal lang, einmal kurz auszusprechen. Damit hat sie große Mühe. Sie kennt den Begriff Dehnung also nur dem Namen nach, verfügt aber nicht über ihn: sie kann mit Dehnung und Kürzung nicht spielen. Das ist aber unerläßlich: Um zu entscheiden, daß das „U" von „Uhr" lang ist, muß ich das Wort „Uhr" im Kontrast einmal mit einem extrem langen, dann mit einem extrem kurzen „U" aussprechen können. Dadurch aktiviere ich meine Erinnerung an den Gebrauch dieses Wortes und an seine Klanggestalt, an der mir das lange „U" erst im Kontrast zum künstlich verkürzten „U" auffällt. Damit haben wir ein erstes Suchverfahren entdeckt.

Nun werden aber nicht alle Vokale, die man „lang" ausspricht, mit einem „h" gedehnt. Da gibt es „Tag", „Vater", „schwer", „müde" oder „war"; es gibt aber auch das Dehnungs-„e" in „Dienstag" oder „sie". Bei „Dienstag" hilft eine Faustregel weiter: Folgen einem Vokal zwei oder mehr Konsonanten, machen sie ihn kurz. Das lange „i" in „Dienstag" muß also wegen der nachfolgenden Konsonanten gedehnt werden, das kurze „a" bei „Tanne" dagegen wird durch die Verdoppelung des „n" signalisiert. Bei „Rucksack" hilft diese Zwei-Konsonanten-Regel nur, wenn ich merke, daß hier zwei Wörter zusammengesetzt sind. „Aber warum hat es denn bei ‚assen' kein ‚h'?" Die Entdeckung von Sabina überrascht mich. Man muß wirklich an vieles denken, wenn man richtig schreiben will. Ich versuche

Sabina zu erklären, daß sie bei „assen" eben an die einfachere Form „essen" denken müsse. Hier seien die zwei „s" begründet, und weil Wörter, die das gleiche bedeuten, möglichst auch das gleiche Schriftbild aufweisen sollten, schreibt man auch „assen" mit zwei „s" (Stammprinzip). Aber das ist zuviel für heute. Solche Pröbeleien, das ist mir klar, können kurzfristig Verwirrung stiften. Das nehme ich in Kauf. Wenn ich mit Sabina übe, denke ich nicht nur an das nächste Diktat. Suchverfahren dieser Art ermöglichen es, vergessene Schreibweisen zu rekonstruieren oder noch unbekannte Wörter (manchmal nur annähernd) richtig zu schreiben.

Jetzt möchte Sabina aber Fixpunkte an der Uferlandschaft ihrer Rechtschreibkompetenz suchen. Wir beginnen zu assoziieren. Zu „mühsam" fällt ihr „Mühe" ein. Ein schöner Fund! Man kann das Dehnungs-„h" hörbar machen. Klappt das auch bei andern Wörtern? Zu „Frühstück" fällt ihr „Frühling", dann „früh" ein. Ich möchte ihr „früher" suggerieren und sage ihr, es gebe noch ein Wort mit dem Stamm „früh-", bei welchem das „h" hörbar sei. Man denke an dieses Wort, wenn man „heute" oder „in Zukunft" sage. Bei „fuhren" muß ich Sabina zuerst an die Infinitivform „fahren" erinnern, dann kommt „Fahrer", „Fahrplan" und schließlich „Fahrt". Das „h" in „Fahrt" können wir wieder mit unserer Faustregel (Zwei-Konsonanten-Regel) begründen. Schwieriger wird es bei „Uhr". Hier hilft die Assoziation „Urgroßvater" weiter. Das Dehnungs-„h" dient hier nur zur Unterscheidung von zwei Wörtern („Uhr"/„Ur-"), die gleich tönen, aber etwas anderes bedeuten (Homonymieprinzip).

Neben der Dehnung macht Sabina noch ein anderes Problem Sorgen: die Unterscheidung von „F" und „V". Sie schreibt immer „Vlums" statt „Flums" und „for" statt „vor". Genaues Zuhören (Lautprinzip) nützt hier nichts. Das „V" in „Vater" oder „von" tönt nicht anders als das „F" in „Flums". An dieser Stelle wäre über Vorsilben nachzudenken (von). Aber dafür reicht die Zeit nicht. Ich beschränke mich auf Assoziationen zu „Flums". „Vlums" erinnert mich spontan an „Vladimir" und ich vermute, daß Wörter, die mit „vl" beginnen, im Deutschen gar nicht vorkommen. Deshalb fordere ich Sabina auf, nach Wörtern mit „fl" zu suchen. Sie findet „Fluß" (jetzt fällt mir „Vlies" ein), dann kommt „Flug", „Floß".

So geht es noch eine Weile weiter. Wir haben uns bei der Arbeit vergessen. Es ist Abend geworden; Zeit, um ins Bett zu gehen. Im stillen mache ich mir Vorwürfe. Habe ich Sabina nicht einen Bärendienst erwiesen? Wenn sie morgen zehn Fehler macht im Diktat, ist sie frustriert und sie gibt – nicht zu Unrecht – meiner Arbeitsmethode die Schuld. Ein Mißerfolg könnte ihr die Freude am spielerischen Rechtschreibenlernen verderben. Zum Glück ist diese Angst unbegründet. Sabina schreibt null Fehler im Diktat.

Regie: Auf dem Weg zu fehlerfreien Texten

Daß Sabina null Fehler im Diktat geschrieben hat, ist ein glücklicher Zufall. Bestimmt ist nicht unser Üben bis spät in den Abend hinein der Grund, sondern die Tatsache, daß ihr ihre Mutter den Text am Morgen vor der Prüfung noch einmal diktiert hat. Das Kurzzeitgedächtnis hat seine guten Dienste geleistet, und es konnte wohl deshalb so ungehindert funktionieren, weil die abendliche Arbeit Sabina das Gefühl gegeben hat, sie habe sich seriös vorbereitet. Wie dem auch sei: Sabina hat das Prüfungsziel erreicht; sie hat nach langem Üben einen fehlerfreien Text geschrieben. Und genau an dieser Stelle liegt das Problem des Rechtschreibunterrichts: im Ziel, nach jeder Übungsphase einen fehlerfreien Text zu schreiben. Das wirkt nicht nur entmutigend auf die Lernenden, es verursacht auch – das ist das Fatale – eine völlig verkehrte Übungspraxis.

Man stelle sich vor, ein Nachwuchssportler würde gezwungen, nach jeder Trainingseinheit die Weltrekordmarke seiner Sportart zu erreichen. Er würde dann vermutlich zu ähnlichen Tricks greifen wie die überforderten Rechtschreibschüler, würde sich Krücken und Leitern basteln, um auf irgend eine Weise die Hochsprunglatte bei 2,40 Metern zu überklettern oder 100 Meter in weniger als 10 Sekunden hinter sich zu bringen. Es braucht nicht viel Phantasie, um sich vorzustellen, daß man die Sportler durch solch unsinnige Trainingsmethoden samt und sonders ruinieren würde. Die Leistung, die man im Training erwartet, muß in Relation zur Leistungsfähigkeit des Körpers stehen. Die Gesamtkompetenz des Hochspringers oder des Schnellläufers wird sorgfältig aufgebaut aus einem ganzen Set von Teilleistungen, die nebeneinander trainiert werden, ohne daß dabei immer ihr Zusammenspiel geprüft und ihre Abweichung vom anvisierten Fernziel gemessen wird. Natürlich ist dem Sportler die Differenz zwischen seinem Leistungsstand und der Zielvorstellung bewußt, aber er weiß, daß sich diese Differenz nicht gewaltsam überwinden läßt: Er weiß, daß er Zeit braucht, daß er sich auf Teilziele konzentrieren muß und daß sein Trainingserfolg nur relativ zu diesen Teilzielen und zu seiner gegenwärtigen sportlichen Kondition meßbar ist. Verglichen mit der fernen Zielvorstellung würde alles, was er tut, zur hoffnungslosen Stümperei entwertet.

Genau so ergeht es aber unsern Schülern im Rechtschreibunterricht, wenn wir nicht klar unterscheiden zwischen dem je individuellen Entwicklungsstand und der Zielvorstellung des fehlerfreien Textes. Man kann sich darüber streiten, wieviel Zeit man den Schülern zur Entwicklung ihrer Rechtschreibfähigkeit zur Verfügung stellen will. Bevor diese Zeit aber abgelaufen ist – seien es nun vier, sechs oder neun Jahre –, darf der fehlerfreie Text weder Ziel des Übens noch Maßstab für die Leistungsmessung sein. Ob es sinnvoll und hilfreich ist, daß der Lehrer alle Texte korrigiert, die seine Schüler schreiben, braucht hier nicht diskutiert zu werden. Sicher ist es aber unsinnig und gefährlich, wenn man von Schülern verlangt, fehlerfreie Texte zu schreiben und nach der Korrektur schematisch alle Fehler zu verbessern. Geht es um das Training der Rechtschreibkompetenz, darf man Fehler nicht als Mängel auffassen, die so schnell wie möglich beseitigt werden müssen. „Fehler" sind Indizien für den aktuellen Leistungsstand des Schülers. Es genügt nicht, wenn der Lehrer die Fehler erkennt und „rot anstreicht"; er muß die Fehler deuten können als Ausdruck der erst teilweise entwickelten Rechtschreibkompetenz des Schülers. Eine sorgfältige Fehleranalyse ist die Basis für ein individuell wirksames Trainingsprogramm.

Die individuelle Rechtschreibkompetenz eines Sprachbenützers darf man nicht mit dem System der deutschen Rechtschreibung verwechseln, wie es uns etwa in der Gestalt des Rechtschreib-Dudens entgegentritt. Es ist ja nicht so, daß jemand, der die Rechtschreibung beherrscht, alle Duden-Regeln im Kopf hat und nun gleichsam laufend in seinem Gedächtnis blättert, wenn er schreibt. Duden-Regeln sind vergleichbar mit einer Landkarte, die dem Sprachbenützer helfen, sich in der Landschaft der Sprache zurechtzufinden. Wer in einer Landschaft heimisch werden will, darf sich aber nicht auf das Studium der Landkarten beschränken, er muß vielmehr lernen, sich mit Hilfe der Karte in der Landschaft zu bewegen. Karten liefern dem Wanderer vorerst eine Grobinformation über die

Beschaffenheit der Landschaft: wichtige Gebirgszüge, Flüsse, Täler, Seen, Städte und Verkehrswege. Diese Grobinformation in der Sprachlandschaft liefern die PRINZIPIEN DER RECHTSCHREIBUNG. Sie lassen sich in einfache Handlungsmuster umformen, die den Sprachbenützer auf die wesentlichen Gesichtspunkte hinweisen, die er beachten muß, wenn er die gesprochene Sprache in die Schrift übersetzen will:

1. Schreibe, wie du sprichst (Lautprinzip)
2. Gleiche Bedeutung – gleiches Schriftbild (Stammprinzip)
3. Ungleiche Bedeutung – ungleiches Schriftbild (Homonymieprinzip)
4. Vermeide verwirrende Schriftbilder (ästhetisches Prinzip)
5. Beachte die Grammatik (grammatisches Prinzip)
6. Denk an deine Rolle im Text (pragmatisches Prinzip)

Leider überlappen sich diese Prinzipien und konkurrenzieren sich dabei. Ein kompliziertes Regelsystem ist erforderlich, um in diesen Grenzbereichen Klarheit zu schaffen. Regeln können so speziell werden, daß sie nur noch gerade für einen Einzelfall zutreffen. Das hat damit zu tun, daß die Rechtschreibung nicht als widerspruchsfreies System erfunden, sondern erst nach und nach aus dem individuell variierenden Gebrauch der schriftlichen Sprache abgeleitet worden ist. Hatte sich die Schreibweise eines Wortes einmal eingebürgert, blieb sie erhalten, auch wenn sie den Rechtschreibreformern willkürlich erschien. Das Bedürfnis nach Systematisierung und Reglementierung der Schreibweise ist gewachsen mit der zunehmenden Bedeutung der schriftlichen Sprache in unserer Gesellschaft. Aber erst in unserem Jahrhundert hat man sich, genötigt durch die allgemeine Schulpflicht und die massenhafte Verbreitung von Druckerzeugnissen, auf eine einheitliche und verbindliche Rechtschreibung geeinigt. Die normierte Rechtschreibung dient vor allem dem schnellen und störungsfreien Lesen: Der routinierte Leser übersetzt nicht Laut für Laut, sondern faßt ganze Wortbilder ins Auge und ist deshalb darauf angewiesen, daß ihm gleiche Wörter immer in der gleichen schriftlichen Gestalt begegnen (vgl. „Rechtschreibunterricht", Hinweise Seite 220).

Sind Schüler nicht hoffnungslos überfordert, wenn man von ihnen verlangt, sich in dieses komplexe System der Rechtschreibung einzuleben und es wie eine Landkarte zu benützen, um sich in der Sprachlandschaft zu orientieren? Sie sind es, wenn man fehlerfreie Texte von ihnen erwartet! Man kann die richtige Schreibweise eines Wortes nicht direkt aus den sechs einfachen Prinzipien der Rechtschreibung ableiten. Diese haben den Charakter von Kernideen und deuten bloß Richtungen an, in denen nach Lösungen gesucht werden muß. Man kann im Rahmen der Prinzipien spielerisch Wortbilder konstruieren und miteinander vergleichen. Das führt zwar zur Sensibilisierung der Rechtschreibkompetenz, nicht aber direkt zu fehlerfreien Texten. Ein Schreibanfänger mit einem bescheidenen Regelwissen kann einen Text nur dann fehlerfrei schreiben, wenn er sich vorher jedes einzelne Wort, das vorkommt, als Einzelfall einprägt. Und weil er keine Maschine ist, die alles abspeichert, was man ihr einprogrammiert, hat er von diesem mechanischen Auswendiglernen nur wenig Nutzen. Leitet man ihn dagegen an, Rechtschreibprinzipien als Kernideen zu benützen, handelt er als Mensch und erweitert seine Kompetenz. Dieser Umgang mit Buchstaben und Schriftbildern hat seine genaue Entsprechung im Umgang mit Zahlen und Formeln, wie er in den vorangehenden Szenen gezeigt worden ist. Das sprachliche und mathematische Tun, das wir in scharfen Kontrast zum Maschinendenken und zum roboterhaften Hantieren stellen, hat hier seine gemeinsame Wurzel. Unterricht in Sprache und Mathematik darf sich nicht an der Oberfläche der Korrektheit bewegen, sondern dient der Entfaltung eines individuellen Lebens- und Handlungsraums. Die Mathematikaufgabe ist ebenso wie der Diktattext kein unmittelbarer Lernstoff, sondern Ausgangspunkt und Material für ein Netz von sachdienlichen Assoziationen. Richtige Schriftbilder sind schließlich ebenso wie richtige Rechnungen eingebettet in einen individuell gefärbten Handlungsraum, ohne den Sprache und Mathematik in der Schule zu einem sinnleeren Regelapparat erstarren.

Wie die Praxis des Rechtschreibunterrichts in diesem Sinne menschlicher werden könnte, haben wir in der Szene mit Sabina demonstriert. Wir haben vorerst nichts anderes getan, als Sabina auf die Wörter aufmerksam gemacht, die sie falsch geschrieben hat. Wir haben die Wörter aber nicht einfach verbessert, sondern haben sie vielmehr zum Anlaß für spielerische Umformungen und Assoziationen genommen. Immer stand im Hintergrund die Leitfrage: Was muß ich tun, wenn ich nicht weiß, wie man ein Wort richtig schreibt? Diese Leitfragen haben wir mit Blick auf die Rechtschreibprinzipien für Sabina konkretisiert und in Handlungsanweisungen umgeformt:

- Ich muß genau hinhören beim Sprechen, ich muß mir die Wörter aber auch selber vorsprechen, muß Varianten der Aussprache wie lang/kurz oder scharf/weich ausprobieren und mich dabei an früher schon gebrauchte Klangfiguren zu erinnern versuchen. (Lautprinzip)
- Ich muß aber auch an die andern Wörter denken, die denselben Wortstamm haben, muß prüfen, ob ich das Schriftbild eines dieser Wörter schon kenne oder ob ich es rekonstruieren kann. (Stammprinzip)
- Ich muß an die Bedeutung der Wörter denken und beachten, daß das Schriftbild für gleiche Bedeutung gleich, für ungleiche ungleich ist. (Stammprinzip und Homonymieprinzip)
- Ich muß an die Grammatik denken, muß Satzanfänge erkennen und Namenwörter aussondern und muß sie mit Großbuchstaben kennzeichnen. (Grammatisches Prinzip)

Mit zunehmender Rechtschreibkompetenz werden diese Handlungsanweisungen differenziert und automatisiert. Und es kommen neue dazu, zum Beispiel:

- Ich muß an meine Rolle im Text denken und an meine Beziehung zu andern Gesprächspartnern: Die höfliche Anrede verlangt Großschreibung, und direkte Aussagen anderer (direkte Rede, Zitate) muß man mit Anführungszeichen markieren. (Pragmatisches Prinzip)

Durch solches Tun haben wir mit Sabina ein bescheidenes Handwerk erarbeitet, das in Zukunft natürlich noch erweitert werden muß. Wenn Sabina mit diesem Handwerk arbeitet, entstehen nicht fehlerfreie Texte. Es entstehen vielmehr Ketten von Assoziationen, in denen die richtige Schreibweise des Wortes, an dem sie arbeitet, vielleicht nicht einmal auftaucht. Das ist auch gar nicht nötig, um ihre Rechtschreibleistung zu beurteilen. Wichtig ist, daß Sabina weiß, wie man sich verhalten muß, wenn man vor Rechtschreibproblemen steht, daß ihre Aktivitäten sachgerecht und zweckmäßig sind und daß sie sie für den prüfenden Lehrer nachvollziehbar dokumentiert. Daß der Lernende Wörter, die er auf diese Weise mit seinen eigenen Aktivitäten durchdrungen und belebt hat, in ihrer richtigen Schreibweise kennenlernt, sie vielleicht in seine persönliche Wörterkartei aufnimmt und versucht, sie in Zukunft richtig zu schreiben, versteht sich von selbst.

Man mag an dieser Stelle einwenden, daß solche Spielereien mit Wörtern die Lernenden bloß verwirren und sie zu Fehlern verleiten, die sie sonst nicht machen würden. Dem soll nicht widersprochen werden. Wenn solche Pröbeleien dazu führen, daß Schüler vorübergehend mehr Fehler machen, spricht das nicht gegen die Methode. Es geht uns hier nicht darum, Schüler anzuleiten, wie sie kurzfristig Fehler vermeiden können, es geht uns um die

Entwicklung der Sprachkompetenz überhaupt: Sich frei in der Landschaft der Sprache bewegen können, ohne die Regeln der Rechtschreibung zu mißachten.

Dazu ein Beispiel aus einem andern Bereich. Viele Menschen in unserer Gesellschaft haben Erfahrung im Aufbau der Kompetenz, ein Auto mehr oder weniger sicher durch den Verkehr zu lenken. Autofahren ist eine Übungssache, da wird kaum jemand widersprechen. Was spielt sich aber ab beim Aufbau dieser Kompetenz? Was sind die Merkmale des routinierten Lenkers? Wer zum erstenmal hinter dem Steuer sitzt, leistet Schwerarbeit. Selbst wenn ihm die Handhabung der einzelnen Schalter und Hebel schon einigermaßen vertraut ist, wird seine Aufmerksamkeit bis an die Grenze des Erträglichen strapaziert. Mit höchster Konzentration versucht der Anfänger alles, was er zu Gesicht bekommt, zu beachten und zu registrieren, und trotzdem übersieht er den Lastwagen, der eigentlich Vortritt hätte, oder den Ball am Straßenrand, der auf spielende Kinder hindeutet. Nach zehn Minuten Fahrt ist er schon ganz verschwitzt. Ganz anders der Routinier. Er sitzt locker in seinem Sessel, hört Musik, plaudert mit seinem Beifahrer, genießt die Landschaft oder schimpft über die vielen andern Verkehrsteilnehmer, die auch den Traum der Mobilität träumen. Trotzdem fährt er sicher und ruhig, weil er weit vorausschauend Gefahren und Chancen wahrnimmt und sie so auswertet, daß er möglichst ungehindert vorankommt. Seine Wahrnehmung ist eingeschränkt auf all das, was für die Schnelligkeit und die Sicherheit seiner Fortbewegung wichtig ist oder wichtig werden kann. Er weiß, wie das Spiel „Verkehr" funktioniert, auch wenn er die Regeln nicht explizit aufzählen kann. Er hat sich offenbar einfache Verhaltensprinzipien angeeignet, welche die Erfordernisse des Verkehrs mit Eigenheiten seiner Person koordinieren.

Ähnliches spielt sich beim Aufbau der Rechtschreibkompetenz ab. Der Anfänger konzentriert sich auf alles mögliche und überfordert damit seine Wahrnehmungsfähigkeit. Er muß also lernen, sich auf das zu konzentrieren, worauf es bei der Rechtschreibung ankommt. Und das sind eben die Gesichtspunkte, die als Prinzipien das System der Rechtschreibung strukturieren. Aufbau der Rechtschreibkompetenz heißt also, mit den Prinzipien der Rechtschreibung vertraut werden und sie durch regelmäßigen Gebrauch so verinnerlichen, daß sie die Aufmerksamkeit des Schreibers automatisch auf die für die Rechtschreibung relevanten Eigenschaften der Wortbilder lenken. Diese Schulung der Wahrnehmung braucht Zeit, und es ist ganz natürlich, daß der Lernende vorübergehend mehr Fehler macht beim Schreiben. Wer sich selber beim Rennen zuschaut, um seine Technik zu verbessern, stolpert leichter als jemand, der gedankenlos umherrennt. Genauso ergeht es auch dem Rechtschreibschüler, der entdeckt hat, daß man Wortbilder nicht einfach als stumpfe Fakten hinnehmen und mechanisch auswendig lernen muß. Wortbilder sind Produkte unserer Sprachgeschichte, und wer sich mit den vielfältigen Faktoren befaßt, die für die richtige Schreibweise eines Wortes verantwortlich sind, lernt mehr als Rechtschreibung: Er lernt Sprache als lebendiges Produkt menschlicher Bedürfnisse, Überlegungen und Entscheidungen kennen und gebrauchen.

Bleibt noch die Frage: Wie motiviert man Schüler für Rechtschreibung? Wie entsteht die Einsicht in den Nutzen dieser strengen Normierung? Bedingungen für einen Rechtschreibunterricht, wie wir ihn hier im Auge haben, ist ein Unterrichtsklima, in dem Menschen miteinander reden und einander verstehen wollen; ein Unterricht, in welchem auch die schriftliche Kommunikation eine wichtige Rolle spielt. Hier wird das Bedürfnis nach Rechtschreibung geweckt. RECHTSCHREIBUNG VERLANGT ALLERDINGS NICHT DER SCHREIBER, SONDERN DER LESER. Das ist ihre Kernidee. Solange ich meine eigenen Texte lesen kann, gibt es für mich keinen Anlaß, meine privaten Notationsregeln zu überprüfen. Und solange der Kreis meiner Leser klein und ihr Interesse an meinen Aussagen groß ist, darf ich mir viele Freiheiten erlauben. Erst wenn ich mich an anonyme Leser richte, die viel und schnell lesen, wird es wichtig, daß ich mich beim Schreiben an den allgemeinen Normen orientiere. Lesen ist ein komplizierter und störungsanfälliger Vorgang: Er wird durch normierte Schriftbilder erheblich erleichtert. Das ist der sachliche Grund, warum unsere Schüler die normierte Rechtschreibung erlernen müssen. Und dieser Grund wird für sie erst einsichtig, wenn sie selber Leser von schwer zu entziffernden Texten sind. Dazu bietet ihnen die Schule in der Regel keine Gelegenheit. Nur selten sind Schüler Leser von fehlerhaften Texten, die andere geschrieben haben. Gerade darauf aber käme es an. Wie ärgerlich und hinderlich Fehler beim Lesen sind, kann man nicht bei der Beschäftigung mit seinen eigenen Fehlern lernen.

Solange man Schüler im Unterricht in der Schreiberrolle gefangen hält, solange sie als Leser nur mit gedruckten oder druckreifen Texten in Berührung kommen, so lange gibt es für sie kein Motiv, „richtig" zu schreiben. Gedruckte Texte, wie sie ihnen im Lesebuch oder auf Arbeitsblättern begegnen, sind für sie derart abstrakt und unerreichbar, daß sie keine Verbindung zu ihren eigenen Kritzeleien herstellen können. Es kommt ihnen nicht in den Sinn, daß gedruckte Texte auch gemachte Texte sind, und sie kennen den Aufwand nicht, der erbracht werden muß, bis ein Buch in ihre Hand gelangt. An gedruckten Texten lernen die Schüler also nicht so lesen, wie es für die Förderung ihres eigenen Schreibens und Rechtschreibens unerläßlich wäre. Was man beim Leser bewirkt, wenn man schreibt, merkt man erst, wenn man Texte von Seinesgleichen zu lesen bekommt: Texte, an denen die Spuren der Arbeit noch erkennbar sind, Texte, von denen man sich vorstellen kann, wie sie entstanden sind. Das ist eine elementare Bedingung für das Textverständnis: Erst das Wissen um die Bedingungen der Entstehung eines Textes erlaubt ein adäquates Lesen und Verarbeiten. Schüler, die nie Gelegenheit hatten, sich mit den Bedingungen des Setzens und Druckens zu befassen, haben Mühe, einen Zugang zu Büchern zu finden. Hier könnte die elektronische Textverarbeitung Brücken schlagen. Mit dem Einzug der Computer in die Schulzimmer rückt die Möglichkeit, seinen eigenen Texten selber eine graphisch perfekte Gestalt zu verleihen, in greifbare Nähe. Wenn die Maschine auch für den Schüler verfügbar wird, verlieren ihre Produkte den Anschein des Endgültigen und des Unerreichbaren.

Szene 16. Eine Lektion im Fach Informatik

Produkte des maschinellen Lernens sind Menschen, die funktionieren wie Maschinen. Der Verschleiß ist enorm. Viele bleiben auf der Strecke. Demgegenüber eröffnet ein humanes Lernen mit Maschinen Perspektiven auf eine Pädagogik, die den Menschen wieder ins Zentrum stellt und ihn seiner Eigenart entsprechend behandelt: als kreativen Zuhörer, der Informationen nicht einfach registriert, sondern urteilend und wertend verarbeitet, umgestaltet und mit seiner Person in Verbindung bringt.

Das Schulzimmer ist mit zehn Computern ausgestattet; acht sind in Betrieb. Zwölf Schüler sitzen vor den Geräten und arbeiten allein oder zu zweit. Sie haben in einem Einführungskurs schon einige Grundkenntnisse erworben. Jetzt arbeiten sie selbständig an einem Problem, das der Lehrer zu Beginn der Stunde in Form eines Rätsels an die Tafel geschrieben hat:

Ich bin im Feuer, doch nicht in der Glut,
Ich bin im Wasser, doch nicht in der Flut,
Bin in der Erde, doch nicht im Boden,
In Gräbern und Grüften, doch nicht bei den Toten.

Schnell haben die Schüler erkannt, daß es sich hier um ein Buchstabenrätsel handelt und daß die Lösung „R" heißt. Der Buchstabe R kommt in „Feuer", „Wasser", „Erde", „Gräbern" und „Grüften" vor, in „Glut", „Flut", „Boden" und „Toten" dagegen nicht. Sie sind auch nicht verwundert, daß der Lehrer sofort auf das Thema „Mengenlehre" zusteuert, das Problem verallgemeinert und im Dialog mit der Klasse an der Tafel erläutert. Nach rund zwanzig Minuten sind zwei Tafeln vollgeschrieben, und die Schüler haben das Gefühl, verstanden zu haben, wie man das Problem mathematisch anpackt und löst. Verkürzt läßt sich das vermittelte Wissen etwa so darstellen: Es werden zwei Sorten von Wörtern unterschieden, die „Mit-Wörter", sie enthalten den oder die gesuchten Buchstaben, und die „Ohne-Wörter", sie enthalten den oder die gesuchten Buchstaben nicht. Jedes Mit-Wort liefert eine Buchstabenmenge, die alle Buchstaben dieses Wortes enthält. Nun bildet man die Schnittmenge aller Buchstabenmengen der Mit-Wörter und erhält so diejenigen Buchstaben, unter denen sich der gesuchte Buchstabe befinden muß. Im zitierten Rätsel sind es die Buchstaben E und R. Nun werden alle Buchstaben der Ohne-Wörter zu einer Buchstabenmenge vereinigt. Man findet die Menge der gesuchten Buchstaben, indem man die Vereinigungsmenge von der Schnittmenge „subtrahiert". In unserem Beispiel findet man auf diese Weise eine Menge mit nur einem Element, dem Buchstaben R.

Diese Erkenntnis, die sich unter der kundigen Leitung eines Lehrers fast wie von selbst eingestellt hat, gilt es nun in die Sprache des Computers zu übersetzen. Er soll so programmiert werden, daß er das beschriebene Suchverfahren selbständig durchführt, wenn man ihm eine beliebige Anzahl von Mit-Wörtern und Ohne-Wörtern eingibt. Es gibt natürlich unzählige Möglichkeiten; jeder Schüler wählt einen ihm naheliegenden Weg.

Im Dialog mit dem Computer wird nun in einem gewissen Sinne die Lektion über Buchstabenmengen wiederholt, nur die Rollen sind anders verteilt. Die Schüler sind jetzt „Lehrer". Vor sich haben sie einen „Schüler" ganz besonderer Art: Er ist unendlich dumm, wenn man von ihm Beweglichkeit und Eigenaktivität erwartet. Dafür hat er aber ein fast grenzenloses Gedächtnis und vergißt nicht das Geringste. Er geht unermüdlich und ohne den geringsten Widerspruch auf alles ein, was sein „Lehrer" mit ihm vorhat, und ist niemals beleidigt, auch wenn ein Weg sich zum zehnten Mal als ungangbar erweist. Postwendend antwortet er dem „Lehrer" auf dessen Eingriffe und stellt ihm sowohl die Fehler als auch die Erfolge seiner „pädagogischen" Maßnahmen unerbittlich vor Augen. Durch dieses Verhalten zwingt er den Schüler in der Lehrerrolle, sein Verständnis des vermittelten mathematischen Sachverhalts bis ins letzte Detail zu klären und zu segmentieren. Während er den Computer programmiert, hält der Lernende Rückschau auf das vermittelte Wissen und differenziert und gliedert es auf eine ihm entsprechende Weise. Sein Dialogpartner ist dabei ein zugleich strenger und toleranter Wächter: Er überläßt dem Lernenden auf Gedeih und Verderb die Führung, und er signalisiert ihm laufend die Konsequenzen seines Handelns. So wird für den Lernenden die klärende Rückschau auf sein eigenes Wissen zum spannenden Spiel, das er lustvoll betreibt und das er aus innerem Antrieb zu einem wirklichen Ende führen will. Daran kann ihn auch die Pausenglocke nicht hindern. Erst wenn das Programm läuft, atmet er auf und entspannt sich. Ein Gefühl der Befriedigung stellt sich unmittelbar ein.

Unterricht am Bildschirm: ein Schreckgespenst? Keinesfalls, wenn er sich so abspielt, wie wir ihn hier erlebt haben. Der Computer kann für den individualisierenden Unterricht zu einer Chance werden; aber nur, wenn man ihm die richtige Rolle zuweist: Er ist kein Ersatz für den Lehrer, sondern eine „Testperson" für die Schüler. Er ist kein Instrument der Wissensvermittlung, sondern ein Instrument des Nachdenkens über bereits erarbeitetes Wissen. Richtig eingesetzt, kann der Computer Raum schaffen für selbständiges Handeln der Schüler und individuelle Beratung durch den Lehrer. Mit den folgenden Punkten deuten wir an, wie ein humanes Lernen mit Maschinen aussehen könnte.

- Im Informatik-Unterricht sitzt jeder Schüler vor seiner Maschine: Der ganze Mensch ist herausgefordert durch die Ganzheit seines Gegenübers.
- Die Maschine ist immer als Ganzes anwesend und gibt immer ihr Bestes. Sie eignet sich nicht als Sündenbock. Wenn etwas nicht funktioniert, sucht der Lernende ganz selbstverständlich den Fehler bei sich.
- Jeder Lernende kann seinen eigenen Rhythmus wählen. Er arbeitet selbständig. Er löst das Problem von A bis Z, und zwar in seiner Sprache und auf seinen Wegen.
- Obwohl eine gewisse Konkurrenz unter den Schülern eine Klasse herrscht, konzentriert sich jeder ganz auf seine Sache und auf seine Lösung.
- Der Lehrer ist vollkommen freigestellt vom Unterrichten. Er kann sich ganz auf seine Rolle als Berater konzentrieren. Er greift aber nur ein, wenn es nötig ist.
- Bevor der Lehrer dem Schüler helfen kann, muß er genau analysieren, was der Schüler schon gemacht hat und wo er steht. Er kann ihm nur helfen, wenn er den bisherigen Lösungsweg des Schülers erkannt und sein Problem verstanden hat. Er kann die Hilfe sorgfältig dosieren; sie beschränkt sich in der Regel auf den nächsten Schritt und stört den individuellen Lösungsplan des Schülers nicht.
- Der Computer hilft einem Menschen, der auf ein Wissensgebiet zurückschaut, das Erarbeitete zu überprüfen, zu ergänzen und zu gliedern. Man kann ihm alles beibringen, was einem selbst klar ist. Oder anders herum: Er weist konsequent zurück, was noch nicht klar ist. Dieses „Mach es nochmals" lassen wir uns von einer Maschine viel leichter gefallen als von einem Menschen. So betrachtet ist der Computer eine ideale „Testperson", die dem Lernenden zeigt, wie gut er den Lehrstoff begriffen hat und wie zweckmäßig seine Segmentierung ist.
- Der Computer übernimmt aber auch zwei Erziehungsaufträge, die kein Lehrer so

geschickt erfüllen könnte: Er ist ständig anwesend; trotzdem stört er den Lernenden niemals in seinem Lernprozeß. Und was ebenso wichtig ist: Er verlangt immer im richtigen Moment Fleiß, Pünktlichkeit, Sorgfalt, Exaktheit, Ordnung und Konsequenz.

- Die Unerbittlichkeit, Strenge und Sturheit der Maschine wird vom Lernenden ganz selbstverständlich akzeptiert und wirkt sich deshalb auf den Lernprozeß nicht hemmend aus. Akzeptiert wird dieses Verhalten der Maschine vor allem aus zwei Gründen: Es ist unmittelbar einsichtig, daß sie gar nicht anders kann. Und alles, was sie tut, ist theoretisch voraussehbar; es ist nie eine persönlich gemeinte Reaktion auf den Lernenden. Ihr System ist berechenbar, Willkür ist ausgeschlossen. Erfolgsmeldungen sind ebenso eindeutig und unmißverständlich wie Fehlermeldungen.
- Nutzt man die Eigenschaften des Computers auf die beschriebene Weise, gerät er in Opposition zur mechanistisch-segmentierenden Didaktik. Die Maschine widersetzt sich – und das ist das Überraschende – einem maschinenmäßigen Unterrichtsstil und fordert Lehrer und Schüler zu einer menschlichen Form des Lernens heraus. Der Computer als Wegbereiter einer humanen Pädagogik!

Epilog. Sind Lehrer Programmierer?

Es gibt zwei gegensätzliche Möglichkeiten, Unterricht zu organisieren. Orientiert man sich nur am Stoff, lassen sich die Lektionen von A bis Z vorstrukturieren und vorprogrammieren, bevor man den ersten Schüler zu Gesicht bekommen hat. Stellt man dagegen den Dialog der Schüler mit dem Stoff ins Zentrum, muß man auf die Menschen Rücksicht nehmen, die am Unterricht teilnehmen. Ihre Eigenart, ihre Aktivitäten und ihre Reaktionen auf die aufkeimenden Kernideen werden zu einem bestimmenden Element des Unterrichtsverlaufs.

Die segmentierende Didaktik

- Das Denkmodell der segmentierenden Didaktik ist die Maschine. Sie behandelt den Lernenden wie einen programmierbaren Automaten. Ihr Augenmerk richtet sich speziell auf die Eingabe und auf die Ausgabe.

- Die Eingabe erfolgt in der Wissensvermittlung. Der Lehrer setzt der Klasse eine Aufgabe vor und demonstriert Schritt für Schritt, wie man sich verhalten muß, um sie zu lösen. Die einzelnen Schritte werden an vielen ähnlichen Beispielen eingeübt.

- Durch Leistungskontrollen wird ermittelt, ob die Schüler auf die eingeübte Sorte von Aufgaben mit Ausgaben reagieren, die den Erwartungen des Prüfenden entsprechen. Die Leistungsfähigkeit des Lernenden wird ermittelt, indem man seine Ausgabe, das Prüfungsergebnis, mit der Erwartung vergleicht: Je kleiner die Abweichungen, desto höher die Leistungsfähigkeit.

- Schüler, welche die Erwartungen nicht erfüllen, werden mit Sondermaßnahmen

Unterricht	mündlich	schriftlich
segmentierende Wissensvermittlung	**Unterrichtsgespräch** (Vorschau) – vom Lehrer geplanter und organisierter Verstehensprozeß – der Klasse verordneter Lernweg – Schülerbeiträge als Mosaiksteine im Konzept des Lehrers (kaum bewertbar)	**Schlußdokumente** (Rückschau) – vorbildliche Dokumentation von Verstandenem (Lehrbuch, Arbeitsblätter, Reinheft) – Prüfung als oft unbeholfene Annäherung an normierte Sprechweisen – punktuelle Messung einer Einzelleistung
Zeitbedarf	viel	wenig
differenzierende Arbeit mit Kernideen	**Beratungsgespräch** (Rückschau) – am individuellen Lernweg orientierte, punktuelle Hilfe – individuell Begriffenes und Unverstandenes als Basis (Reisetagebuch) – öffnet Blick für Neues (Kernideen)	**Reisetagebuch** (Vorschau) – vom Schüler verantworteter, oft unbeholfen dokumentierter Verstehensprozeß – individuell gewählte Erkundungstouren – zusammenhängende Gesamtleistung eines einzelnen Schülers (differenziert meßbar)
Zeitbedarf	wenig	viel

Im traditionellen Unterricht, wo der Stoff segmentiert und uniform präsentiert wird, steht das Unterrichtsgespräch im Zentrum. Der Lehrer braucht viel Zeit, um den Stoff in allen Einzelheiten vor den Schülern auszubreiten und die neuen Begriffe und Verhaltensweisen einzuüben. Der Arbeitsprozeß wird – für die ganze Klasse, für Gruppen, für einzelne – vom Lehrer organisiert und überwacht. Die Vorbereitung ist aufwendig. Schriftliches dreht sich meist um Verstandenes, darum hat es höchsten Ansprüchen zu genügen. Es wird entweder als perfektes Endprodukt präsentiert (Schulbuch, Arbeitsblätter) oder am perfekten Endprodukt gemessen (Prüfung, Reinheft). Die elementare Bedeutung des Schriftlichen für den Prozeß des Verstehens und für die Verständigung wird verkannt. Unter der Angst, Fehler zu machen, verkümmert die schriftsprachliche Kompetenz und spielt nach Abschluß der Schulzeit meist nur noch eine marginale Rolle.

In einem Unterricht, der sich an Kernideen orientiert, wird der Zeitaufwand für Einführungslektionen drastisch reduziert. Das individuelle Forschen und Entdecken dagegen nimmt sehr viel Zeit in Anspruch. Die Schüler arbeiten nach ihren eigenen Programmen. Und sie kommen nur sehr langsam vorwärts, weil sie parallel zur SACHKOMPETENZ auch die individuelle SPRACHKOMPETENZ aufbauen müssen. Umständlich und unbeholfen tasten sie sich in neue Stoffgebiete vor, vom spontanen Gekritzel führt oft ein langer Weg über viele Zwischenstufen zu einer vorläufig akzeptablen Schlußformulierung. Dieser abschließende Text, der das Begriffene präsentiert, ist für die Schüler kein toter Lehrstoff, weil die Geschichte seiner Entstehung in ihnen lebendig ist. Erarbeiten und Üben fallen in eins. Weil man den individuellen Verstehensprozessen der Schüler so viel Zeit einräumt, wird der Lehrer frei für die Beratung seiner zwanzig Schüler.

142

Jeder schreibt sein Reisetagebuch

Basis und Ausgangspunkt für den Unterricht sind die singulären Welten der Schüler: zwanzig Menschen, welche die Welt auf zwanzig verschiedene Weisen sehen und erleben. An sie tragen wir unseren Stoff heran. Ein und dasselbe Thema setzt zwanzig verschiedene Verarbeitungsprozesse in Gang. Vom Verlauf und von der Intensität solcher Umsetzungen hängt es ab, ob ein Schüler Erfolg hat oder nicht, ob ein Fach ihn langweilt oder befriedigt. Auf diese Prozesse, und nur auf sie, kommt es uns vorerst an. Der Ort, an dem sich diese Prozesse abspielen, ist in erster Linie das Reisetagebuch. Um eine Vorstellung zu geben, wie das Reisetagebuch in der Praxis eingesetzt wird, stellen wir einen individualisierenden Unterricht mit Kernideen tabellarisch vereinfacht in Kontrast zu einem Unterricht, der sich vorwiegend an den Lehrperson und an der Sprache des Verstandenen orientiert.

Merkmale eines Unterrichts ...	
... der Fachsprachen und Wissensvermittlung ins Zentrum stellt	**... der Kernideen und individuelle Lernwege ins Zentrum stellt**
Abholen Wecken der Aufmerksamkeit: Motivieren für Stoffaufnahme	**Vorschau als Herausforderung** Präsentation der Kernidee des Lehrers: Singuläre Optik als Impuls
Stoffvermittlung Zielorientierte Führung durch segmentiertes Stoffgebiet: Kleine Schritte im Gleichtakt – Unterrichtsgespräch – Tafelbild – Schulbuch (Theorie- und Reinheft)	**Wirkung** Sichern des individuellen Standorts. Testen, Modifizieren oder Ersetzen der Kernidee: Divergierende Reaktionen – dokumentieren – reflektieren – sortieren (Schutt und Humus als Rohstoffe)
Üben Repetieren, Einprägen, Automatisieren: Vermittelte Muster übernehmen (Serien, Arbeitshefte, Arbeitsblätter)	**Erkunden und Spuren sichern** Ausdifferenzierung ausgewählter Kernideen: Lernen auf eigenen Wegen (Singuläre Wege und Irrwege dokumentieren)
Prüfen Ermittlung von Abweichungen: Hindernisse überwinden (Testaufgaben)	**Verarbeiten und Gestalten** Nachvollziehbare Darstellung des Begriffenen: Erkanntes und Erfahrenes andern zeigen (adressatenbezogene Texte)
Verbessern Fehler eliminieren: Anpassung an die Norm (Reinschrift)	**Rückschau und Regularisierung** Formalisierung von Verhalten und Wissen: Erkanntes sichern, Angrenzendes ausmachen (individuelle Formelsammlung, Algorithmen)

Es mag überraschen, daß wir in einem individualisierenden Unterricht die Aufmerksamkeit zuerst auf den Lehrer und nicht auf die Schüler lenken. Wir wollen damit keinen Schematismus begründen: Es gibt im Schulalltag sicherlich immer wieder glückliche Momente, in denen der Impuls für den Unterricht von der Situation oder von den Schülern ausgeht. Die Tabelle darf also nicht als starrer Fahrplan für Unterricht mißverstanden werden, sie will bloß Grundmuster aufzeigen, die den Unterricht prägen. Und dazu gehört zum Beispiel, daß nicht die Schüler den Stoff wählen, sondern daß ihn der Lehrer – als Repräsentant der Gesellschaft – vorgibt. Diese Tatsache soll nicht durch eine sachfremde Motivationsphase verschleiert werden, in der man drei Minuten lang tut, als ob man die Schüler dort abholen wolle, wo sie stehen.

Bevor der Unterricht beginnt, konzentriert sich der Lehrer ganz auf den Stoff. Er faßt ein zusammenhängendes Thema wie etwa „Bruchrechnen" oder „Rechtschreibung" ins Auge und fragt sich: Worauf kommt es hier nun eigentlich an? Was ist der springende Punkt –, der Witz der Sache? Was interessiert mich persönlich am Thema, und wo greift es in die Lebenswelt der Schüler ein? Unter solchen Gesichtspunkten entwickelt er eine Kernidee, die für die Schüler einen Blick aufs Ganze ermöglicht und zu einer Herausforderung werden kann. Sobald der Lehrer aber vor der Klasse steht, sobald seine Kernidee zu wirken beginnt, verlagert sich sein Interesse vom Stoff auf die Schüler: Wie und wo setzt der Stoff sich in den zwanzig singulären Welten fest? Was für Reaktionen löst er aus? Wo beginnt es zu gären?

Nicht um den Stoff an sich geht es also in dieser ersten Phase des Unterrichts, sondern um seine Wirkung auf die zwanzig angesprochenen Schüler. Bevor wir von den Schülern verlangen, sich in ihrem Sprechen und Verhalten an der Beschaffenheit des Stoffs zu orientieren, müssen wir ihnen Gelegenheit geben, sich mit der WIRKUNG des Stoffs auf die Beschaffenheit ihrer singulären Welt zu beschäftigen. Was für Abwehrmechanismen hat der Stoff ausgelöst? Was für Vormeinungen hat er in Frage gestellt? Wo ist Neugier erwacht? Entwickelt der Schüler eigene Kernideen? Am Beispiel der Winkelmessung haben wir auf eindrückliche Weise miterlebt, wie ein Stoff, der sich in der Fachsprache in wenigen Sätzen vermitteln läßt, die singuläre Welt eines Sechstkläßlers aktivieren und in Unruhe versetzen kann. Die umständliche Art, wie Oliver Winkel mißt und zeichnet, ist die Antwort seiner singulären Welt auf die Herausforderung eines unbekannten Meßinstruments. Er brauchte zwar mehrere Stunden, um die Begegnung mit diesem Instrument auszuleben und über sechs Textfassungen hinweg sprachlich auszugestalten; aber dieses Eintauchen in das verschlungene Reich seiner Psyche hat sich gelohnt: Oliver hat nicht nur die Technik der Winkelmessung begriffen, er hat auch wichtige sachliche und emotionale Fundamente für das Verständnis der Geometrie überhaupt gelegt.

Auf die Herausforderung eines Stoffs ANTWORTEN, mit der Verunsicherung der singulären Welt arbeiten zu können, das ist erstes und elementarstes Lernziel der Schule. Bevor sich die singulären Welten der Schüler nicht zu lebensfähigen Organen des Lernens entwickelt haben, ist an eine Integration der regulären Stoffe nicht zu denken. Bevor die Schüler nicht in der Lage sind, ihr individuelles Befinden gegenüber den Stoffen und den Mitmenschen in Szene zu setzen, darf man ihr Verhalten nicht an normierten Maßstäben der Schulfächer messen. Umgehen mit der Herausforderung Mathematik ist grundlegender als die Beherrschung der Mathematik. Wer nie gelernt hat, der Welt einer Erzählung die eigene Welt entgegenzusetzen, wird nie verstehen, was Dichtung ist.

Was sich in dieser sehr persönlichen Auseinandersetzung mit dem Stoff abspielt, findet seinen Niederschlag im Reisetagebuch. Vier Aspekte sind uns dabei besonders wichtig.

1. Reflektieren

Es genügt nicht, wenn die Schüler bloß mitmachen im Unterricht, sie müssen auch erkennen lernen, was sich im Unterricht abspielt. Sie müssen also lernen, eine Metaebene zu installieren, von der aus sie das Geschehen im Unterricht und ihre eigenen Lernwege beobachten und beurteilen können. Es zeigt sich, daß bereits Schulanfänger in der Lage sind, Lernprozesse zu reflektieren und Strukturen zu erkennen. Als hilfreich erweist sich dabei ein einfaches Raster, das jeden Eintrag im Reisetagebuch grob gliedert:

- Datum (Zu welchem Zeitpunkt habe ich diesen Abschnitt meines Lernwegs beschritten?)
- Thema (Welcher Titel paßt zu dieser Lernsequenz?)
- Fragestellung oder Auftrag (Was will ich herausfinden? Warum will ich das wissen?)
- Prozeß (Wie kann ich die Spuren meiner Arbeit sichern und nachvollziehbar darstellen?)
- Ergebnisse (Läßt sich das, was ich herausgefunden habe, in einem prägnanten Merksatz oder einer formelhaften Wendung zusammenfassen und verdichten? Welche Probleme sind noch ungelöst?)

2. Assoziieren

Der Lehrer hat ein neues Thema, eine neue Kernidee, einen neuen Gegenstand an die Schüler herangetragen. Die Schüler prüfen, wie das Neue auf sie wirkt und wie und wo es sie anspricht. Sie notieren die Assoziationen, die ein Text oder eine Rechenaufgabe in ihnen auslösen, und verhalten sich dabei ähnlich wie jemand, der ein neues Getränk degustiert. Dabei entsteht eine unstrukturierte Ansammlung von Ideen, Empfindungen, Wertungen, Fragen, Behauptungen und Urteilen, vergleichbar mit Schutt und Humus, der zum Nährboden neuer, persönlich fundierter Erkenntnis wird.

3. Verarbeiten

Hat sich der Schüler einmal Rechenschaft gegeben über die Bewegungen, die der neue Stoff in seinem Ich ausgelöst hat, wird er frei, sich diesem Stoff neutraler zuzuwenden. Er versucht das, was ihm der Lehrer vorgesetzt hat, in seine eigene Sprache zu übersetzen und so für sich faßbar zu machen. Erst wenn es ihm klar ist, worum es eigentlich geht, kann eine sachbezogene Auseinandersetzung mit dem Stoff beginnen.

4. Spuren sichern

Sobald ein Stoff im Ich des Lernenden Fuß gefaßt hat, sobald also eine Kernidee wirksam wird, kann die Reise auf eigenen Wegen des Lernens beginnen. Jetzt kann man den Schüler ganz sich selbst überlassen. Wir verlangen einzig von ihm, daß er, ähnlich wie Hänsel und Gretel im Märchen, seine Spuren sichert, damit er den Rückweg wieder findet und damit der Lehrer ihn nicht aus den Augen verliert. Wenn es dem Schüler gelingt, genau anzugeben, wo er steht, was ihm klar und was ihm unklar ist, kann der Lehrer ihn gezielt beraten und ihm helfen, Zielsetzungen zu überdenken, Aufträge zu modifizieren und Hilfsmittel zu beschaffen.

Das Reisetagebuch ist also nicht nur ein wichtiges Instrument der Selbstbeobachtung und der Selbstkontrolle, es ist auch eine Fundgrube für keimfähige Kernideen und für Material, dessen weitere Bearbeitung sich lohnt. Es macht dem Schüler bewußt, daß es beim Lernen hauptsächlich auf das ankommt, was er selber mit den Stoffen anzufangen weiß, und es ermöglicht ihm, aus eigenen Fehlern zu lernen, eigene Erkenntnisse zu sichern und eigene Strategien für entdeckendes Lernen zu entwickeln. Schließlich dokumentiert es Verstandenes so, wie es für den Lernenden am leichtesten rekonstruierbar ist: als Produkt des eigenen Lernprozesses. Das Reisetagebuch dient so also auch als Hilfsmittel für eine Prüfungsvorbereitung. Es kann aber auch selber zum Gegenstand der Bewertung gemacht werden: Aus der Dokumentation eines individuellen Lernweges lassen sich fundiertere Urteile über Wissensstand und Leistungsfähigkeit eines Schülers ableiten, als das mit Hilfe konventioneller Prüfungen möglich ist.

Wir sind uns bewußt, daß wir mit dieser Konzentration auf die Schriftlichkeit vielfältige Bereiche ausklammern, die für das Lernen ebenfalls von fundamentaler Bedeutung sind. Erwähnt sei hier nur das Klima im Klassenzimmer, das vielfältige Geflecht der menschlichen Beziehungen, die Rolle jedes einzelnen in der Gruppe und sein aktuelles Befinden. Erwähnt seien auch andere Möglichkeiten, auf die Herausforderung einer Kernidee zu reagieren: Malen, Musizieren, Tanzen, Basteln usw. Ob es nun Farben sind oder Töne, Materialien, Zahlen, Wörter oder der eigene Körper –, wichtig ist in jedem Fall, daß das Medium des Verarbeitens und Gestaltens vorerst ganz in den Dienst des singulären Ausdrucks gestellt wird. Es soll dem Lernenden helfen, die Beschaffenheit seiner singulären Welt kennenzulernen und auf Impulse von außen zu antworten. Es soll ihm helfen, seinen Partnern kundzutun, wo er steht und was ihm wichtig ist. Erst wenn der SINGULÄRE STANDORT GESICHERT ist, öffnen sich Wege ins Reguläre. Läßt man den Schülern genug Zeit, im Singulären zu verweilen und ihre Eindrücke aus der Begegnung mit dem Fremden in den ihnen gemäßen Medien zu gestalten, finden sie den Weg ins Reguläre – so haben wir es immer wieder erlebt – oft ohne Umschweife und unerwartet schnell. Wenn wir uns im folgenden dem Medium Sprache zuwenden und uns überlegen, wie es diese Aufgabe im Rahmen der Schule erfüllen kann, darf daraus keine Geringschätzung der andern Medien des Gestaltens abgeleitet werden.

Schulisches Lernen ist in hohem Maße sprachlich vermitteltes Lernen. Wenn sich an der Beziehung zwischen Schüler, Lehrer und Stoff etwas ändern soll, muß sich am Umgang mit der Sprache in der Schule etwas ändern. Sprache als Medium nicht nur für den Stoff, sondern auch für die Sicherung der zwanzig singulären Schülerwelten. Auf den Schüler eingehen, ihn beim Wort nehmen, ist nur möglich, wenn die Sprache dem Lernenden auch als Organ des Erkennens und der Reflexion verfügbar wird. Wer Texte solcher Art gestalten will, muß allerdings tief in die Schicht seiner singulären Welt eintauchen. Es sind in hohem Maße Kräfte der singulären Welt, die für das Gelingen eines Textes verantwortlich sind. Um diese Kräfte geht es uns im folgenden. Wie wirken sie zusammen, wenn ein Text entsteht? Wie ist ihr Verhältnis zu den Normen und Regeln der Sprache? Wie lernen Schüler Texte zu verfassen, die einen Lebensraum schaffen für ihre singuläre Sicht der Welt? Texte, in denen selbst mathematische Formeln zu leben beginnen, weil das Ich sie gestaltend eingefangen hat.

Sprechen und Schreiben als dynamische Prozesse

Texte bestehen aus Wörtern, die dem Verfasser beim Schreiben eingefallen sind. Natürlich spielen bei der Wahl der Wörter Zufälligkeiten eine Rolle: momentanes Befinden, Arbeitsklima, Schreibgerät und andere Umstände der aktuellen Situation. Die gleiche Sache kann man mit verschiedenen Wörtern zur Sprache bringen. Das erlebt man, wenn man zum gleichen Thema mehrere Entwürfe macht oder wenn man den Text eines andern in eigenen Worten zusammenfaßt. Trotzdem sind bei der Wahl der Wörter und ihrer Verknüpfung zu Texten eine Reihe von Kraftgesetzen wirksam. Sie machen das Schreiben zu einer fundamentalen Tätigkeit im Rahmen eines individualisierenden Unterrichts. Vier dynamische Komponenten sind uns für das Lernen auf eigenen Wegen besonders wichtig:
1. Dynamik der Sache, die der Verfasser zur Sprache bringen will
2. Dynamik des Angesprochenen, an den der Text sich richtet
3. Dynamik des Ichs, das aus seiner Erfahrung schöpft
4. Dynamik der Sprache, die bei der Wortwahl und der Textgestaltung wirkt.

Diese Komponenten sind gleichzeitig, aber nicht immer gleich stark wirksam, und sie beeinflussen sich gegenseitig. Die Sache kann so stark in den Vordergrund rücken, daß der Sprecher nicht mehr an den Leser denkt. Erinnerungen an Vergangenes oder an die Gegenwärtigkeit des Lesers können den Schreibprozeß lahmlegen. Schließlich kann die Eigendynamik der Sprache zu selbstvergessenem und ausuferndem Schreiben verführen. Gelingt es dem Schreiber aber, die Wörter in seinem Text so miteinander zu verknüpfen, daß die Sache, um die es ihm geht, auch für seinen Leser faßbar wird, hat er einen Teil seiner singulären Welt mit der singulären Welt des Lesers koordiniert und nähert sich so der Welt des Regulären. Das soll im folgenden genauer untersucht werden.

1. Dynamik der Sache

Der Impuls zum Verfassen eines Textes geht von Kernideen aus. Kernideen wecken Fragen und bringen so die Welt des Lernenden ins Ungleichgewicht. Sie öffnen ihm die Augen für Sachverhalte und Zusammenhänge, die er bis jetzt nicht wahrgenommen hat. Das motiviert ihn zur klärenden Neuorientierung. Das noch unbestimmte Neue soll erfaßt und mit den vertrauten Elementen seiner singulären Welt in Einklang gebracht werden. Je stärker die Eigengesetzlichkeit der Sache von der Eigengesetzlichkeit der singulären Welt des Lernenden abweicht, desto aufwendiger ist die Arbeit der Integration. Entscheidend ist, daß die Sache den Lernenden nicht blockiert. Ohne SINGULÄRE AKTIVITÄTEN kann die Sache nicht zum Partner werden, sondern verkehrt sich zu einer erdrückenden Übermacht. Der Lernende wird ihre Eigengesetzlichkeit zwar vielleicht als Faktum zur Kenntnis nehmen, seine eigene Welt bleibt davon aber unberührt. Erst wenn die Sache den Lernenden herausfordert, die Eigengesetzlichkeit seiner singulären Welt zu überprüfen, kann sie eine sinnstiftende Dynamik entfalten. Der Lernende beginnt, seine singuläre Welt so umzugestalten, daß sein Ich mit der Sache zurechtkommt. Falsche Vormeinungen werden revidiert, neue Möglichkeiten des Denkens und des Handelns rücken ins Blickfeld. Das braucht Zeit.

Damit die Sache eine anregende Dynamik entfalten kann, muß sie für den Lernenden faßbar und fremd zugleich sein. Er muß sie als etwas Eigenartiges zur Kenntnis nehmen können, und sie darf ihn in ihrer Andersartigkeit trotzdem nicht überwältigen. Sie beginnt als Kernidee zu wirken, wenn sie den Lernenden anregt und anleitet, ihre Eigengesetzlichkeit durch eigenes Forschen zu entdecken. Wie die Sache „Transporteur" für den zwölfjährigen Oliver zur folgenreichen Kernidee geworden ist, haben wir in Szene 12 beschrieben. Anfänglich hat Oliver das für ihn neuartige Instrument so benutzt, wie er es vom Umgang mit dem Maßstab her gewohnt war. Er hat – im Widerspruch zur Eigengesetzlichkeit der Sache – Handlungsmuster aktiviert, die bereits in seinem Ich verankert waren. Der Transporteur war für ihn eine Art gekrümmter Maßstab. Damit hat sich Oliver natürlich eine Reihe von Problemen eingehandelt. Unermüdlich hat er seine singuläre Welt nach Techniken durchforscht, die ihm die Winkelmessung mit diesem scheinbar unhandlichen Instrument ermöglichen sollten. Dabei verstrickte er sich in die abenteuerlichsten Konstruktionen. Trotzdem hat er sich so lange wie nur möglich an seine singulären Verhaltensweisen geklammert und sich von der Sache erst dann zum befreienden Umdenken bewegen lassen, als die Kapitulation unausweichlich erschien. Die emotionalen Energien, die bei diesem Wettstreit zwischen fremden und eigenen Gesetzen freigesetzt worden sind, haben die Sache der Winkelmessung für Oliver belebt und ihr eine Dynamik verliehen, die ihn weit in das Feld der Geometrie hineingetragen hat.

2. Dynamik des Angesprochenen

Oliver hätte sich nicht in einen so intensiven Dialog mit der Sache der Winkelmessung verwickeln lassen, wenn diese Auseinandersetzung nicht in ein Gespräch mit Lehrern und Schülern eingebettet gewesen wäre. Die Herausforderung, sich mit Winkelmessung zu befassen, hat ein Lehrer an ihn herangetragen. Der Lehrer war es auch, der erste Ergebnisse begutachtet, Mängel moniert und zu einer Verfeinerung der Arbeitsmethoden ermuntert hat. Doch erst der Auftrag an Oliver, einen Text zu verfassen und seine Erkenntnisse über Winkelmessung andern Schülern zu erklären, führte zu einem vertieften Verständnis und gab dem Thema eine zusätzliche Dynamik.

Beim Verfassen von Texten gerät die singuläre Welt des Sprechers in einen Dialog mit der singulären Welt des Angesprochenen. Um verstanden zu werden, muß sich der Autor in die singuläre Welt des Lesers einleben, und er muß sich überlegen, wie sich die Sache aus dieser fremden Optik darstellt. Will Oliver zum Beispiel einen Klassenkameraden einweihen in die reguläre Welt der Winkel, die er soeben entdeckt hat, so muß er sich über das Vorwissen seines Lesers Klarheit verschaffen. Was weiß er denn schon über Winkel? Wo kann ich anknüpfen? Hat er wohl ähnliche Schwierigkeiten wie ich? In solchen Fragen entfaltet sich die Dynamik des Angesprochenen. Sie bricht die singuläre Welt des Autors auf und verlockt ihn zu einer DIVERGIERENDEN ÖFFNUNG. Ob er die reguläre Welt der Winkel richtig und verständlich dargestellt hat, erfährt er allerdings erst im Kontakt mit dem Leser. Es ist deshalb unerläßlich, daß der Angesprochene den Text tatsächlich auch liest und daß er dem Schreiber antwortet.

Texte, in denen Schüler ihre singuläre Sicht einer Sache darstellen, sind auch für den Lehrer wichtig. Sie sind Königswege zu den singulären Welten der Lernenden (vgl. Freud, Hinweise Seite 212 f.). Als Leser von Schülertexten ist der Lehrer nicht in erster Linie Sachverständiger oder Korrektor. Er ist Leser im ursprünglichen Sinne: nämlich Angesprochener. Mehr noch: Er ist Angesprochener, der etwas erfahren will, was er noch nicht weiß. Es ist das Interesse des Lehrers an der Beschaffenheit der singulären Welt des Schülers, das ihn beim Lesen leitet. Daß Schüler solche Texte überhaupt verfassen, setzt allerdings eine Beziehung zum Lehrer und zum Stoff voraus, die eher ungewöhnlich ist. Nur wenn die

Schüler erfahren können, daß ihre individuellen Aktivitäten ernst genommen werden und daß es eine wichtige Rolle spielt, wer sie sind und wo sie stehen, werden sie ihre singuläre Welt ins Spiel bringen. Und nur wenn nicht schon vor dem Unterricht entschieden ist, in welcher sprachlichen Form der Stoff zu erscheinen hat, ist die Beteiligung der Schüler am Unterricht mehr als eine Farce.

In einer solchen Beziehung zwischen Schüler, Lehrer und Stoff lassen sich Texte, wie wir sie hier im Auge haben, auf ein einfaches Grundmuster eines Dialogs reduzieren. Der Schülertext ist die Antwort auf eine Frage des Lehrers. Der Lehrer stellt die Frage aber nicht, um den Schüler zu testen. Es ist eine echte Frage, auf die der Lehrer noch keine Antwort weiß. WIE MEINST DU DAS? fragt der Lehrer. Darauf antwortet der Schüler mit seinem Text: ICH SEHE DAS SO! Der Text des Schülers wird bei seinen Lesern vermutlich weitere Fragen wecken. Und es ist unerläßlich, daß man den Verfasser mit diesen Fragen konfrontiert. Je mehr der Schüler über die Verständnisschwierigkeiten seiner Leser erfährt, desto deutlicher wird ihm die Qualität seines Textes bewußt. Er hat sich vielleicht falsche Vorstellungen über das Vorwissen seiner Leser gemacht, hat einen Zusammenhang, der ihm selbstverständlich war, nur lückenhaft formuliert, hat ein Wort falsch verwendet oder ist einem sachlichen Irrtum erlegen. Er weiß jetzt besser, worauf er beim Schreiben achten muß, und er kann seinen nächsten Text bewußter planen.

Im Hin und Her von Fragen und Antworten entfaltet die Dynamik des Angesprochenen ihre volle Wirksamkeit. Angesichts des Gegenübers klären und verändern sich Strukturen der singulären Welt. Aus überholten Meinungen entspringen neue Kernideen. Neue Texte geben Anlaß zu neuen Gesprächen. Je dichter das Netz des Textes gewoben wird, desto genauer läßt sich die Sache lokalisieren, desto deutlicher tritt ihre Gestalt in Erscheinung und desto faßbarer wird sie in ihrer Eigengesetzlichkeit und in ihrer Eigenart.

3. Dynamik des Ichs

Im Gespräch über Kernideen wird das Ich verunsichert. Die Dynamik der Sache stellt Teile der singulären Welt in Frage; die Dynamik der Gesprächspartner zwingt zu divergierenden Vergleichen. Derart herausgefordert, beginnt das Ich Kräfte zu mobilisieren, um das gestörte Gleichgewicht wiederherzustellen. Zwischen Anpassung, Abwehr und Angriff steht ihm eine ganze Skala von möglichen Reaktionen zur Verfügung. Soll die alte Ordnung überprüft und mit den neuen Aspekten in Einklang gebracht oder muß das Eigene gegenüber dem Fremden verteidigt werden? Wie auch immer das Ich sich entscheidet, es muß seine SINGULÄRE POSITION im Angesicht der Sache und der Gesprächspartner neu definieren. Vielleicht genügt ein Satz, den es ins Gespräch wirft, vielleicht sucht es sein Heil im Schweigen. Wirkt die Verunsicherung stärker, muß es sich zurückziehen und sich neu besinnen. Das Verfassen eines Textes kann zum elementaren Bedürfnis werden.

Wie ist das nun wirklich? Liege ich mit meiner Auffassung denn völlig falsch? Wo stehe ich überhaupt? Solche Fragen sind Ausdruck der Verunsicherung. Sie zwingen das Ich, seine Meinung zu überdenken und zu artikulieren. Es beginnt, sich mit der Eigenart seiner singulären Welt auseinanderzusetzen. Bisher unbeachtete Züge treten ins Rampenlicht. Selbstverständliches wird plötzlich fragwürdig. Im Durchforsten der singulären Welt entfaltet sich die Dynamik des Ichs: Vorwissen wird aktiviert, Muster des individuellen Verhaltens treten ins Bewußtsein, Vergangenes wird lebendig. Ist das Netz der bisherigen Meinungen noch tragfähig? Können Schwachstellen und Löcher noch repariert werden? Läßt sich das Neue, welches das Ich herausgefordert hat, integrieren? In dieser Situation kommt die Sprache dem verunsicherten Ich zu Hilfe. Sie ermöglicht es ihm, Altes und Neues miteinander zu verbinden und in der Gestalt eines Textes eine neue Meinung aufzubauen. Der Text ist das Netz, in dem das Ich sich wieder auffängt.

4. Dynamik der Sprache

Beim Verfassen eines Textes kommt es zu einer Spannung zwischen zwei Dimensionen der Sprache: der Dimension der Wortbedeutungen (paradigmatische Dimension) und der Dimension der Textstruktur (syntagmatische Dimension). Bei der Wahl der ersten Wörter ist der Verfasser noch ziemlich frei. Sobald er die Wörter aber linear anordnet und miteinander verknüpft, beginnen sie sich gegenseitig einzuschränken und zu determinieren. Die Vielfalt der möglichen Bedeutungen wird Schritt für Schritt reduziert. Je konsequenter dies geschieht, desto deutlicher kommt dabei zum Ausdruck, was der Autor sagen will. Im gelungenen Text fügen sich die Wörter ins Geflecht einer präzisen singulären Meinung.

Der TEXT IST DER LEBENSRAUM DES SINGULÄREN: Durch fortschreitendes Formulieren und Determinieren hebt der Verfasser Strukturen seiner singulären Welt ans Licht. In der Kombination der Wörter, die sich in das Geflecht des Textes fügen, gewinnt das, was das Ich meint und was sein Verhalten beeinflußt, eine faßbare und kritisierbare Gestalt. Hätte sich Oliver nicht Rechenschaft gegeben über seine Vorurteile zum Thema Messen, wären ihm Gemeinsamkeiten und Unterschiede zwischen Bogenmaß und Streckenmaß nicht bewußtgeworden. Der neue Stoff – die Winkelmessung – wäre nicht mit dem lebendigen Vorwissen – der Streckenmessung – verknüpft worden. Er wäre der Chance, sich einer neuen Erkenntnis mit Hilfe des bereits Bekannten zu nähern, beraubt worden. Hätte man ihn auf dem beschwerlichen Weg zur sechsten Textfassung voreilig auf die Bedeutung des Mittelpunkts auf dem Geodreieck hingewiesen, wäre das sprachliche Netz, das er gestaltet hat, zerrissen und zerfallen. Aber nicht nur sein Text, auch sein Vorwissen wäre entwertet worden, und er hätte wohl bloß noch unbeteiligt zur Kenntnis genommen, daß dieser Mittelpunkt halt offenbar wichtig ist. Hätte er damit wohl auch die Fähigkeit verloren, sich später einmal zu wundern über den mathematischen Zusammenhang zwischen dem Plazieren des Mittelpunkts, den man auf den Scheitelpunkt eines Winkels legt, und dem Ausrichten des Maßstabs, den man parallel an eine Strecke heranschiebt?

Wenn man sich die dynamischen Prozesse vergegenwärtigt, die beim Schreiben ablaufen, wird die Schlüsselrolle der Sprache beim Lernen und beim Erkennen augenfällig. Aber Texte schaffen ist aufwendig. Wer auf kurzfristige Lernerfolge spekuliert, wird die Begriffe vermitteln, anstatt sie auf dem Umweg über singuläres Wirken erarbeiten zu lassen. Wer dagegen längerfristig plant, wird versuchen, die Dynamik der Sprache für das Lernen fruchtbar zu machen. Die Spannung zwischen Wortbedeutung und Textstruktur, die wir im nächsten Kapitel noch eingehender betrachten, ermöglicht eine bruchlose Annäherung des Singulären an das Reguläre.

Alles, was wir hier über das Schreiben gesagt haben, gilt in modifizierter Form auch für das Sprechen. Auch ein Gespräch kann man als Text auffassen: als Text, den mehrere Autoren mitgestalten. Auch das Gespräch entwickelt sich in einem dynamischen Kräftefeld zwischen Sache, Angesprochenen, Ich und Sprachgesetzen. Aber vieles braucht gar nicht ausgesprochen zu werden, weil es aus der Gesprächssituation abgeleitet wird. Optik und Rollen wechseln häufig, ein roter Faden ist nicht leicht auszumachen. Die Beteiligten sind so stark eingebunden in den Prozeß, daß ihnen nicht bewußt ist, was für ein Textmuster sie gemeinsam weben. Die Möglichkeit, Distanz zu nehmen und das Gespräch von außen zu betrachten, kann allenfalls durch aufwendige technische Hilfsmittel wie Tonband, Video und Transkription geschaffen werden.

Wort und Text

Text und Ich sind eng miteinander verknüpft. Sprechend oder schreibend stellt das Ich einen Teilbereich seiner singulären Welt zur Diskussion. Es schafft eine Brücke zwischen sich und den singulären Welten seiner Leser. Das ist nur möglich, weil es Anteil hat an der regulären Welt der Sprache. Im gelungenen Text wird Singuläres allgemein verständlich. Der Text ist also Produkt einer WECHSELWIRKUNG ZWISCHEN SINGULÄREM UND REGULÄREM. Die Wörter, aus denen er besteht, und die grammatischen Strukturen stammen aus der Welt des Regulären; sie sind Allgemeingut einer Sprachgemeinschaft. Die Art und Weise aber, wie die Wörter ausgewählt und angeordnet sind, wie sie sich im Textverlauf gegenseitig immer mehr einschränken und bestimmen und wie sie sich schließlich zum Ganzen einer privaten Meinung fügen, stammt aus dem Singulären. Der Text ist der Ort, wo das Singuläre im Regulären aufgeht und wo das Reguläre eine sinnstiftende singuläre Gestalt annimmt.

Wie Singuläres und Reguläres beim Sprechen und beim Schreiben zusammenwirken, läßt sich veranschaulichen, wenn man ein bestimmtes Wort aus einem Text auswählt und sich über seine Bedeutung innerhalb und außerhalb des Textes Gedanken macht. Zu diesem Zweck greifen wir nochmals auf Olivers Arbeit zum Thema Winkelmessung zurück. Bei der folgenden Handschrift handelt es sich um die vierte Fassung eines Textes, in welchem Oliver seine Erkenntnisse einem Mitschüler zu erklären versucht.

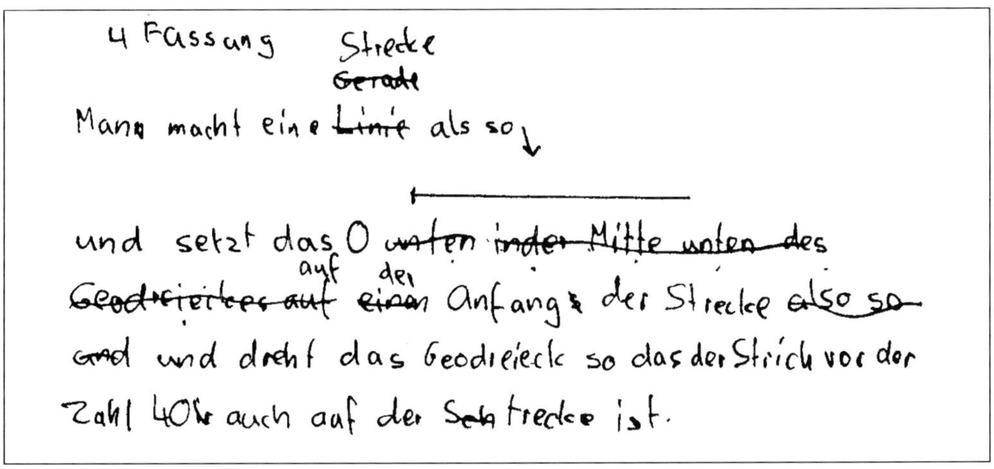
4 Fassung
Strecke ~~Gerade~~
Mann macht eine ~~Linie~~ als so
und setzt das 0 ~~unten inder Mitte unten des Geodreieckes auf~~ auf ~~einen~~ der Anfangs der Strecke ~~also so grad~~ und dreht das Geodreieck so das der Strich vor der Zahl 40 auch auf der ~~Sch~~ Strecke ist.

In diesem Text spielt das Wort „Linie" eine Schlüsselrolle. Im Gespräch mit dem Lehrer hat Oliver diesen Privatbegriff, den er bloß durch den Verweis auf die gezeichnete Figur definiert, ersetzt durch „Gerade", dann durch „Strecke". Der Lehrer tendiert natürlich auf den regulären BEGRIFF „Strahl", der durch einen Satz definiert ist. Zum Beispiel: „Ein Strahl ist der eine Teil einer Geraden, der durch einen Punkt auf der Geraden abgetrennt wird."

Warum Oliver „Linie" gewählt hat und nicht „Strahl", liegt auf der Hand. Das Wort „Strahl" ist zwar in umgangssprachlicher Bedeutung in seinem Gedächtnis gespeichert, nicht aber als geometrischer Fachbegriff. Ein Fachbegriff ist ja auch gar nicht ein Einzelwort im üblichen Sinn, sondern Stellvertreter eines definierenden Satzes: Man versteht seine Bedeutung nur, wenn man den Satz mitdenkt. Das ist der Grund, warum Fachtexte knapp und trotzdem sehr genau sind.

Wir machen Oliver in der Besprechung bewußt, daß das Wort „Linie" in seinem Text noch zu wenig deutlich auf die gemeinte Sache hinweist und daß sein unbeholfener Definitionsversuch mit „also so ...", Pfeil und Skizze den Leser verwirrt, weil er unvermittelt vom Wort ins Bild wechselt. Die Vorstellungen, die sich der Leser seines Textes zu „Linie" machen kann, sind noch zu weitläufig und zu vage. Oliver muß seinen Text so umgestalten, daß „Linie" nur noch den speziellen Fall bezeichnet, der hier gemeint ist. Um ihm zu zeigen, was mit einem Wort passiert, wenn man es zuerst nur isoliert vor sich hinstellt, wenn man es dann mit einem Satz definiert und wenn man es schließlich in einen Text einbindet, machen wir ein kleines Experiment.

Jeder von uns schreibt auf einem Blatt Papier alles auf, was ihm zum Wort „Linie" einfällt. Anschließend vergleichen wir unsere Listen und greifen nur diejenigen Bedeutungsmerkmale heraus, die bei allen von uns auftreten. Es wird Oliver rasch klar, was sich hier abspielt: Wir sind im Begriff, gemeinsam einen Lexikoneintrag zu verfassen. Jetzt ist der Moment gekommen, das Lexikon selbst zu befragen. Unter dem Stichwort „Linie" ist folgendes vermerkt:

- *längerer, gerader oder gekrümmter (gezeichneter) Strich*
- *Umriß, Kontur*
- *Verbindung*
- *Anordnung in einer Reihe, Flucht*
- *Front*
- *Verkehrsstrecke*
- *Verwandtschaftszweig*
- *konsequentes Vorhaben und Verhalten*

Was man im Lexikon über das Wort „Linie" erfährt, ist zwar als Aufzählung sehr umfassend, als Darstellung von Einzelfällen aber sehr allgemein und farblos. Es werden bloß mögliche Situationen angetippt, aber nicht konkretisiert. Dieser Mangel an aktueller Lebendigkeit wird aufgewogen durch die große Verbreitung der Bedeutung eines einzelnen Wortes. Sie ist in ihrer weitgespannten Art Allgemeingut einer ganzen Sprachgemeinschaft und kann deshalb Baustein in einem Text werden. Die LEXIKON-BEDEUTUNG eines Wortes ist eben, wie das kleine Experiment gezeigt hat, Produkt eines Abstraktionsprozesses. Aus der Vielfalt aller möglichen Verwendungsweisen eines Wortes werden nur diejenigen Aspekte erwähnt und aufgefächert, die unabhängig von individuellen Färbungen konstant auftreten. Durch den Vergleich unserer Listen und durch das Auswählen der Gemeinsamkeiten (Schnittmengenbildung) haben wir uns dem Bedeutungsspektrum angenähert, das im Bewußtsein aller Sprachbenützer in ähnlicher Weise gespeichert ist. Die Lexikon-Bedeutung eines Wortes also ist – wie Harald Weinrich (vgl. Hinweise Seite 209 f.) treffend formuliert – WEITGESPANNT, VAGE, SOZIAL und ABSTRAKT.

Ganz anders dagegen die Bedeutung der Wörter im Gespräch, im Text. Sprechend oder schreibend bringen wir unser Befinden in einer bestimmten Situation zur Sprache: eine Empfindung, eine Einsicht, einen Wunsch, eine Erkenntnis, eine Absicht. Wir greifen ein ins Geschehen und reagieren auf Ereignisse. In der gesprochenen und in der geschriebenen Sprache werden die Wörter Zeichen für etwas Einmaliges. Man denke zum Beispiel an die feinen Nuancen, die das Wort „Linie" in erlebten Situationen annehmen kann. Ob der Geometer von einer Linie spricht, die er fein säuberlich in einen Plan einzeichnet, der Eishockeyspieler, der sich zum gegnerischen Tor vorgekämpft hat, oder der Liebhaber, der über Körperformen meditiert –, jedesmal eröffnen sich neue, singuläre Welten. Das Wort in der Situation, das Wort im Text, ist präzise und konkret, erfüllt von individuellem

Vom Umgang mit Schülertexten oder Es muß nicht immer ein Hecht sein

Manuel ist entrüstet über die Eingriffe des Lehrers in seinen Text über ein Anglererlebnis: „Der versteht ja überhaupt nichts vom Fischen! Einen Fischerlöffel in das Schilf werfen –, so etwas kommt nicht einmal einem Anfänger in den Sinn!" Aufgeregt zeigt er auf die Stelle im Text, wo sein Lehrer das Wort „gegen" gestrichen und durch „in" ersetzt hat. Kurzerhand streicht er die Korrektur durch und ersetzt „in" wieder durch „gegen". Was ist geschehen? Manuel – er besucht die vierte Klasse der Primarschule – ist ein leidenschaftlicher Fischer. Als er von seinem Lehrer den Auftrag bekommt, Frau A., die ihn während seines Urlaubs vertreten hat, einen Brief zu schreiben, ist er um ein Thema nicht verlegen. Einen Hecht fängt man nicht alle Tage! Und Manuel versteht das Fischerhandwerk; darüber kann auch nach einer flüchtigen Lektüre seines Textes kein Zweifel mehr bestehen. Warum dann die merkwürdige Korrektur?

Der Lehrer hat sich, wie das allgemein üblich ist, bei der Lektüre des Schülertextes vor allem auf Normverstöße konzentriert. Auf der Suche nach Fehlern ist ihm die mundartliche Wendung „gegen das Schilf werfen" aufgefallen. Daß er diese nicht tolerieren will, ist allenfalls noch vertretbar, denn schweizerdeutsch sprechende Kinder müssen sich beim Erlernen der Standardsprache besonders Mühe geben. „Gegen" hätte also etwa durch „in Richtung" ersetzt werden können. Mit der KORREKTUR „in" wird nun zwar der störende Normverstoß auf der sprachlich-formalen Ebene beseitigt, aber der dargestellte Sachverhalt wird verfälscht. Und das kann unser Hobbyfischer natürlich nicht akzeptieren. „Warum hast du denn deinen Fischerlöffel überhaupt in Richtung des Schilfes geworfen?" fragen wir Manuel. „Du hast ja gewußt, daß er sich dort verfangen könnte." Die Antwort überrascht uns: „Ich dachte gar nicht ans Fischen, als ich den Löffel auswarf; ich wollte vielmehr eine Möwe verjagen, die mich immer ablenkte. Dabei ist der Fischerlöffel zufällig in der Nähe des Schilfs gelandet, wo der Hecht auf der Lauer lag." Glück muß man haben! Manuels Brief – er ist hier in seiner ursprünglichen Form und ohne Korrekturen abgedruckt – ist ein Glücksfall: Hier schreibt einer, der richtig verstanden werden möchte, über ein Thema, von dem er etwas versteht. Das zeigen seine heftigen Reaktionen auf die Korrekturen. Nicht nur das eingeflickte „in" ärgert ihn, sondern auch das „leider", mit dem der Lehrer das Wort „aber" im letzten Satz ersetzt hat. „Ein rechter Fischer", verkündet Manuel, „ist stolz, wenn er einen Hecht fängt. Und daß er ihm die Freiheit schenkt, wenn er noch nicht ausgewachsen ist, ist Ehrensache."

Es geht uns hier nicht darum, Manuels Lehrer bloßzustellen. Die Art, wie er mit seinem Text umgeht, ist gang und gäbe. Daß er aus mangelnder Sachkenntnis einem Irrtum erliegt, wollen wir ihm verzeihen. Wüßte er, was ein Fischerlöffel ist, hätte er auf seine Korrektur verzichtet. Dieses raffinierte, mit einem glitzernden und beweglichen Metallteilchen behangene Fanginstrument ist unwiederbringlich verloren, wenn man es ins Schilf wirft. Nicht um die ungeschickte Korrektur geht es uns, sondern um die verkehrte Lehrerhaltung, die diesen Eingriff verursacht hat. Dank des sachlichen Irrtums des Lehrers wird augenfällig, wie verhängnisvoll die üblichen Korrekturmethoden sind, bei denen Schülertexte vor allem als FEHLERQUELLE behandelt werden. Es verstößt gegen elementare Regeln der menschlichen Kommunikation, wenn ein Lehrer auf einen Schülertext, wie er vor uns liegt, mit einer Korrektur auf der Ebene des Sprachlich-Formalen antwortet. Diese allgemein übliche Art der Lehrerreaktion auf Schülertexte ist zerstörerisch; sie erstickt die Kräfte der Sprache, die sich beim Lernen und Erkennen dynamisch entfalten müßten, im Keim.

Der Text ist der Lebensraum des Singulären; das wird am Beispiel von Manuels Anglererlebnis besonders deutlich. Ohne die Herausforderung der Schule hätte Manuel wohl nie einen Text über seinen Hechtfang verfaßt. Am Anfang steht eine ganz alltägliche Aufgabenstellung: Es soll über ein Erlebnis berichtet werden. Nun erleben Kinder zwar viel, aber es ist für den Lehrer nicht voraussehbar, ob ein bestimmtes Thema in einem bestimmten Zeitpunkt bei einem bestimmten Schüler auch tatsächlich ein Erlebnis antippt, das in der Erinnerung schlummert und das zu erzählen sich lohnt. Fordert er seine Schüler also auf, einen erzählenden Text zu verfassen, muß er damit rechnen, daß nicht alle etwas zu sagen haben. Alle verfassen zwar einen Text, alle flechten also ein Netz und werfen es aus, aber einige ziehen es vielleicht leer wieder ein. Für den Fischer ist das ein vertrautes Erlebnis, und er wird deswegen die Fischerei nicht aufgeben. Im Gegenteil, er versucht es nochmals und nochmals. Ähnlich ist es mit dem Schreiben. Wir müssen unseren Schülern zugestehen, daß sie zwar redlich ihr Netz ausgeworfen haben, daß aber die Beute ausbleibt. Der Text ist leblos, keine Dynamik ist spürbar, die Kernidee fehlt. Es ist Unsinn, Schüler mit solch inhaltsleeren Texten zu quälen. Wozu eine Korrektur? Wozu eine Verbesserung? Wozu eine Reinschrift? Alle diese Verfahren haben ihren Sinn, sind unentbehrlich, aber nur, wenn Beute da ist. Überarbeitung als bloßes Ritual, Präsentation als Selbstzweck, Reinschrift ohne Gehalt sind kontraproduktiv.

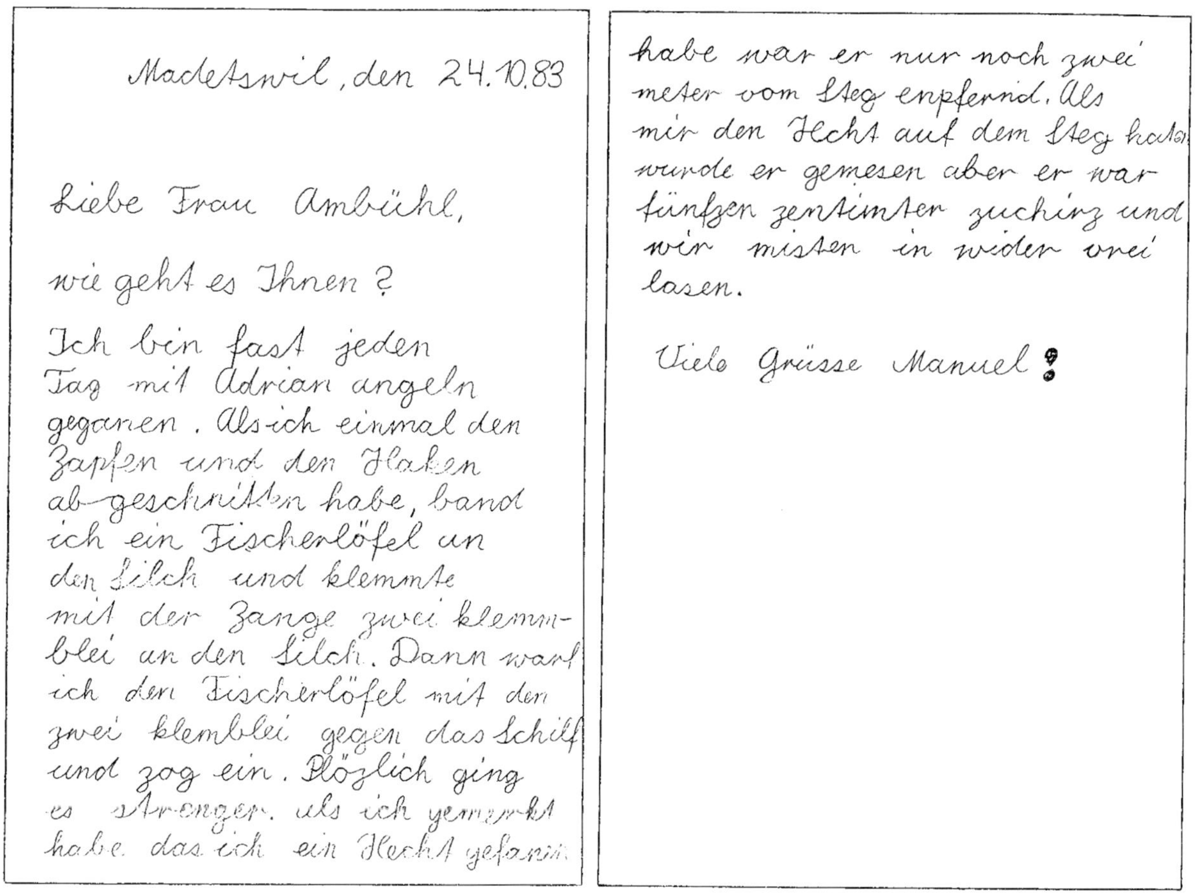
Madetswil, den 24.10.83

Liebe Frau Ambühl,

wie geht es Ihnen?

Ich bin fast jeden Tag mit Adrian angeln geganen. Als ich einmal den Zapfen und den Haken ab-geschnitten habe, band ich ein Fischerlöfel an den Silch und klemmte mit der Zange zwei klemmblei an den Silch. Dann warf ich den Fischerlöfel mit den zwei klemblei gegen das Schilf und zog ein. Plözlich ging es strenger. als ich gemerkt habe das ich ein Hecht gefangen habe war er nur noch zwei meter vom Steg enpfernd. Als wir den Hecht auf dem Steg hatten wurde er gemesen aber er war fünfzen zentimter zuchürz und wir misten in wider vrei lasen.

Viele Grüsse Manuel!

Nicht die sprachlich-formale Ebene ist es, auf der ein sinnvoller Dialog über einen Schülertext seinen Ausgangspunkt nimmt. Die SCHREIBBERATUNG muß bei tieferen Schichten ansetzen: Was soll überhaupt zur Sprache kommen? Wer kommt als Leser in Frage? Was für Textsorten stehen zur Verfügung? Es ist beim Schreiben tatsächlich nicht anders als beim Fischen. Was ein Fischer zuallererst einmal lernen muß, ist, auf die Bewegungen des Netzes, auf die Angelrute zu achten. Er muß spüren, wenn Beute in Reichweite ist, wenn ein Fisch anbeißt, und er muß richtig reagieren: die Angelrute festhalten, dem Fisch Zeit lassen, langsam, aber bestimmt einziehen. Dem Anfänger wird die Beute oft wieder entwischen, das darf ihn nicht entmutigen. Geduld und Ausdauer braucht es nicht nur beim Fischen, sondern auch beim Schreibenlernen. Wer nicht stunden- und tagelang auf Beute warten kann, ohne sich in hektische Betriebsamkeit zu flüchten, wer nicht immer und immer wieder seine Netze in gelassener Zuversicht auswirft, wird nie etwas zu sagen haben. Immer und immer wieder Texte schreiben, keimfähige von fruchtlosen Entwürfen unterscheiden lernen, Unbrauchbares beiseite legen und Hoffnungsvollem nachspüren, das ist die Basis, auf der Sprachunterricht aufzubauen hat.

Manuels Text ist tatsächlich ein Glücksfall. Da kündigt sich eine Beute an. Wie kann sie eingebracht werden? Dieser Frage wollen wir uns jetzt zuwenden. Texte sind, wie wir erläutert haben, lebendige Gebilde, die durch das Zusammenwirken dynamischer Kräfte erzeugt werden. Vorerst sind Kräfte außerhalb des Textes am Werk, die auf den Sprechenden oder Schreibenden einwirken: Die Dynamik der Sache, die Dynamik des Angesprochenen, die Dynamik des Ichs und die Dynamik der Sprache. Sobald aber das erste Wort gesetzt, der erste Satz formuliert ist, sobald der Text langsam seine Gestalt gewinnt, setzt sich dieses dynamische Kräftespiel auch innerhalb des Textes fort. Wie sich diese Dynamik im Text entfaltet, läßt sich auf den folgenden drei Ebenen besonders gut beobachten:

1. Dynamik auf der Ebene Wort
2. Dynamik auf der Ebene Satz
3. Dynamik auf der Ebene Text

Welche Dynamik ein Wort entfalten kann, wenn man es in einen Text einbindet, haben wir am Beispiel der Wörter „Linie" und „Flucht" mitverfolgt (Seite 152 ff.). In der Spannung zwischen der paradigmatischen Dimension – hier erwachen singuläre Erinnerungen an den Wortgebrauch, die den regulären Raster der Lexikon-Bedeutung umranken – und der syntagmatischen Dimension – hier wird eingeschränkt und determiniert – erzeugt der Leser den Textsinn. Über die Dynamik auf der Ebene Satz haben wir bereits im Kapitel „Kernideen motivieren zum Handeln" (Seite 31 ff.) nachgedacht. Das Verb, so haben wir festgestellt, entwickelt im Satz eine ähnliche Dynamik wie Kernideen beim Lernen. Darauf werden wir zurückkommen. Zuerst aber müssen wir uns mit der Dynamik auf der EBENE TEXT befassen. Erst wenn wir uns mit Manuel über die Intentionen verständigt haben, die bei der Gestaltung seines Textes am Werk waren, schaffen wir uns eine Basis für eine wirksame Schreibberatung.

Manuels Text kommt in der Gestalt eines Briefes daher. Mit der Textsorte „Brief" verbindet jeder Leser bestimmte Erwartungen. Er hat sie aufgebaut im Umgang mit all den Briefen, denen er bisher schon begegnet ist. Seine Erwartungshaltung wird jedesmal wieder aktiviert, wenn er einen Text als Brief identifiziert, und sie verdichtet sich schließlich in einem automatisierten Verstehensmuster: in der LESEWEISE. Sie beeinflußt ihn unbemerkt, wenn er die Wörter entziffert und sie miteinander verknüpft. Die Art, wie ein Leser auf

Manuels Text reagiert, wie er ihn versteht, ist also von seiner Leseweise gesteuert, die er im Umgang mit der Textsorte „Brief" aufgebaut hat. Er mißt das, was Manuel zur Sprache bringen will, an einem Maßstab von abstrakten Textsortenmerkmalen, die ihm zum größten Teil nicht bewußt sind.

Nicht nur beim Lesen, sondern auch beim Verfassen eines Textes entwickeln vorwiegend unbewußte, durch Erfahrung aufgebaute Textsortenmerkmale ihre Dynamik. Auch der Autor orientiert sich mehr oder weniger bewußt an einer bestimmten Sorte von Text, wenn er schreibt. Zwischen der gewählten Textsorte – sie stammt aus der Welt des Regulären – und dem, was im Text zur Sprache kommen soll – der singulären Mitteilungsintention – kommt es zu einer Spannung. Sie kann so stark werden, daß Reguläres und Singuläres sich gegenseitig bedrängen. Manuel zum Beispiel kommt mit der Textsorte „Brief" nicht zurecht. Das, was er sagen will, ist in der gewählten Textsorte schlecht aufgehoben.

Auch die Mitteilungsintention, das, was zum Inhalt des Textes werden soll, ist zu Beginn des Schreibprozesses nicht ohne weiteres bewußt und verfügbar. Sie treibt und lenkt den

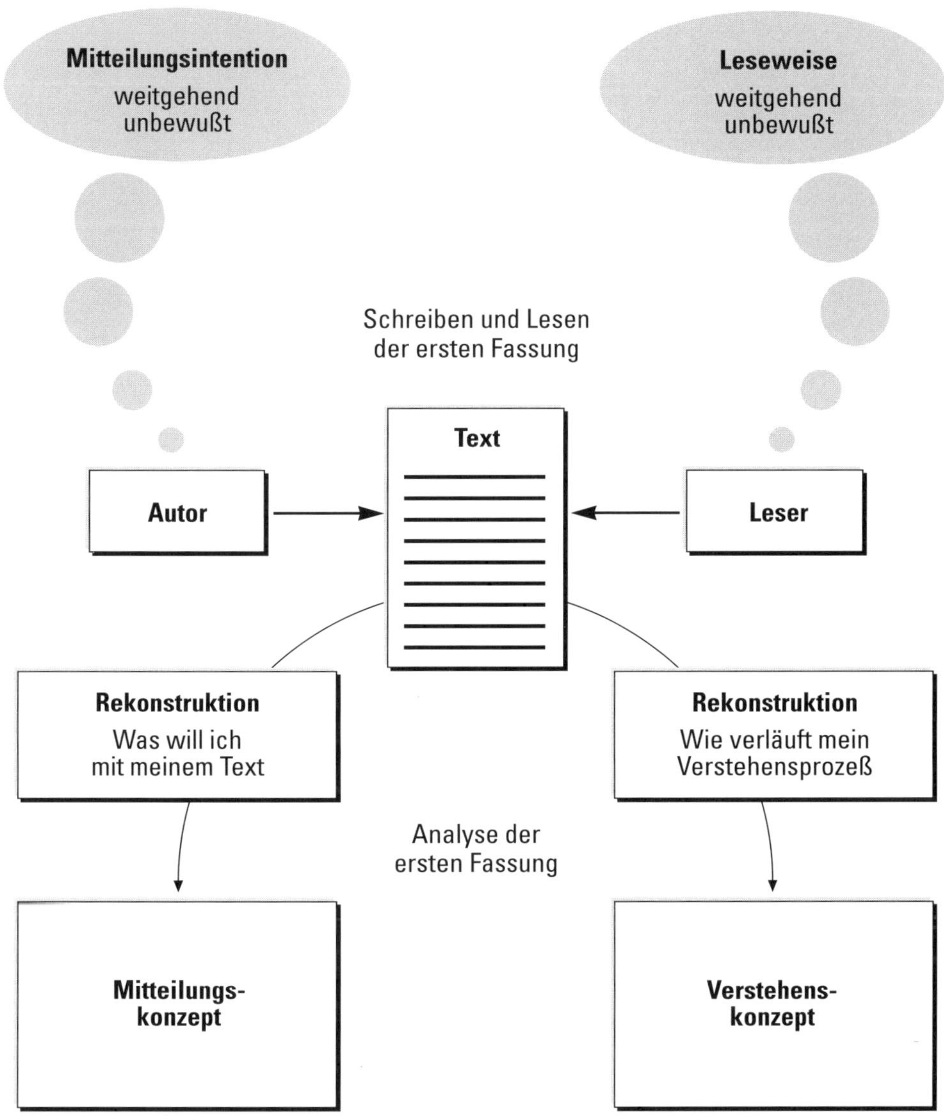

Verfasser beim Formulieren und schwebt ihm allenfalls in der vagen Form einer Kernidee vor. In der Auseinandersetzung mit den Erwartungen des Lesers und den Textsortenmerkmalen gerät die Kernidee der Mitteilungsintention auf den Prüfstand. Vom Ergebnis dieser Auseinandersetzung hängt es ab, wie der Leser einen Text versteht, wie er ihn einschätzt und wie er die Leistung des Autors beurteilt. Bevor man über einen Text urteilt, bevor man seine Wortwahl und seinen Satzbau kritisiert, muß man also die Spannung zwischen der Kernidee und der Lesererwartung zum Gegenstand der Reflexion machen. Was genau will der Autor eigentlich mit seinem Text? Von welchen Erwartungen läßt sich der Leser leiten? Solche Fragen zielen auf die unbewußten Muster und Prozesse, die beim Schreiben und beim Lesen wirksam sind. Je deutlicher der Autor erklären kann, was er mit seinem Text will, und je besser der Leser sich Rechenschaft gibt über die Art seines Lesens und Verstehens, desto klarer wird die Diskrepanz zwischen dem, was der Text will, und dem, was er tatsächlich kann. Die Diskussion und die Analyse solcher Einsichten sind für Autor und Leser gleichermaßen wertvoll. Beide erfahren etwas über die unbewußten Kräfte, die ihr Schreiben und Verstehen lenken. Sie brauchen sich diesen Kräften nicht mehr schutzlos auszuliefern, sondern können sie in den Dienst ihres Willens stellen: Die Mitteilungsintention wird als Mitteilungskonzept, die Leseweise als Verstehenskonzept ein Stück weit verfügbar.

Welche Konsequenzen für den Umgang mit Schülertexten ergeben sich aus diesen Überlegungen? Wie müßte der Lehrer auf Manuels Text reagieren? Streng genommen müßte er zuerst in sich gehen und sich Klarheit verschaffen über sein VERSTEHENSKONZEPT. Ein hoffnungsloses Unterfangen! Verstehen ist ein derart komplexer Vorgang, daß ihn niemand von uns auch nur annähernd auszuleuchten vermöchte. Wir müssen damit leben – und diese Einsicht ist grundlegend für den Sprachunterricht –, daß wir alle beim Verstehen nicht vorzeigbare Maßstäbe anwenden. Jedes Textverständnis kann Geltung nur relativ zur Person beanspruchen, die es erarbeitet hat. Ein Text, der beurteilt und bewertet werden muß, sollte deshalb immer mehr als nur einen Leser haben. Je mehr Personen sich um das Verständnis eines Textes bemühen und je größer der Bereich wird, in dem sie übereinstimmen (Deckungsbereich), desto zuverlässiger ist ihr Textverständnis. Was heißt das in der Schulpraxis? Der Lehrer muß sich bewußt sein, daß sein Textverständnis und damit auch seine Urteile über Texte singulären Charakter haben. Auch wenn er seine Bewertung nachvollziehbar und fundiert begründet, bleibt sie relativ zu seiner Person. Andere Personen kämen möglicherweise aus einer andern Optik zu andern, ebenso fundierten Urteilen. Wenn also Mißverständnisse auftreten, wenn ein Schreiber sich unverstanden fühlt, wenn Schüler und Lehrer sich nicht einigen können, müssen weitere Leser beigezogen werden.

Faßbarer als der Verstehensprozeß des Lesers ist die Mitteilungsintention des Autors. Auf sie müssen wir uns zuallererst konzentrieren, wenn wir einen Schülertext vor uns haben. Die Suche nach der Mitteilungsintention – das Erarbeiten des MITTEILUNGSKONZEPTES im Dialog zwischen Leser und Autor – ist die Basis jeder Schreibberatung. Bevor der Lehrer mit dem Rotstift über den Schülertext herfällt, muß er abklären, was der Schüler überhaupt zur Sprache bringen möchte. Er muß versuchen, mit Hilfe aller Signale, die der Text aussendet, Kernideen aufzuspüren, aus denen sich ein Mitteilungskonzept konstruieren ließe. Je unbestimmter ein Text ist, desto mehr Mitteilungskonzepte kommen in Frage. Sie müssen versuchsweise formuliert und dem Text probeweise unterschoben werden. Bevor sich Schüler und Lehrer nicht darüber verständigt haben, welches dieser Mitteilungskonzepte schließlich realisiert werden soll, ist an eine Beratung und an eine Korrektur auf der Ebene der Wortwahl und des Satzbaus nicht zu denken. In der Praxis heißt das: Die erste Fassung eines Schülertextes dient überhaupt nur dazu, ein taugliches Mitteilungskonzept zu entdecken und zu erarbeiten. Die erste Fassung entspricht, um das Bild des Fischens wieder aufzunehmen, dem ersten Auswerfen des Netzes. Schüler und Lehrer besehen sich gemeinsam die Beute, die mehr oder weniger zufällig eingebracht worden ist, und überlegen sich, auf welche Art von Fisch man sich beim zweiten Fangversuch konzentrieren soll. Je nachdem, wie die Entscheidung ausfällt, muß das Netz umstrukturiert und der anvisierten Beute angepaßt werden: Die Entdeckung des Mitteilungskonzepts ermöglicht die Wahl der Textsorte.

Wie wichtig die Erarbeitung des Mitteilungskonzepts ist und wie unterschiedlich die Vorschläge ausfallen können, die verschiedenen Lesern einfallen, demonstriert ein Experiment mit Manuels Text. Wir haben ihn 21 Deutschlehrern vorgelegt und sie gebeten, dem Text ein Mitteilungskonzept unterzuschieben. Was will Manuel mit seinem Text? Hier das Ergebnis.

- Ich will Frau A. Einblick geben in meine Welt.
- Ich will mein Können als Fischer demonstrieren.
- Ich will zeigen, daß ich etwas Originelles erlebt habe.
- Ich will nicht von der Schule sprechen.
- Ich will nicht von meinen Gefühlen sprechen.
- Ich will meine Stärke zeigen.
- Ich will meine Freude zeigen.
- Ich will zeigen, daß mir das Größte gelungen ist, einen Hecht zu fangen, auch wenn ich ihn wieder freilassen mußte.
- Ich will zeigen, daß die Freizeit oft spannender ist als die Schule.
- Ich will zeigen, daß ich auf einem außerschulischen Gebiet gut bin.
- Ich will zeigen, daß ich wie ein Erwachsener handeln kann.
- Ich will auf die Frage antworten: „Was hast du gemacht, seit wir uns das letzte Mal gesehen haben?"
- Ich will Frau A., die ich mag, mein neustes Anglererlebnis mitteilen; sie kennt schon einige und ist am Fischen stark interessiert.
- Ich will zeigen, daß mir Frau A. Wurscht ist.
- Ich will mein Fischerlatein an die Frau bringen.
- Ich will einen Laien in die Kunst des Fischens einführen.
- Ich will zeigen, daß es mir gut geht.
- Ich will mit meinem Fachchinesisch auftrumpfen und mich als Experte profilieren.
- Ich will eine gute Note erzielen und wende die entsprechende Technik an.
- Ich will zeigen, daß ich meine Freizeit sinnvoll verbringe.
- Ich will zeigen, wie kompliziert es ist, einen Hecht zu fangen.

Die umfangreiche Liste spricht für sich selbst. Zwar überschneiden sich einzelne Vorschläge, aber die Stoßrichtungen sind allemal verschieden. Entsprechend verschieden sind auch die Erwartungen, welche die 21 Lehrer an den gleichen Text stellen. Wie unrecht sie Manuel alle tun, wenn sie ihre Erwartungen nicht aussprechen, wenn sie diese unbewußt sogar absolut setzen und den Text daran messen, liegt auf der Hand. Wenn der Zufall es nicht will, daß der Lehrer den Text trotz widersprüchlicher Signale ganz genau im Sinne der Mitteilungsintention des Schülers liest, kann er ihm nicht weiterhelfen. Solange eine unbewußte Mitteilungsintention des Autors mit einer unbewußten Verstehensweise des Lehrers in Konflikt steht, läßt sich über Textsorten, Stil und Satzbau nicht sinnvoll diskutieren. Wie löst man dieses Problem in der Praxis? Normalerweise brüten ja nicht 21 Lehrer über einem einzigen Schülertext, sondern ein einziger Lehrer hat sich durch 20 Schülertexte durchzubeißen. Ist er nicht überfordert, wenn er bei jedem Text mehrere Mitteilungskonzepte herausschälen soll?

Gewiß: 21 Vorschläge für ein Mitteilungskonzept können wir nicht zu jedem Schülertext erarbeiten. Das ist auch gar nicht erforderlich. Es genügt bereits, wenn der Lehrer das Problem erkannt hat und wenn er seine Einstellung gegenüber den Schülertexten entsprechend ändert. Schülertexte als Fundgrube für Kernideen! Wenn diese Formel im Unterricht Realität wird, kann sich ein Klima verbreiten, in dem sich die Dynamik der Sprache voll entfaltet. Selbst wenn der Lehrer keine weiteren Leser zur Hand hat, kann er ein fruchtbares Gespräch über das Mitteilungskonzept in Gang setzen. Es kommt nämlich nicht auf die Menge der Vorschläge für ein Mitteilungskonzept an, sondern auf die Spannweite, die zwei oder drei weit auseinanderliegende Vorschläge eröffnen. Manuel zum Beispiel wäre durchaus gedient, wenn er sich überlegen könnte, ob er sich mit seinem Text als Fachmann ausweisen soll, ob er einen Laien über das Fischen aufklären oder ob er eine Anekdote erzählen will. Jedes dieser Mitteilungskonzepte hätte Auswirkungen auf die Textgestaltung. Im ersten Fall hätten die unerklärten Fachwörter eine wichtige Funktion; man müßte sogar noch weitere suchen. Im zweiten Fall sind sie in ihrer isolierten Präsentation fehl am Platz; sie müßten liebevoll erklärt werden. Um schließlich eine Anekdote zu gestalten, müßte die Pointe, der unbeabsichtigte Fischfang, herausgearbeitet werden.

Konzentriert sich der Lehrer vorerst einmal ganz auf die Suche nach einem Mitteilungskonzept, mit dessen Hilfe das vorliegende Sprachmaterial in einen stimmigen Text umgestaltet werden könnte, fällt es ihm meist nicht schwer, dem Schüler einige extreme Vorschläge zu unterbreiten. Er wird sich aber bald einmal nach weiteren Lesern umsehen, die ihm bei dieser Arbeit behilflich sein könnten. Leser zu finden ist in der Schule gar nicht so schwierig, wie es auf den ersten Blick scheint. Es geht ja nicht darum, daß nun mehrere Personen den Text korrigieren; es geht nur um pointierte Leserreaktionen, die deutliche Hinweise auf das vom Leser unterschobene Mitteilungskonzept liefern. Wenn der Autor erfährt, wie andere seinen Text verstehen, was ihnen gefällt, wo sie stolpern und womit sie Mühe haben, wird er herausgefordert, sich kritisch zu fragen, was er mit seinem Text will und was er nicht will –, er wird herausgefordert, seine Intentionen beim Schreiben zu reflektieren und sie in einem bewußten Mitteilungskonzept zu bündeln. Die Aufgabe, den Autor mit LESERREAKTIONEN zu konfrontieren, können Mitschüler, Schüler einer andern Klasse, Eltern oder andere Adressaten außerhalb der Schule sogar glaubhafter erfüllen als der Lehrer selbst. Wer schreiben lernen will, braucht vorerst keine detaillierte Belehrung über Satzbau und Rechtschreibung, er braucht Leser, die ihm kurz und bündig sagen, wie sein Text auf sie wirkt und was sie von ihm halten.

Ist die grundlegende Frage nach dem Mitteilungskonzept geklärt – weiß der Autor, was er mit seinem Text will, und hat er sich für eine geeignete Textsorte entschieden –, werden Fragen der inneren Textgestaltung aktuell. Was für Wörter passen ins Konzept? Wie werden sie in Sätze eingebunden? Wie gelange ich von Satz zu Satz? Wie soll die Grobgliederung des Textes aussehen? Wichtig ist, daß durch diese Fragen das Sprachmaterial aus der ersten Fassung des Schülertextes, aus der wir das Mitteilungskonzept abgeleitet haben, nicht beiseite geschoben und entwertet wird. Wir wollen zwar das Verlangen, noch einmal ganz von vorne zu beginnen, nicht unterbinden, konzentrieren uns aber darauf, die Schüler anzuleiten, das vorhandene Sprachmaterial als Ausgangsbasis für die Umgestaltung des Textes zu benützen. Wie können wir, so lautet unsere nächste Frage, die erste Textfassung im Sinne des gewählten Mitteilungskonzeptes umgestalten und ausbauen. Wir verlassen jetzt also die Ebene Text und versuchen die Dynamik, die sich auf der EBENE SATZ abspielt, zu erfassen und für die Textgestaltung fruchtbar zu machen. Wir stützen uns dabei auf grammatische Grundlagen zum Satzbau, die wir im Kapital „Kernideen motivieren zum Handeln" (Seite 31 ff.) vorgestellt haben.

Das Zentrum des Satzes ist das Verb. Mit der Wahl des Verbs ist nicht nur die Handlung gegeben, die im Satz zur Darstellung kommen soll, sondern auch ein Fächer von Rollen, die von ganz bestimmten Schauspielern besetzt werden müssen. Da gibt es die Rolle des Täters, die Rolle des Betroffenen, vielleicht sogar des Opfers, oder die Rolle des Nutznießers. Wer hat etwas getan? Auf wen zielt die Handlung? Wem nützt oder schadet sie etwas? Jedes Verb eröffnet einen solchen Fächer von Fragen (Valenzen) und deutet damit die Richtung an, in der Rollenträger (Satzglieder) gesucht werden müssen. Diesen Sachverhalt veranschaulicht das bereits auf Seite 36 ff. verwendete SATZBAUMODELL. Es erlaubt uns, selbst komplizierte Satzkonstruktionen zu durchschauen und das Geschehen und die Handlungsrollen auf einen Blick zu erfassen.

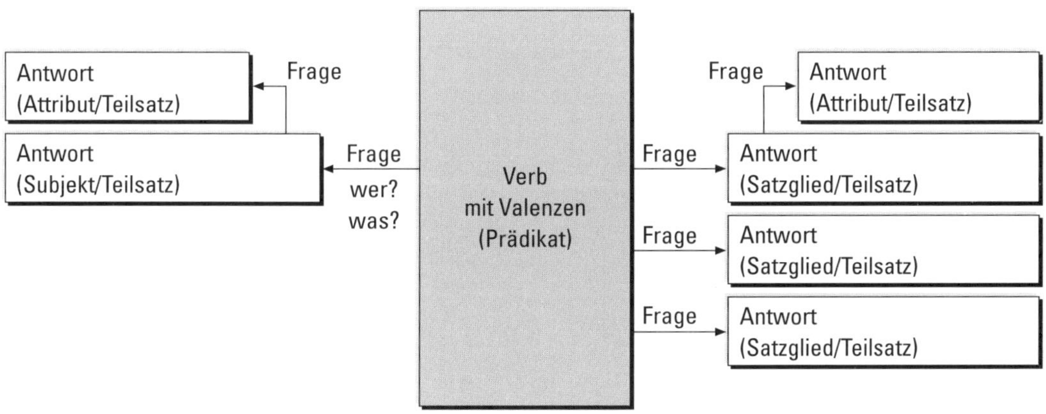

Das Modell macht die zentrale Stellung sichtbar, die das VERB des Trägersatzes (Hauptsatzes) einnimmt. Es kann Satzglieder und Teilsätze als Ergänzungen aufrufen und an sich binden. Diese Fähigkeit artikuliert sich in der Form von Fragen: Wer? Wem? Wen? Womit? Wann? Warum? Eine Sonderstellung nimmt das Subjekt ein, das inhaltlich und grammatisch auf das Verb abgestimmt werden muß (Kongruenz). Sind die Fragen beantwortet, die sich vom Verb her stellen, kann der Ausbau der SATZGLIEDER in Angriff genommen werden. Vom Kern des Satzgliedes aus, dem Rollenträger, lassen sich weitere Fragen stellen. Was für ein Merkmal charakterisiert den Rollenträger? Wessen Eigentum ist er? Woran erkennt man ihn? Die Antworten erscheinen in der Gestalt von ATTRIBUTEN. Sie gruppieren sich um den Satzgliedkern herum und bilden mit ihm zusammen eine Einheit, die im Satz nur als Ganzes verschoben werden kann (Verschiebeprobe). Sowohl Satzglieder als auch Attribute können durch ein Verb erweitert und zu einem Nebensatz ausgebaut werden. Das Verb, das ein Satzglied oder Attribut erweitert, eröffnet seinen Fragefächer genauso wie das Verb im Trägersatz: Es versammelt in gleicher Weise Satzglieder und Attribute um sich, die sich wiederum zu Nebensätzen erweitern lassen. Ein Nebensatz ist also ein Satz im Satz, und man kann sein Satzbauschema verkleinert in ein Satzglied- oder Attributkästchen hineinzeichnen. Dazu ein extremes Beispiel: Der erste Satz aus Heinrich von Kleists berühmter Erzählung „Das Bettelweib von Locarno".

Am Fuße der Alpen, bei Locarno im oberen Italien, befand sich ein altes, einem Marchese gehöriges Schloß, das man jetzt, wenn man vom St. Gotthard kommt, in Schutt und Trümmern liegen sieht: ein Schloß mit hohen und weitläufigen Zimmern, in deren einem einst, auf Stroh, das man ihr unterschüttete, eine alte kranke Frau, die sich bettelnd vor der Tür eingefunden hatte, von der Hausfrau aus Mitleiden gebettet worden war.

Das graphische Bild (Seite 169) mag den Leser auf den ersten Blick verwirren. Das liegt aber nicht in erster Linie an der Art der Darstellung, sondern am Bau des Satzes. Die ineinander verschachtelten Kasten und Kästchen bringen ein Merkmal von Kleists Stil zum Ausdruck. Bei genauerem Hinsehen erkennt man bald auch eine planvolle, oft symmetrische Anordnung und ahnt etwas von der kunstvollen Architektur der Sprache Kleists. Tatsächlich basiert das feingliedrige Satzgebilde auf einem sehr einfachen Grundmuster (Satzbauplan). Der Trägersatz besteht nur aus einer Raumergänzung, einem Prädikat und einem Subjekt: „Am Fuße der Alpen befand sich ein Schloß." Auf diese schmale Basis wollen wir uns vorerst konzentrieren; von hier aus können wir Schritt für Schritt mitverfolgen, wie die Dynamik der Sprache beim Ausbau dieses Satzes wirksam geworden ist.

Im Zentrum des Satzes steht „befand sich". Wer befand sich wo? Diese zwei Fragen müssen zwingend beantwortet werden. Kleist beschränkt sich darauf, nur gerade diese beiden Satzgliedstellen zu besetzen, er besetzt sie allerdings je doppelt. Auf die Frage „Wo?" antwortet er mit der symmetrischen Konstruktion „am Fuße der Alpen" und mit „bei Locarno im oberen Italien". Mit den beiden Ortsangaben wird der enge Spielraum der Handlung wie mit zwei Zirkelschlägen von Norden und von Süden her eingegrenzt. Mit der Frage „Wer?" wird der Handlungsort noch weiter eingegrenzt: Kleist antwortet wiederum zweimal, und zwar mit „ein Schloß". Im ersten Teil des Satzes wird uns das Schloß so vor Augen geführt, wie es „jetzt" aussieht: als Ruine. Durch den Doppelpunkt, der den zweiten Teil des Satzes einleitet, tritt der Leser wie durch eine magische Pforte in ein sagenhaftes „einst" hinüber. Er steht vor dem gleichen Schloß, diesmal aber zur Zeit seiner Blüte.

Dieses einfache, symmetrische Grundmuster des Satzes wird nun ausgebaut. Inhaltlich gesehen, geht es nur um eine weitere Differenzierung des Handlungsortes und um die Einführung der beiden Hauptfiguren: den unglücklichen Marchese, dem das Schloß gehört, und den unheimlichen Gast, dem Obdach gewährt wird. Für den Ausbau des ersten Satzteils benötigt Kleist eine einzige Frage: „Was für ein Schloß?" Er antwortet mit drei gleichwertigen Attributen, die sich in abstrakter Form so einbauen lassen: „Ein altes, besessenes und sichtbares Schloß." Beim ersten Attribut genügt die Minimalform „altes". Beim zweiten wird mit Hilfe eines Partizips der Marchese eingeführt; beim dritten sind drei weitere Verben nötig, um den Leser in seiner Gegenwart abzuholen und zum Schloß zu führen. Im zweiten Teil des Satzes steht der Leser schon mitten in der Erzählung: In aller Eile führt man ihn durch hohe und weitläufige Räume in ein Zimmer, wo sein Blick auf das Strohlager fällt, um das sich die ganze Erzählung drehen wird. Zwei Attributstellen sind nötig, um diese rasant konvergierende Entwicklung zu fassen: „Was für ein Schloß?" Antwort: „Ein Schloß mit Zimmern." Und: „Was für Zimmer?" Dreifache Antwort: „Hohe, weitläufige und bewohnbare Zimmer." Die erste Attributstelle und zwei Antworten zur zweiten Attributstelle sind wiederum so knapp wie nur möglich besetzt. Erst beim Ausbau der letzten Antwort wird es dramatisch: Um die bettelnde Frau einzuführen, die dem Marchese zum Verhängnis wird, bietet Kleist drei Verben auf, die umfangreiche Nebensätze hervorbringen.

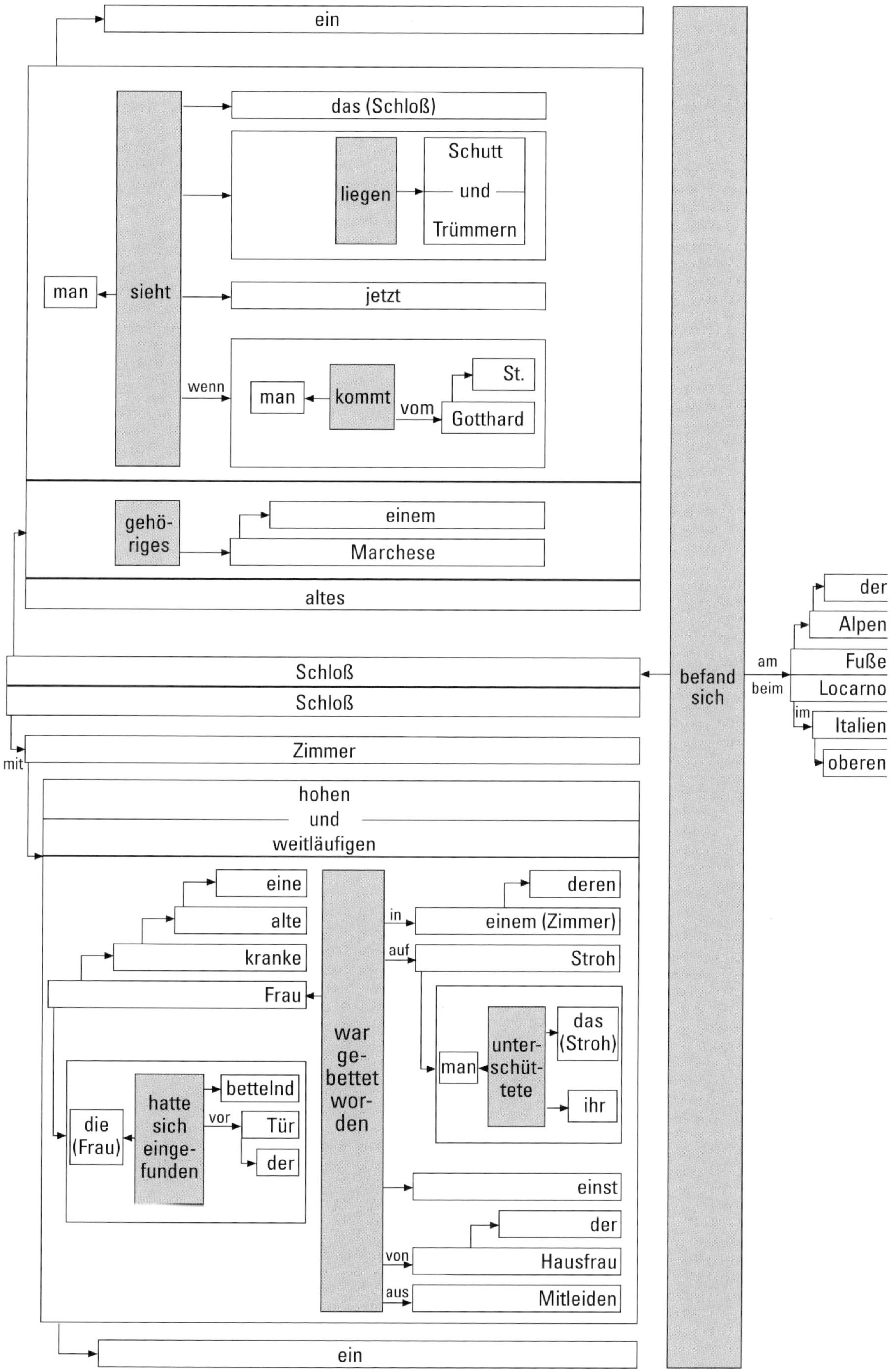
ein
das (Schloß)
liegen
Schutt
und
Trümmern
man
sieht
jetzt
wenn
man
kommt
vom
St.
Gotthard
gehö-
riges
einem
Marchese
altes
Schloß
Schloß
befand
sich
am
beim
im
der
Alpen
Fuße
Locarno
Italien
oberen
mit
Zimmer
hohen
und
weitläufigen
eine
alte
kranke
Frau
war
ge-
bettet
wor-
den
in
deren
einem (Zimmer)
auf
Stroh
man
unter-
schüt-
tete
das
(Stroh)
ihr
die
(Frau)
hatte
sich
einge-
funden
bettelnd
vor
Tür
der
einst
der
von
Hausfrau
aus
Mitleiden
ein

Kleist geht mit der Dynamik, die sich auf der Ebene des Satzes entfalten läßt, meisterhaft um. Er stellt insgesamt nur vier verschiedene Fragen („Wer?", „Wo?", „Was für ein Schloß?", „Was für Zimmer?"), und er beschränkt sich zur Hauptsache auf minimale Antworten. Nur zwei Mal macht er von dynamischen Ausbaumöglichkeiten Gebrauch. Wenn er den Leser in seine Welt hereinholt und wenn er den Keim für die Erzählung legt. Von der Wirkung dieser beiden Stellen hängt es ab, ob er mit seiner Erzählung Erfolg hat oder nicht.

Wie können wir Schüler mit der Dynamik auf der Ebene des Satzes vertraut machen? Kleist liefert uns ein Muster. Wenn sich im Satz eine Dynamik entfalten soll, muß der Schreiber ein Gefühl für die Grenzfälle beim Ausbau sprachlicher Elemente entwickeln. Wie kann ich ein Verb mit minimalsten Mitteln zum Satz ausbauen? Und im Kontrast dazu: Wo stoße ich an die Grenzen der Ausbaumöglichkeiten? Wie weit läßt sich ein Attribut reduzieren? Wie weit läßt es sich ausdehnen? Das Wissen um diese Grenzen und die Beweglichkeit im Spiel dazwischen gehören zum Handwerk des Schreibens. Dieses Spiel auf der Sprachebene ist aber nicht Selbstzweck; es dient – wie wir bei Kleist beobachtet haben – der Sache und der Intention des Autors. Diese Zusammenhänge müssen für die Schüler erfahrbar werden. In der Kommunikation mit den Schülern kann, wie wir am Beispiel von Manuels Text abschließend zeigen möchten, das Satzbaumodell sehr nützlich sein.

Manuels Text weckt eine Reihe von Fragen, die er nicht beantwortet. Welche Fragen sich bei einem bestimmten Leser tatsächlich einstellen, hängt natürlich ab von seiner Leseweise und vom Mitteilungskonzept, das er dem Text unterschiebt. Die folgenden Fragen stammen von einem Leser, der wenig vom Fischen versteht und sich vom Text Aufklärung erhofft.

- Wann und wo bist du angeln gegangen?
- Wann schneidet man Zapfen und Haken ab? Warum tut man das?
- Was ist ein Fischerlöffel? Wie sieht er aus, und wozu braucht man ihn?
- Warum ging es plötzlich „strenger"? Was für Schlüsse hast du daraus gezogen?
- Wann und warum hast du gemerkt, daß du einen Hecht gefangen hast?
- Was bedeutet dieser Fang für dich?
- Warum hätte der Hecht 15 Zentimeter länger sein müssen?

Es ist wichtig für Manuel, daß ihm der Leser solche Fragen mitteilt. Wie aber soll er sie beantworten, ohne sofort einen neuen Text verfassen zu müssen? Wie können wir ihn anleiten, das vorhandene Sprachmaterial aus seiner ersten Fassung als Basis für eine zweite Fassung zu benützen und auszuwerten? Hier leistet uns das Satzbaumodell gute Dienste. Es erlaubt uns, beratend am Schreibprozeß des Schülers teilzunehmen, ohne das, was er schon geschrieben hat, zu entwerten. Für die grobe Analyse eines Satzes genügt das folgende, stark vereinfachte Schema, mit dem Schüler bald einmal selbständig umgehen lernen. Auf eine differenzierte Darstellung von Nebensätzen und Attributen kann anfänglich verzichtet werden.

Mit Hilfe dieses Rasters können wir Fragen, die beim Lesen aufgetaucht sind, mit Fragen in Verbindung bringen, die sich von einem Verb oder einem andern Wort her stellen lassen. Wir tragen Sätze, über die wir beim Lesen gestolpert sind, in die vorbereiteten Kästchen ein und machen durch Fragen, die wir vor leere Kästchen schreiben, auf noch nicht realisierte Ausbaumöglichkeiten aufmerksam. Der Schüler erfährt nun, was sein Satz schon

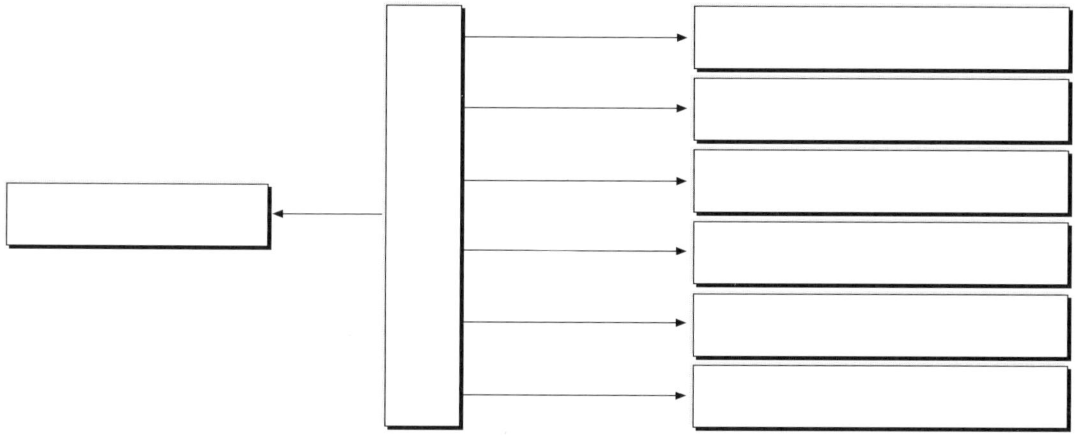

alles leistet, und er sieht, wo ein Ausbau möglich und, je nach Intention, sogar nötig ist. Denkbar ist sogar, daß solche Fragen dem Schüler überhaupt erst bewußt machen, was er mit seinem Text will. Er wird sich nämlich entscheiden müssen, ob und wie er die Fragen seines Lesers beantworten will. Dabei stößt er vielleicht auf Ideen oder Sachverhalte, die ihm bisher gar nicht bewußt waren. Das Satzbaumodell wird so zum Geburtshelfer für das Mitteilungskonzept.

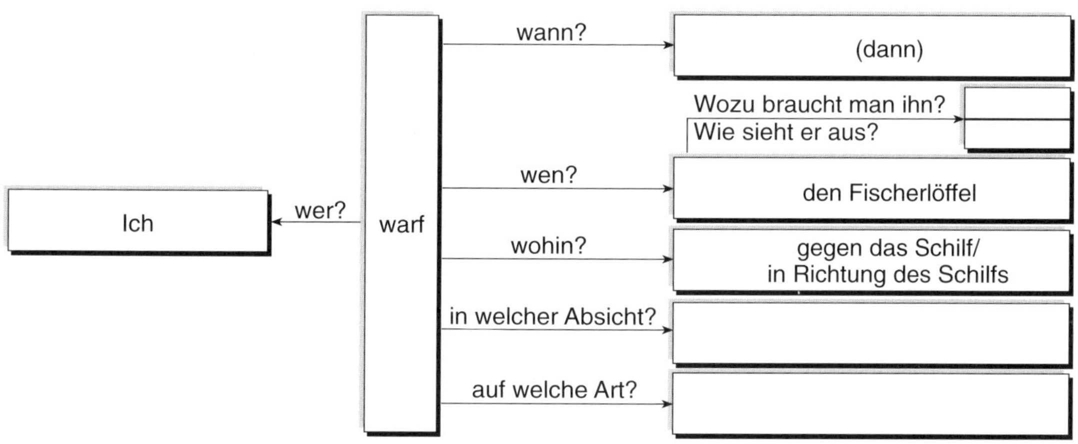

Wenn sich Manuel auf die Fragen nach dem Aussehen und der Funktion eines Fischerlöffels einläßt, wendet er sich dem interessierten Laien zu und muß seinen Text entsprechend umgestalten. Vermutlich muß er dazu noch etwas weiter ausholen, als wir ihm das mit einer Doppelbesetzung der Attributstelle zu „Fischerlöffel" vorschlagen. Wie wir bereits wissen, kommt der Frage „In welcher Absicht warf ich den Fischerlöffel gegen das Schilf?" eine besondere Bedeutung zu. Beantwortet Manuel sie, kommt die Pointe für eine Anekdote ans Licht. Eine Anekdote zu erzählen wäre für Manuel gewiß ein lohnendes Mitteilungskonzept. Daß einer beim Angeln Möwen vertreibt und dadurch zufällig einen Hecht fängt, ist beileibe nicht alltäglich. Wäre die Geschichte nicht erlebt, müßte man sie erfinden!

Das Satzbaumodell ermöglicht es dem Lehrer, die Struktur problematischer Sätze durchschaubar zu machen, ohne die Formulierungen als richtig oder falsch taxieren zu müssen. Er macht die Schüler auf Möglichkeiten des Ausbaus oder der Umgestaltung aufmerksam, ohne ihnen die Verantwortung abzunehmen, sich für ein taugliches Mitteilungskonzept und eine angemessene Formulierung zu entscheiden. Auf diese Weise lernen die Schüler,

Einheiten ins Auge zu fassen, aus denen ihre Sätze und Texte aufgebaut sind. Sie entwickeln ein Sensorium für die sachliche und sprachliche Dynamik, die in ihren Entwürfen schlummert: in den Wörtern, in den Sätzen und im ganzen Text. Die vorhandenen Einheiten können spielerisch variiert, ausgebaut, verändert, verschoben und durch andere Einheiten ergänzt oder ersetzt werden. Lücken und Mängel entpuppen sich nicht selten als Signale, die noch unentdeckte Beute ankündigen. Dabei gilt es, auch einen bescheidenen Fang zu würdigen. Es braucht nicht immer ein Hecht zu sein.

Ausblick

Relativistisches Denken – auch in der Pädagogik

Absicht

Leserinnen und Leser, die uns bis hierher gefolgt sind, haben einiges auf sich genommen. Wir haben Texte von Schulanfängern ins Zentrum dieses Buches gestellt, und wir haben ihnen den gleichen Respekt erwiesen, wie man ihn sonst nur Texten gestandener Autoren entgegenzubringen pflegt. Das ist Ausdruck einer pädagogischen Haltung, die singuläres Forschen auf verschlungenen Pfaden zum Fundament einer lebendigen Bildung erklärt. Die Art, wie die Schule mit Produkten umgeht, die ein Schüler gestaltend aus sich hervorbringt, prägt seine Einstellung zum Lernen und zu den Stoffen der einzelnen Fächer. Wir haben uns deshalb vorerst auf diejenige Phase der Schulzeit konzentriert, in der die Weichen für die weitere Entwicklung oft unwiderruflich gestellt werden: auf den Schulanfang. Im Sinne eines Ausblicks fassen wir nun aber das Ende einer erfolgreich verlaufenen Schulkarriere – das Ende der Gymnasialzeit – ins Auge.

Einsteins spezielle Relativitätstheorie gehört zum Schwierigsten, was man mit Gymnasiasten überhaupt noch behandeln kann. Sie zu verstehen ist selbst für Physikstudenten nicht einfach. Zwar wird jeder Physiker nach Abschluß des Studiums mit den betreffenden Formeln richtig zu hantieren verstehen; das beweist aber noch nicht, daß die regulären Begriffe mit singulären Inhalten, ohne die es kein wirkliches Verständnis gibt, gefüllt sind. Der folgende Text über die spezielle Relativitätstheorie ist in einem interdisziplinären Kurs mit zehn Maturanden entstanden, den wir in der Rolle als Germanist und als Physiker an einem Zürcher Gymnasium durchgeführt haben. Wir haben uns zum Ziel gesetzt, die ersten, grundlegenden Begriffe der speziellen Relativitätstheorie durch Aktivierung singulärer Prozesse und ohne mathematische Formeln lückenlos und für Laien nachvollziehbar darzustellen. Anknüpfend an ein nur angetipptes Gedankenmodell von Max Born – Lastkähne, die sich im Nebel auf einem Kanal bewegen – haben wir mit den Gymnasiasten ein eigenes Modell – das Gondelmodell – entwickelt und konsequent zu Ende gedacht. Zur Beschreibung des Gondelmodells haben sich die Schüler in fünf Gruppen aufgeteilt und sich dabei je auf einen Schwerpunkt konzentriert. Die fünf Entwürfe wurden anschließend durch uns Lehrer redigiert, ergänzt und zu einem ganzen Text zusammengebaut. Um die Eingriffe in die Schülertexte auf ein Minimum zu reduzieren, haben wir gewisse Brüche und sogar einen Wechsel im Mitteilungskonzept zwischen der Einführung und der Entwicklung des Modells in Kauf genommen.

Es hat mehrere Gründe, weshalb wir diesen recht umfangreichen Text an den Schluß dieses Buches stellen:

1. Es ist, wie schon angedeutet, ein Beispiel für singuläre Begriffsbildung auf der gymnasialen Oberstufe. Es ist ein Beleg dafür, daß sich die aufwendige Arbeit im Umgang mit Schülertexten, wie wir sie in den Szenen vorgestellt haben, auszahlt. Schüler, die einmal gelernt haben, durch das Gestalten von Texten Wissen zu generieren, entwickeln auch im wissenschaftlichen Forschen Eigenständigkeit und Selbstsicherheit. Und was vielleicht noch wichtiger ist: Dank der Beherrschung der Sprache bleiben sie kommunikationsfähig und können sich Laien auch dann noch verständlich machen, wenn sie später einmal in die Spitzenforschung aufrücken sollten.
2. Der Text ist aber auch ein Härtetest für die Sprache. Ist es möglich, selbst komplizierte wissenschaftliche Sachverhalte auf eine allgemeinverständliche und auch nachvollziehbare Weise darzustellen? Berühmte Forscher haben diese Frage bejaht und sie in eine dringliche Forderung umgeformt. Trotzdem gibt es nur wenige Texte, die es interessierten

Laien ermöglichen, sich auch in exakte Wissenschaften einzuleben. In diesem Gebiet drücken sich die Gymnasien – und mehr noch die Hochschulen – um einen Auftrag, der ganz in ihre Domäne gehört und der von höchster gesellschaftlicher Relevanz ist.

3. Der Text beweist, daß man durch konsequentes Ausdifferenzieren einer singulären Meinung zu einer präzisen Erkenntnis kommen kann, die zwar an den Einzelfall gebunden ist, aber Modellcharakter hat und ohne Schwierigkeiten von der singulären in die reguläre Darstellungsweise überführt werden kann. Die konsequent ausdifferenzierte Meinung ist das unentbehrliche Fundament für jede Verallgemeinerung. Sie ist der lebendige Inhalt des Begriffs, der durch die reguläre Definition eine Hülle bekommt, die öffentlich anerkannt und für die wissenschaftliche Diskussion unerläßlich ist.
4. Schließlich gibt der Text einem Leser, der weder Physik noch Mathematik studiert hat, Gelegenheit, sich in ein ihm unbekanntes Gebiet hinauszuwagen und den Prozeß der Begriffsbildung am eigenen Leib zu erfahren. Er wird sich dabei an Szenen aus dem zweiten Teil erinnern und kann vielleicht besser verstehen, warum sich Schüler oft so krampfhaft an Vertrautem festklammern und warum sie oft so große Umwege machen, um ein scheinbar naheliegendes Ziel anzusteuern.

Wer den Gedankengang Einsteins nachvollzieht, wird zu nichts weniger als zu einer Änderung seines Wirklichkeitsmodells gezwungen. ES GIBT KEINEN AUSSENSTEHENDEN BEOBACHTER – diese zentrale Einsicht Einsteins braucht, wenn man sie nur zitiert, noch keine Gänsehaut zu verursachen. Man muß sich schon in den Gedanken einleben, um etwas von der Erschütterung zu spüren, die von ihm ausgeht. Es ist für uns eben selbstverständlich, daß wir die Position eines außenstehenden Beobachters einnehmen können, der den Überblick hat und der die Gültigkeit seiner Maßstäbe nicht prinzipiell in Frage stellen muß. An dieser Stelle setzen wir mit unserem Gondelmodell an. Der Leser wird eingeladen, sich in die ohnmächtige Situation von Gondelbewohnern einzuleben, deren ganzer Lebensinhalt darin besteht, sich aus ihrer beschränkten Optik heraus an vorbeiziehenden Gondeln zu orientieren.

Das Gondelmodell hat für den Leser die gleiche Funktion wie die singulären Gedankenmodelle, mit denen sich die Kinder aus unseren Szenen in neue Sachgebiete vorgetastet haben. Er erlebt die Arbeit mit einem Gedankenmodell diesmal ausschließlich aus der Optik der VORSCHAU. Während er bei der Lektüre der Szenen immer den Überblick hatte und aus der sicheren Position der RÜCKSCHAU die Kinder mit Wohlwollen und oft wohl auch mit etwas Ungeduld beobachten konnte, bewegt er sich jetzt selber in Neuland. Es wird ihm jetzt ähnlich gehen wie Oliver, der sich an seinen gekrümmten Maßstab klammert, wie Manuela, die Nährwertkuchen erfindet, um die Rechnung $\frac{3}{4} \cdot \frac{5}{7}$ zu begreifen, wie Cyrille, der umständlich Pakete schnürt, um $10 \cdot 37$ zu berechnen, wie Christina, die von Karte zu Karte hüpft, um $5 - 8$ zu erleben, oder wie unsere Sekundarlehrerstudenten, die Bretter aushöhlen, um sich vor Augen zu führen, was „Minus mal Minus" bedeuten kann.

Wir sind uns bewußt, daß wir dem Leser mit der Lektüre des Gondelmodells nochmals einiges zumuten. Zwei Gründe veranlassen uns dazu: ein sachlicher und ein pädagogischer. Eine Begegnung mit dem modernen naturwissenschaftlichen Wirklichkeitsmodell, so meinen wir, lohnt sich auf jeden Fall. Zudem wirft eine solche Begegnung ein neues Licht auf die pädagogische Haltung, auf der unsere Arbeit basiert. Wir meinen, daß sich ganz neue Möglichkeiten des pädagogischen Handelns eröffnen, wenn der Lehrer dem Schüler gegenüber den Standort des außenstehenden Beobachters aufgibt und sich darauf konzentriert, Transformationsregeln zu erarbeiten, die es ihm erlauben, kritisierend und belehrend in Schülerprodukte einzugreifen, ohne sie zu entwerten.

Spezielle Relativitätstheorie – speziell erklärt

Ein Versuch, die grundlegenden Gedankengänge der speziellen Relativitätstheorie lückenlos nachzuvollziehen, ohne mathematische Formeln zu benützen

Heutzutage werden wir gehetzt. Wir jagen von einer Verabredung zur andern, tauschen flüchtig Gedanken aus und jagen zu einer nächsten Gruppe, die uns erwartet. Eine unheimliche Macht beherrscht uns: die Zeit. Eine segensreiche technische Errungenschaft, die wohlvertraute Uhr, steht ihr treu zu Diensten. Uns auch? Wir ermöglichen und erlauben es der Uhr, uns rücksichtslos zu führen. Wir einigen uns nämlich auf eine verbindliche Uhrzeit. Radio und Fernsehen geben allen die Zeit an, nach der man sich zu richten hat.

Wenn jemand sich nicht an eine vereinbarte Zeit hält, ärgern wir uns. Kleine Zeitdifferenzen zwischen der eigenen Uhr und der unseres Gesprächspartners rechnen wir allerdings als etwas Selbstverständliches mit ein: Bei einer wichtigen Verabredung treffen wir fünf Minuten zu früh am vereinbarten Ort ein; bei andern Anlässen tolerieren wir es, daß der Gesprächspartner einige Minuten zu spät ankommt. Grundsätzlich gehen wir in unserem Alltag aber davon aus, daß es möglich ist, Vereinbarungen einzuhalten: Daß verschiedene Gesprächspartner GLEICHZEITIG an einem vereinbarten Ort eintreffen können, erscheint uns als etwas Selbstverständliches.

Die Wette des Mr. Fogg

Die Engländer sind bekannt für ihre Korrektheit und Pünktlichkeit. Zudem spielen sie gern mit hohen Einsätzen. Auf diesen Eigenheiten baute Jules Verne seinen Roman „Reise um die Erde in 80 Tagen" auf. Mr. Fogg wettet mit seinen Clubkameraden, er könne in genau 80 Tagen rund um die Erde reisen und minuten-, ja sekundengenau zu einer vereinbarten Zeit wieder im Club eintreffen. Seine Freunde lassen sich nur ungern zu dieser ungewöhnlichen Wette herausfordern. Trotz mannigfaltiger Abenteuer und unvorhergesehener Hindernisse gewinnt Mr. Fogg seine Wette dem Umstand zufolge, daß er wegen seiner Bewegung gegen die Sonne einen Tag gewinnt. Warum fällt dies Fogg nicht auf? Er trägt ja eine Uhr mit sich, welche ihm während der ganzen Reise die englische Zeit anzeigt. Diese Uhr zählt natürlich nicht die 81 Tage, die Fogg tatsächlich erlebt, sondern bloß die 80 Tage, die zur gleichen Zeit in London verstreichen. Jules Verne hüpft in seinem spannenden Reisebericht sorglos von der echt englischen Zeit, die der Diener geflissentlich auf sich trägt, zur jeweiligen Ortszeit über, ohne in dieser Beziehung je sauberen Tisch zu machen. Er unterläßt es auch – absichtlich? –, uns zu verraten, wie Fogg an allen Ecken und Enden der Erde die maßgebende Londoner Zeit kennen soll. Keine Uhr tickte damals über 80 Tage exakt regelmäßig. Sie mußte von Zeit zu Zeit neu gerichtet werden. Diese Verschleierung des Zeitproblems trägt wesentlich zur Spannung des Romans bei, befriedigt aber den aufmerksamen Leser nicht ganz.

Ein Mann mit Prinzipien

Versuchen wir uns einmal vorzustellen, wie Jules Verne seinen Roman hätte umgestalten müssen, wenn ihm die sachliche Klarheit wichtiger gewesen wäre als die Unterhaltung. Wir kommen dabei natürlich auch nicht darum herum, von der berühmten dichterischen Freiheit Gebrauch zu machen. Lassen wir Mr. Fogg im indischen Dschungel bei Jabalpur eine verblüffende Entdeckung machen. Durch Zufall stößt er auf die Taubenrasse „Amarpuray", die sich vorzüglich für den Briefbotendienst eignet. Die Tauben fliegen nämlich mit unveränderlicher Geschwindigkeit und benötigen zur Beschleunigung oder Verzögerung keine Zeit. Fogg klügelt folgenden Plan aus: In New York, seinem letzten Zwischenhalt, will er seine Uhr haargenau richten. Darum schickt er drei zuverlässige Diener mit den exotischen Tauben auf dem schnellsten Weg nach London zurück. Einer der Diener erhält den Auftrag, nach New York weiterzureisen. Der zweite soll auf der Karte die genaue Mitte im Atlantik zwischen London und New York ermitteln und etliche Amarpuray-Tauben mit dem Schiff an jene Atlantikstelle führen. Der dritte Diener bleibt in London zurück.

Der Atlantik-Posten entläßt nun täglich gleichzeitig zwei Tauben an die beiden Streckenendpunkte London und New York. Da die beiden Tauben auf dem kürzesten Weg und mit konstanter Geschwindigkeit auf ihr Ziel zufliegen, können sie zum gleichen Zeitpunkt von den wartenden Dienern in New York und London in Empfang genommen werden. Beide Diener notieren sich die genaue Ankunftszeit, die sie auf ihren Uhren ablesen. Der Diener in London schickt nun seine Taube mit dem Zettel, auf dem ihre Ankunft in Londoner Zeit vermerkt ist, gelegentlich nach New York. Der New Yorker Diener braucht nun nur noch die Zeit auf dem Zettel, den ihm die Taube aus London gebracht hat, mit der bereits notierten Ankunftszeit seiner New Yorker Taube zu vergleichen und die Differenz auszurechnen, um festzustellen, um wieviel er seine Uhr vor- oder nachstellen muß, damit sie Londoner Zeit anzeigt.

Viel einfacher wäre es natürlich gewesen, wenn sich der Diener von Mr. Fogg die genaue Londoner Zeit direkt nach New York hätte telegraphieren lassen. Nur, Mr. Fogg traute dieser neuen Einrichtung nicht ganz; zudem wußte er, daß auch die elektromagnetischen Wellen eine gewisse Zeit brauchen, bis sie den Weg von London nach New York zurückgelegt haben. Daß die Übermittlungsdauer so gering ist, daß sie praktisch nicht ins Gewicht fällt, interessierte unseren Mr. Fogg nicht. Er war ein Mann mit Prinzipien. Deshalb suchte er nach einem Verfahren, mit dem man auch Uhren, die sich an weiter auseinanderliegenden Orten befinden, richten kann.

Über die Schwierigkeiten, Uhren zu synchronisieren

Erst in der Physik des 20. Jahrhunderts ist der kühne und eigenwillige Plan des Mr. Fogg so richtig zu Ehren gekommen. Das Verfahren, Uhren mit Hilfe von Boten zu richten, gilt heute als die einzige Möglichkeit, an verschiedenen Orten Gleichzeitigkeit herzustellen. Zwar stehen uns heute viel schnellere Boten zur Verfügung als die braven Brieftauben aus Indien, aber auch unsere Ansprüche an die Präzision sind gewachsen. Zudem benötigt auch unser schnellster Bote, die Telegraphie oder das Licht, eine gewisse Zeit, um von einem Punkt zum andern zu gelangen. Dies wird bei großen Distanzen offenkundig: Die Übermittlungsdauer Erde-Sonne beträgt etwa 8 Minuten.

Um uns diesen Sachverhalt vor Augen zu halten und um möglichst anschaulich zu bleiben, behalten wir im folgenden Mr. Foggs Brieftauben als Symbol für den Boten „Licht" bei. Die spektakulären Ergebnisse von Einsteins Theorie der Relativität lassen sich alle auf die Einsicht zurückführen, daß es keine andere Möglichkeit gibt, Uhren, die ein einzelner

Mensch nicht gleichzeitig mit einem Blick erfaßt, anders als mit Hilfe von mehr oder weniger schnellen Boten zu synchronisieren.

Absicht und Umfang der Einführung in Einsteins Theorie

Die folgende Einführung in die spezielle Relativitätstheorie richtet sich an interessierte Laien, die es – das nötige Sitzleder vorausgesetzt – einmal wirklich wissen wollen. Wir beschränken uns dabei auf einige überraschende Konsequenzen aus Einsteins Theorie, die zwar als Schlagwörter allgemein bekannt sind, aber nur von wenigen wirklich durchschaut werden.

> Schlagwort I: *Zeitdilatation*
> Schlagwort II: *Längenkontraktion*

So wird das folgende Gedankenexperiment von den Zwillingsbrüdern (Schlagwort I) allgemein mit Verwunderung zur Kenntnis genommen, kaum jemand mißt ihm aber eine reale Bedeutung bei:

> *Während der ganzen Lebenszeit des einen Bruders, der auf der Erde vom Kind zum Greis altert, macht der andere mit nahezu Lichtgeschwindigkeit eine lange Rundreise durch das Weltall. Er kehrt als junger Mann zurück und nimmt erstaunt zur Kenntnis, daß sein Zwillingsbruder ungleich mehr gealtert ist.*

Ähnlich ungläubig verhält man sich im allgemeinen gegenüber der Behauptung, daß rasch bewegte Gegenstände sich verkürzen (Schlagwort II) und daß es für Lichtwellen kein Trägermedium gibt, in welchem sie sich analog wie die Wasserwelle im Wasser oder die Schallwelle in der Luft fortbewegen.

> Schlagwort III: *Nichtexistenz des Lichtäthers*

Um zu den berühmten Folgerungen, daß man die Lichtgeschwindigkeit von 300 000 km pro Sekunde nicht übertreffen kann und daß jede Masse eine bestimmte Form von Energie darstellt ($E = mc^2$), vorzustoßen, ist es unerläßlich, daß man sich über die mit den erwähnten drei Schlagwörtern bezeichneten Sachverhalte Klarheit verschafft. Das ist allerdings ein recht mühsamer und beschwerlicher Weg und verlangt vom Leser eine hohe Bereitschaft, sich ernsthaft auf die Auseinandersetzung mit Gedankenmodellen und ihren einschränkenden Bedingungen einzulassen, die ihm im ersten Moment ungewohnt oder gar abwegig erscheinen mögen.

Da es das Prinzip dieser Einführung ist, einen lückenlosen Gedankengang zu skizzieren, ohne mathematische Formeln zu verwenden, müssen wir uns auf die Darstellung der drei Phänomene „Zeitdilatation", „Längenkontraktion" und „Nichtexistenz des Lichtäthers" beschränken. Der Fachmann und Kenner der speziellen Relativitätstheorie, der es gewohnt ist, mit Formeln umzugehen, hat Zugang zu den dargestellten Gedankengängen, ohne den aufwendigen Umweg über das hier verwendete Modell mit Gondelbahnen und Brieftauben abzuschreiten.

Sicht- und Hördistanz auf einen Meter eingeschränkt, Ferngespräch nur per Brieftaube

Nehmen wir an, über eine sehr breite Schlucht führen nahe nebeneinander zwei gleichartige Gondelbahnen A und B. Der Abstand der beiden parallelen Drahtseile, an denen die Gondeln hängen, beträgt nur knapp einen Meter, während der Abstand der Gondeln untereinander – gemessen von Gondelmitte zu Gondelmitte – bei beiden Bahnen genau 60 Meter groß ist (Figur 1).

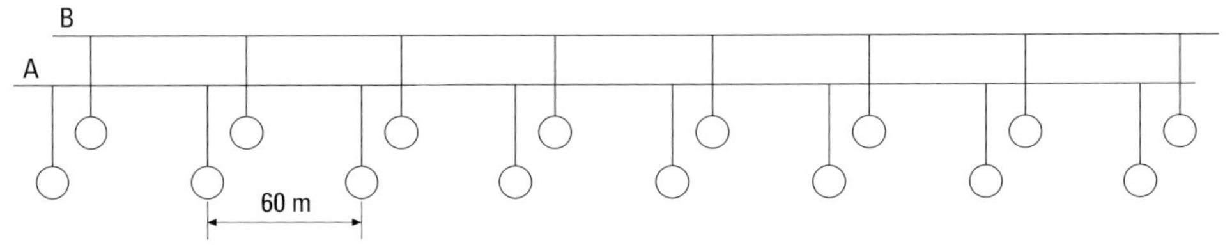

Figur 1: Gondelbahnen A und B

Beide Kabel der Gondelbahnen sind regelmäßig mit Gondeln behängt und führen in einem weiten Bogen wieder über die Schlucht zurück, so daß die Gondelzüge A und B nur auf der Hinfahrt parallel nebeneinander verlaufen (Figur 2).

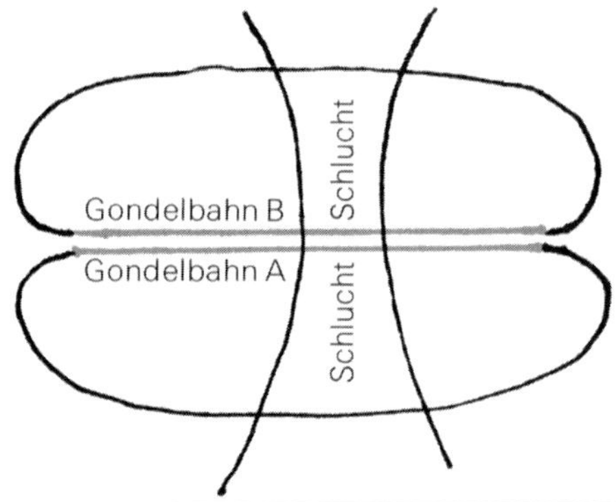

Figur 2: Skizze der Landkarte

Dichter Nebel, der in vollkommener Ruhe über der Schlucht liegt, schränkt die Sicht so stark ein, daß die Bewohner der Gondeln weder die beschriebene Anlage überblicken noch die Umgebung sehen können. Einzig die Gondel der benachbarten Gondelbahn wird für sie in dem Moment sichtbar, wo sie diese kreuzen. Die Gondelbewohner schlafen nicht nur nachts, sondern auch auf der Rückfahrt. Sie sehen keine Masten, spüren keine Vibrationen und verfügen auch über kein Sinnesorgan und kein Mittel, um irgend eine Bewegung gegenüber der Luft festzustellen. Kein Fahrtwind ist feststellbar. Ihr einziger Merkpunkt in der Außenwelt, an dem sie sich orientieren können, ist die Gondel der benachbarten Gondelbahn, die sich jeweils gerade vis-à-vis befindet. Aus diesem Grund legen sie auch so viel Wert darauf, die Uhren, die sich in allen Gondeln befinden, täglich so zu richten, daß sie alle die gleiche Zeit anzeigen.

Eines Tages kommen nun die beiden Gondelzüge gerade so zum Stillstand, daß sich vis-à-vis von jeder Gondel des Zuges A eine Gondel des Zuges B befindet. Beobachten wir nun die Gondelbewohner dabei, wie sie ihre Uhren synchronisieren. Dazu müssen sie, wie wir wissen, Boten zu Hilfe nehmen. Sie benützen Brieftauben der bekannten Sorte Amarpuray. Diese fliegen alle mit genau 36 km/h, das heißt mit 10 Metern pro Sekunde. Wir schreiben kurz 10 m/s. Ferner muß man bei ihnen keine Beschleunigungs- oder Abbremszeit in

Rechnung ziehen: Kaum ist eine Taube losgelassen, fliegt sie auch schon mit 10 m/s. Sofort ist klar, daß eine Taube 6 Sekunden braucht, um die 60 Meter von einer Gondel zur Nachbargondel des gleichen Gondelzuges zurückzulegen. Zunächst begnügen wir uns, zu verfolgen, wie in der Bahn A von einer Kommandogondel K aus die Uhren der beiden Nachbargondeln J und L gerichtet werden. In der Kommandogondel K befindet sich eine Präzisionsuhr, die nie stehenbleibt und von der alle Gondelbewohner des Gondelzuges A täglich die Zeit übernehmen müssen. 6 Sekunden vor 12.00 Uhr läßt man in der Kommandogondel K in beide Richtungen eine Taube fliegen. Wenn die Tauben in den Nachbargondeln J und L ankommen, stellen die Leute dieser Gondeln ihre Uhren auf genau 12.00 Uhr, unverzüglich und ohne Zeitverlust kehren die beiden Tauben nach K zurück, wo sie gleichzeitig eintreffen, nämlich 12 Sekunden nach ihrem Wegflug von K. Diese Flugzeit für 120 Meter bestätigt den Gondelbewohnern übrigens täglich neu, daß die Geschwindigkeit der Tauben tatsächlich 10 m/s beträgt. Mit dieser Synchronisationsmethode der Uhren von K, J und L kann man auch die Uhren in allen übrigen Gondeln der Bahn A richten.

Zwar befindet sich auch im Zug B, vis-à-vis der Kommandogondel K, eine Kommandogondel S mit einer Präzisionsuhr. Die Bewohner der Zuges B haben sich aber, seit die Gondelzüge still stehen, angewöhnt, die Zeit von der Uhr der jeweiligen Gondel des Zuges A, die gerade vis-à-vis von ihnen steht, abzulesen. Zur Kontrolle lassen sie auch noch ihre Brieftauben fliegen. Die Gondel vis-à-vis der Gondel J heiße T, die Gondel vis-à-vis der Gondel L heiße R (Figur 3). Wir halten fest: Sicht- und Hördistanz sind auf einen Meter eingeschränkt. Die Bewohner einer Gondel haben also jeweils nur mit den Bewohnern derjenigen Gondel des Nachbarzuges direkten Kontakt, die sich gerade vis-à-vis befindet. Die Nachrichten an alle übrigen Gondelbewohner werden ausschließlich mit Hilfe von Brieftauben übermittelt.

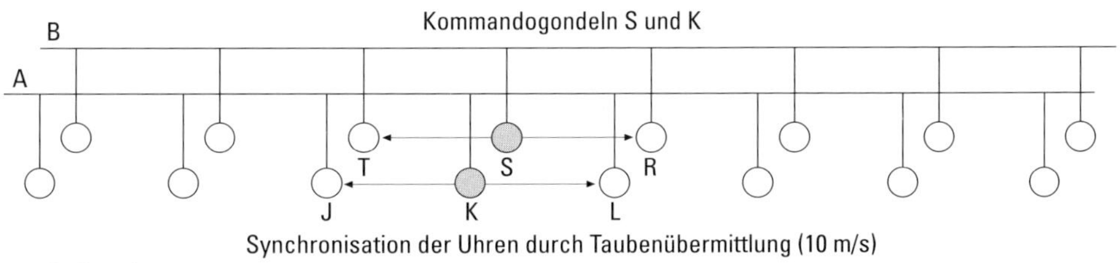

Figur 3: Gondelnamen

Wer sich wirklich bewegt, weiß nur der außenstehende Beobachter

In einer Nacht, unbemerkt von allen Leuten, wird plötzlich die Gondelbahn B in Funktion gesetzt. Zudem bleibt auch die Präzisionsuhr in der Kommandogondel S stehen. Die Gondeln bewegen sich am folgenden Tag, immer noch bei dichtestem Nebel, mit einer Geschwindigkeit von 6 m/s. Die Leute des Gondelzuges B wissen natürlich nicht, daß und wie schnell sie sich bewegen. Dasselbe gilt auch für die Leute des Gondelzuges A: Sie sehen die Gondeln von B an ihnen vorbeifahren, ohne zu wissen, wer sich tatsächlich bewegt. Die Bewohner der beiden Gondelzüge wissen einzig, daß der Abstand der Gondeln des eigenen Zuges 60 m beträgt und daß sie sich auf die Ganggenauigkeit ihrer Präzisionsuhren und die Zuverlässigkeit ihrer Brieftauben verlassen können. Bevor wir uns überlegen, wie die Gondelbewohner sich mit Hilfe dieser spärlichen Anhaltspunkte Klarheit über ihre neue Lage verschaffen können, versetzen wir uns für einen Augenblick in die Lage eines außenstehenden Beobachters, der die ganze Anlage überblickt und weiß,

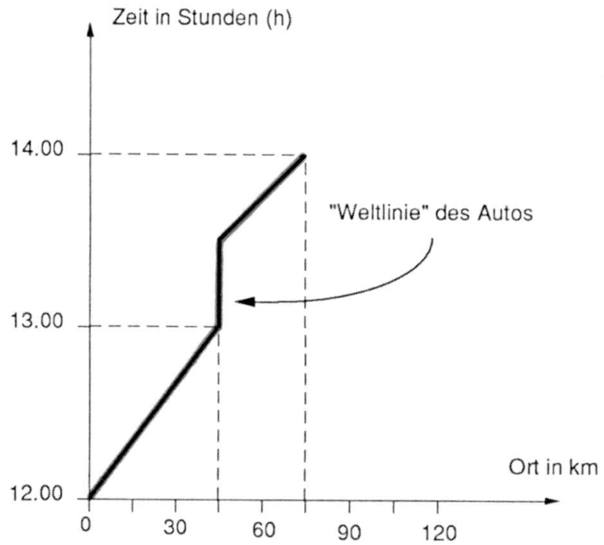

Figur 4: Beispiel eines graphischen Fahrplans
Ein Auto startet um 12.00 bei der km-Nullmarke mit einer Geschwindigkeit von 45 km/h und erreicht nach einer Stunde die Marke 45 km. Es wartet eine halbe Stunde, fährt dann mit einer Geschwindigkeit von 60 km/h während einer halben Stunde weiter und erreicht so die Marke 75 km.

welcher Gondelzug steht und welcher sich bewegt. Zur Veranschaulichung bedienen wir uns eines graphischen Fahrplans, wie er beispielsweise auch von Lokomotivführern benützt wird (Figur 4). Wir setzen im folgenden voraus, daß der Leser die Technik des Lesens einer solchen Graphik beherrscht.

In unserem Gondelfahrplan (Figur 5) bedeutet jede senkrechte Linie eine Gondel des Gondelzuges A, der ja effektiv ruht. Die schiefen Linien entsprechen den Gondeln des Zuges B. Überall, wo sich zwei solche Linien – die sogenannten „Weltlinien" der Gondeln – treffen, kann man aus dem Fahrplan ablesen, zu welcher Zeit und an welchem Ort die Begegnung stattfindet. Beispielsweise treffen sich die Gondeln T und K bei der Marke 180 Meter (wo ja die Gondel K ruht) zur Zeit 30 Sekunden nach 12.00 Uhr. Außerdem ist ersichtlich, daß R in der Bewegungsrichtung vor S, T aber hinter S liegt, woraus sich die merkwürdige alphabetische Reihenfolge der Gondelnamen in Figur 3 erklärt.

Wie deuten nun die Bewohner der beiden Gondelzüge die neue Situation? Sie gehen natürlich beharrlich davon aus, daß sie selbst ruhen. Die Bewohner des Zuges A sehen die drei benannten Gondeln in der Reihenfolge R, S, T vorbeiziehen. Da die Gondeln des Zuges A alphabetisch gegenläufig zum Zug B benannt sind, sehen auch alle Bewohner des Zuges B zuerst die Gondel J, dann K und schließlich L vorbeiziehen.

In den folgenden Überlegungen müssen wir immer klar auseinanderhalten, ob wir die Ereignisse aus der Sicht der Gondelbewohner des Zuges A beurteilen, aus der Sicht der Bewohner des Zuges B oder ob wir Gebrauch machen von der Übersicht und dem umfaßenden Wissen des außenstehenden Beobachters. Wir dürfen auch nicht vergessen, daß sich die Gondelbewohner beider Züge je an ihrem eigenen Gondelzug als ihrem Bezugssystem orientieren und daß sie ihre Deutungen auf die wenigen ihnen bekannten Fakten abstützen müssen, die für sie unumstößliche Annahmen (Axiome) darstellen:

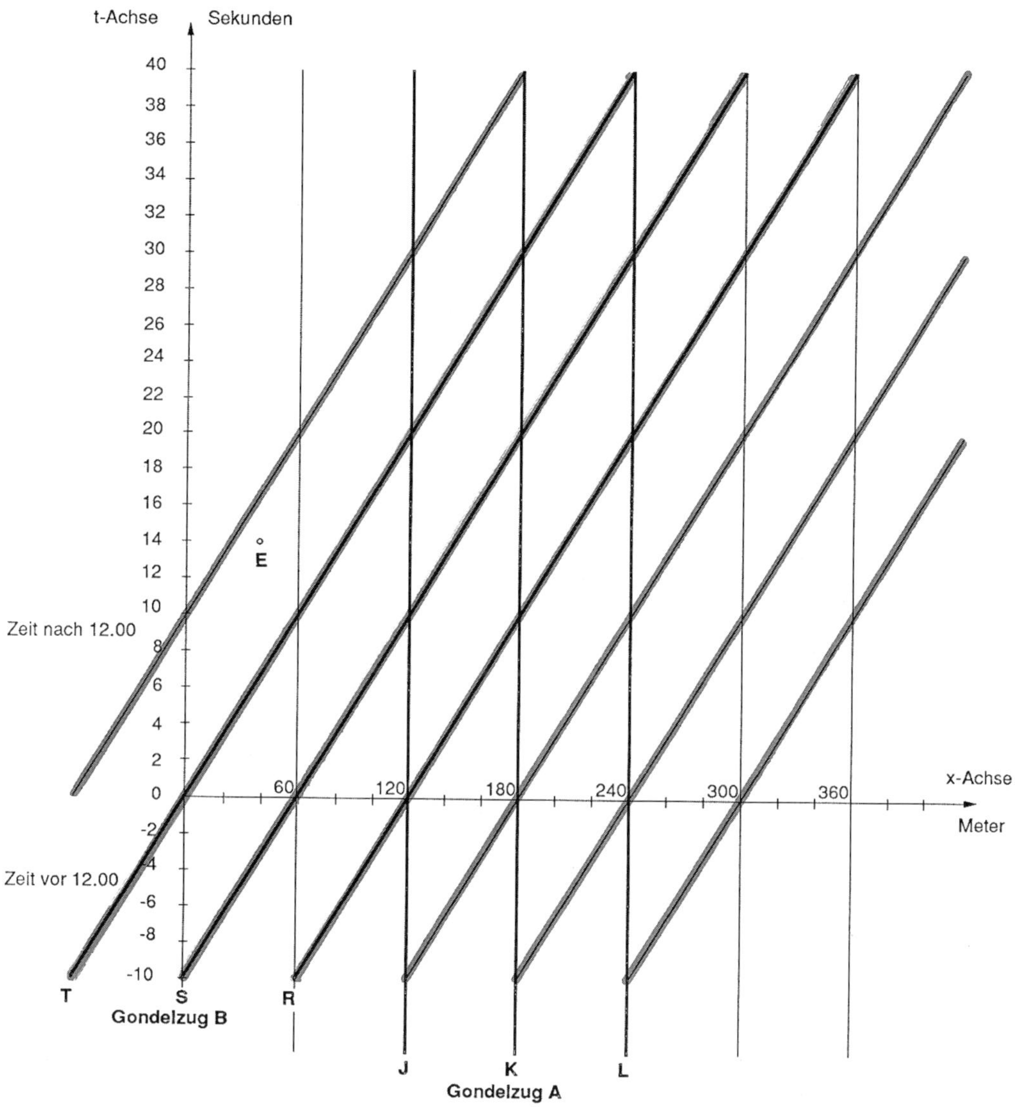

Figur 5: Graphischer Fahrplan der Gondelzüge A und B
Jeder Punkt in dieser x-t-Ebene bedeutet ein sogenanntes EREIGNIS. Auch wenn gar nichts Besonderes geschieht, nennt man einen Punkt Ereignis. Der eingezeichnete Punkt E zum Beispiel bedeutet das Ereignis „14 Sekunden nach 12.00 an der Marke 40 Meter". Alle Weltlinien der Gondeln des Zuges A sind vertikale Geraden, weil die Gondeln ruhen. Alle Weltlinien der Gondeln B sind schiefe Geraden. Aus ihrer Neigung kann man die Geschwindigkeit der Gondeln ablesen: Man stellt fest, daß sich zum Beispiel die Gondel S innerhalb von 10 Sekunden von der Marke „60 Meter" zu der Marke „120 Meter" fortbewegt, das heißt, sie bewegt sich mit 6 Metern pro Sekunde. In der Folge interessieren uns besonders die Gondeln J, K, L vom Zug A und die Gondeln R, S, T vom Zug B. Deshalb sind ihre Weltlinien fett hervorgehoben. Jeder Schnittpunkt einer schiefen Geraden mit einer vertikalen bedeutet eine Kreuzung zweier Gondeln. Beispielsweise kreuzt die Kommandogondel K die Gondel R genau 10 Sekunden nach 12.00 bei der Marke „180 Meter".

Axiom 1:
Der Abstand von Gondelmitte zu Gondelmitte im eigenen System beträgt genau 60 Meter.
Axiom 2:
Die Präzisionsuhr in der eigenen Kommandogondel läuft exakt regelmäßig.
Axiom 3:
Das eigene System ist in Ruhe.
Axiom 4:
Die Uhren des eigenen Systems können nur mit Hilfe der Taubenmethode synchronisiert werden.

Es gehört zur eigentlichen Absicht dieser Einführung, den Leser mit der Situation der Gondelbewohner, die tatsächlich der Situation eines Physikers entspricht, vertraut zu machen. Auch der Physiker der Gegenwart muß von einem festgelegten Gegenstand annehmen, daß er ihm jederzeit die Längeneinheit angibt (Axiom 1). Er muß annehmen, daß irgend eine festgelegte periodische Erscheinung die Zeiteinheit angibt (Axiom 2). Er muß alle Messungen von seinem Bezugssystem aus ausführen (Axiom 3), und er muß weit entfernte Uhren mit elektromagnetischen Wellen (Licht) gemäß der Methode von Mr. Fogg synchronisieren. Der Weg zu Einsteins epochemachenden Entdeckungen ist tatsächlich erst frei geworden mit der Einsicht, daß man sich auf diese vier Axiome beschränken muß und daß es den Standpunkt des außenstehenden Beobachters, wie wir ihn in unserem Modell vorläufig noch annehmen, in der Wirklichkeit gar nicht gibt.

Die Bewohner des Gondelzuges B müssen ihre Uhren aus eigener Kraft synchronisieren

Wie verhalten sich nun die Bewohner des Gondelzuges B, als sie entdecken, daß vis-à-vis ihrer Gondeln keine Gondeln des Zuges A mehr ruhen, von denen sie ohne weiteres die Zeit übernehmen können, und daß ihre eigene Präzisionsuhr stillsteht? Als erstes wollen sie natürlich in ihrem eigenen System die Voraussetzungen dafür, daß sie sich untereinander eindeutig verständigen können, wieder herstellen. Die Uhren des Systems B müssen also synchronisiert werden. Zu diesem Zweck stellen sie die Präzisionsuhr in der Kommandogondel S willkürlich auf eine bestimmte Zeit ein und setzen sie in Gang. Die Synchronisation der übrigen Uhren erfolgt in der üblichen Weise mit Hilfe der Brieftauben.

Wie sehen nun die Weltlinien von Tauben in unserem graphischen Fahrplan aus? Die Tauben fliegen alle mit 10 m/s gegenüber der ruhenden Luft. Das bedeutet, daß sowohl die Tauben, die vom Gondelzug A, als auch die Tauben, die vom Gondelzug B aus losgelassen werden, auf Weltlinien fliegen, die mit 45 Grad gegen die x- und die t-Achse geneigt sind. Dies wird in der Figur 6 gezeigt.

Wenn jetzt je eine Taube von der sich bewegenden Gondel S aus nach vorn und nach hinten ausgesandt wird, so wird die nach hinten fliegende Taube viel früher auf die ihr entgegenfahrende Gondel T treffen als die nach vorn fliegende Taube auf die sich in ihrer Richtung bewegende Gondel R. Da nun die Leute von B gar nicht wissen und auch mit keinem Mittel der Welt feststellen können, wer sich bewegt, stellen sie die Uhren in R und T bei der Ankunft der Tauben auf 12.00, so wie sie es schon immer gemacht haben. Wie gewohnt lassen nun die Gondelbewohner in R und T die Tauben unverzüglich zurückfliegen zur Kommandogondel S, wo sie, wie aus dem graphischen Fahrplan in der Figur 7 ersichtlich, gleichzeitig ankommen.

Allerdings stellt man jetzt in S fest, daß die Totalzeit, während der die Tauben unterwegs waren, nicht wie früher, als man neben A ruhte, 12 Sekunden, sondern 18 3/4 Sekunden ausmacht. Wir wissen natürlich, daß dies daher kommt, daß sich der Gondelzug B bewegt. Die Bewohner der Gondelbahn B dagegen können ja die Bewegung gegen die Luft nicht feststellen und nehmen daher stets an, dass die Gondeln A sich bewegen und sie selbst ruhen. Die größere Zeit, die die Tauben jetzt plötzlich benötigen, erklären sie sich dadurch, daß die Tauben langsamer fliegen. Sie haben also mit einer neuen Taubengeschwindigkeit von 120 Metern pro 18 3/4 Sekunden, das heißt mit 6.4 m/s zu rechnen (120 : 18 3/4 = 480 : 75 = 160 : 25 = 640 : 100 = 6.4). Sie nehmen an, daß ihr Gondelzug B der gleiche

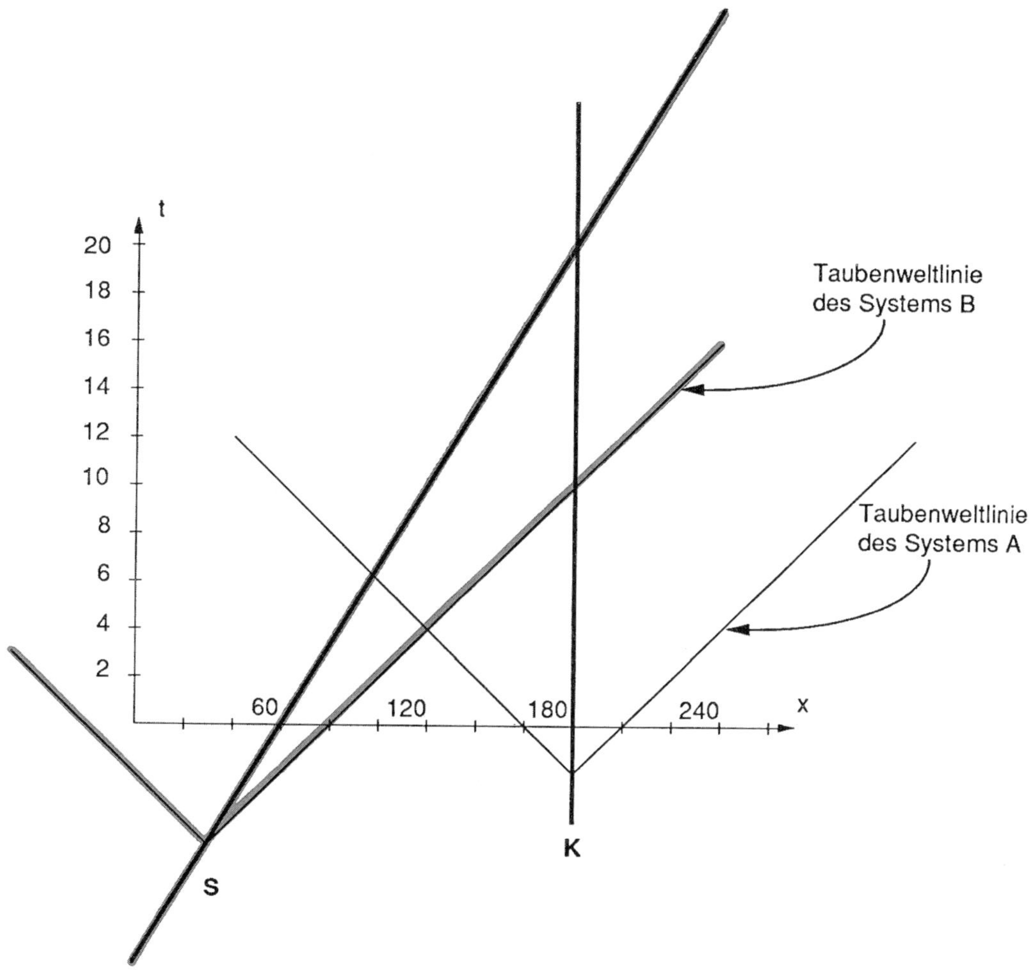

Figur 6: Taubenweltlinien
Von der Kommandogondel K wird 2 Sekunden vor 12.00 in beide Richtungen je eine Taube losgelassen. Da sich die Tauben mit 10 Metern pro Sekunde entfernen, erscheinen ihre Weltlinien im graphischen Fahrplan mit 45° gegen die beiden Koordinatenachsen geneigt. Werden nun zum Beispiel um 5 Sekunden vor 12.00 von S aus zwei Tauben in beide Richtungen ausgesandt, so erzeugen diese ebenfalls Weltlinien mit 45° Neigung, denn die Tauben werden für ihren Flug nicht dadurch beeinflußt, daß die Gondel S sich beim Start bewegt. Man erkennt übrigens aus diesem graphischen Fahrplan, daß sich zwei Tauben bei der Marke „120 Meter" 4 Sekunden nach 12.00 kreuzen.

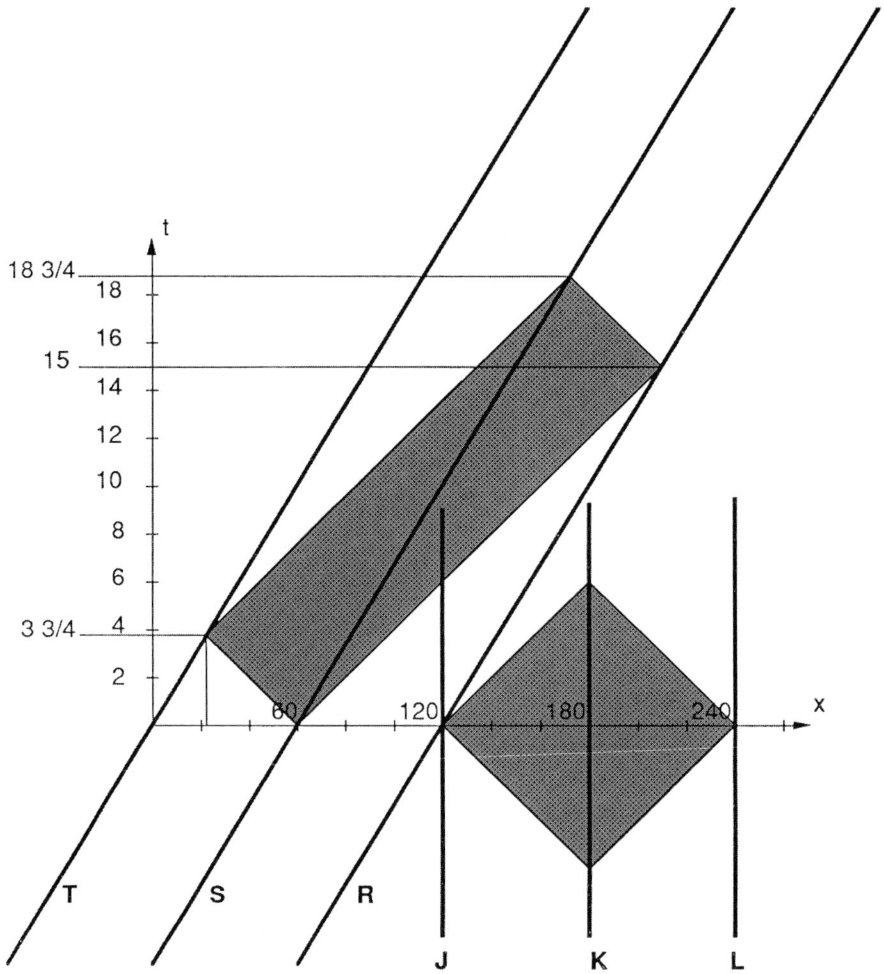

Figur 7: Taubenexperiment
Wir betrachten hier nur die sechs Gondeln J, K, L und R, S, T, die uns besonders interessieren. Wird von K in beide Richtungen, also in Richtung von J und L, je eine Taube abgeschickt und bei der Ankunft sofort wieder nach K zurückgesandt, so entsteht aus den Weltlinien der Tauben das gerasterte Quadrat, dessen vertikale Diagonale die 12 Sekunden für Hin- und Rückflug abdeckt. Wird das gleiche Experiment von S aus gemacht, so bilden die Weltlinien der beiden Tauben, die nach R und T fliegen, nicht ein Quadrat, sondern ein Rechteck, dessen Gesamtausdehnung in Richtung der t-Achse eine Zeit von 18 ³/₄ Sekunden abdeckt. (Diese Zahl kann der Leser in einer vergrößerten Darstellung auf kariertem Papier ohne weiteres exakt aus der Zeichnung herauslesen. Er wähle dazu 8 Kästchenlängen für 20 Meter auf der x-Achse resp. 2 Sekunden auf der t-Achse.)

ist wie früher, also der Abstand zwischen den Gondeln 60 Meter beträgt und die Uhren gleich laufen. Diese Erklärung ist für die Leute von B die einzig mögliche, solange sie ihr Gondelsystem als unverändert annehmen. Sie finden sich damit ab und schicken also an den folgenden Tagen die Tauben zum Synchronisieren der Uhren von R und T früher ab als gewohnt: nicht 6, sondern 9 $^3/_8$ (also die Hälfte von 18 $^3/_4$) Sekunden vor 12.00 auf der Uhr von S.

Natürlich stellen die Bewohner des Gondelzuges B bald einmal fest, daß ihre Uhren mit den Uhren der Bewohner des Gondelzuges A nicht mehr übereinstimmen. Sie führen das vorerst darauf zurück, daß ihre Präzisionsuhr nach dem Stillstand zu einem willkürlich gewählten Zeitpunkt wieder in Gang gesetzt worden ist, und glauben, diese Zeitdifferenz lasse sich auf einfache Weise aus der Welt schaffen. Die Bewohner der Gondel R haben nämlich festgestellt, daß die Uhr in der Gondel J beim Kreuzen zufälligerweise immer gerade 12.00 anzeigt, die eigene Uhr dagegen genau 11.32 Uhr. Deshalb wird beschlossen, alle Uhren im Gondelzug B um 28 Minuten vorzustellen.

Nachdem die Uhren in allen Gondeln des Zuges B gestellt worden sind, werden von den Kommandogondeln aus die Tauben zu den beiden benachbarten Gondeln zu einem Kontrollflug ausgeschickt. In K starten die beiden Tauben, wenn dort die Präzisionsuhr 6 Sekunden vor 12.00 anzeigt, in S starten die Tauben, wenn dort die Präzisionsuhr $9^3/_8$ Sekunden vor 12.00 anzeigt. (Diese Zahl wurde oben berechnet.) Tatsächlich treffen die Tauben, die nach J und R unterwegs sind, genau in dem Moment an ihrem Bestimmungsort ein, als die beiden Gondeln J und R sich kreuzen. Befriedigt stellen die Bewohner von J und R fest, daß ihre Uhren in diesem Moment auf 12.00 zeigen, und brechen das Experiment ab. Aus dem graphischen Fahrplan in Figur 8 kann man die Begegnungen von J und R und den beiden Tauben als gemeinsamen Schnitt der vier Weltlinien auf der Marke „120 Meter“ der x-Achse deutlich erkennen.

Warum zeigen die Uhren in den beiden Systemen verschiedene Zeiten an?

Am nächsten Tag, als nun die Bewohner aller Gondeln des Zuges B ihre Uhren mit denen des Zuges A vergleichen, erleben sie eine böse Überraschung. Es stimmt nur gerade die Uhr der Gondel R mit allen Uhren im Gondelzug A überein. Alle übrigen Bewohner des Zuges B stellen fest, daß ihre Uhren eine andere Zeit anzeigen als die Uhren in den Gondeln des Zuges A. Was ist geschehen?

Für den außenstehenden Beobachter ist der Fall natürlich klar. Die Uhren im System A zeigen die richtige Zeit an. Die Uhren im System B dagegen sind verstellt, weil die Gondeln während des Richtens der Uhren mit Hilfe der Brieftauben in Bewegung waren. Dies kann man im graphischen Fahrplan (Figur 8) leicht ablesen. Wir vergleichen zuerst alle Positionen miteinander, an denen die Uhren in den einzelnen Gondeln 12.00 anzeigen. Im System A, welches die richtige Zeit besitzt, liegen GLEICHE ZEITEN AUF HORIZONTALEN GERADEN, im System B dagegen auf SCHIEFEN GERADEN. Das hat folgende Ursache: Wenn von der Kommandogondel S aus die Tauben zum Synchronisieren der Uhren $9^3/_8$ Sekunden vor 12.00 abgeschickt werden, zeigen die Uhren im System A 15 Sekunden vor 12.00 an (Figur 8). Wenn man die Borduhr in T bei der Ankunft der Taube auf 12.00 einstellt, zeigen die Uhren im System A $11^1/_4$ Sekunden vor 12.00 an. Die Uhr von T geht also um $11^1/_4$ Sekunden vor. Kreuzt dann T zum Beispiel die Gondel J des Zuges A, deren Borduhr dann 20 Sekunden nach 12.00 anzeigt, zeigt die Borduhr in T bereits $31^1/_4$ Sekunden nach 12.00 an (Figur 8). Nur die Uhr in der Gondel R, welche die Zeit von der Gondel J übernommen hat, zeigt die gleiche Zeit an wie die Uhren im System A. Bereits die Uhr der Kommandogondel S geht gegenüber den Uhren des Systems A um $5\ ^5/_8$ (die Hälfte von $11^1/_4$) Sekunden vor. Die Zeitdifferenzen zwischen den Uhren der beiden Systeme nehmen nun von Gondel zu Gondel um $5\ ^5/_8$ Sekunden zu: Die Uhr der Gondel T geht $11^1/_4$ Sekunden vor, die Uhr der nächsten Gondel – sie hieße Gondel U – um $16\ ^7/_8$ Sekunden usw.

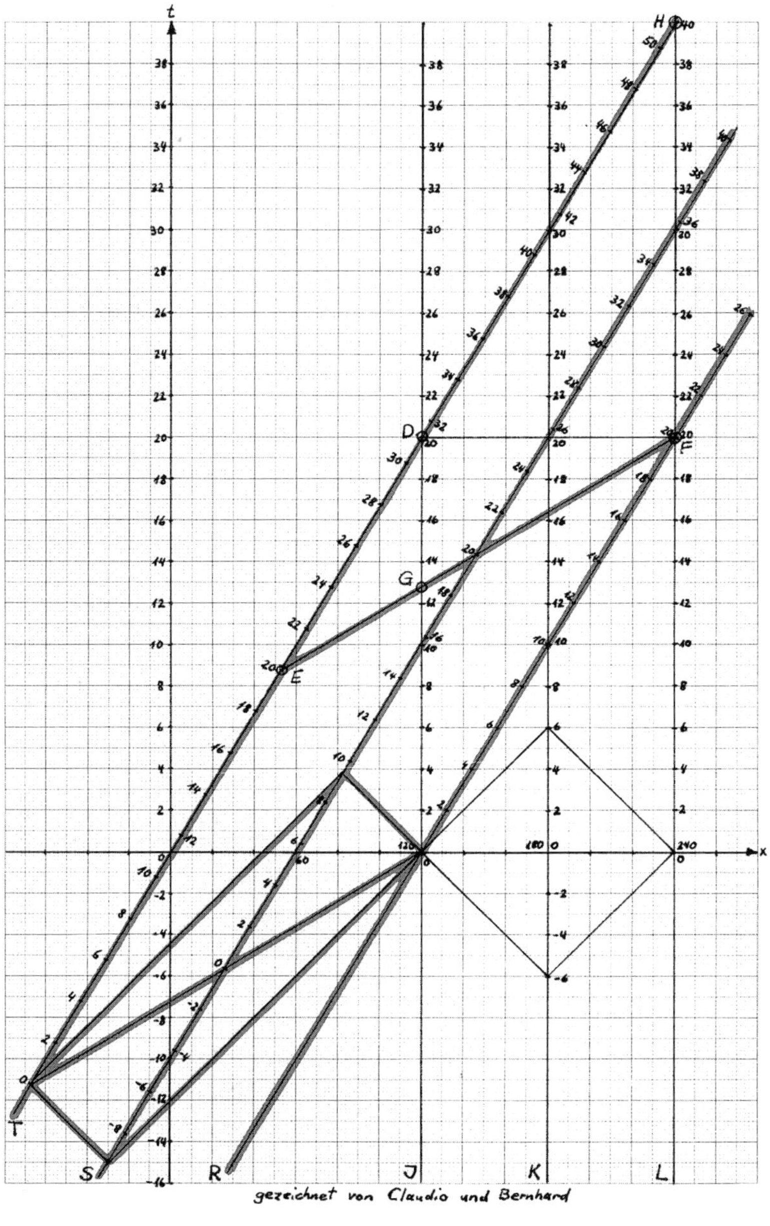

Figur 8: Grundlage für die ersten Protokolle

Diese Figur faßt die vorangehenden zusammen und gibt detailliertere Auskünfte. Neben dem Quadrat und dem Rechteck, die bereits in der Figur 7 erklärt wurden, sind auf den Weltlinien der sechs Gondeln jeweils auch die Uhrzeiten der Borduhren angegeben. Da das System B seine Uhren mit den Tauben synchronisiert, liegen die Punkte mit gleichen Zeiten in den Gondeln R, S und T nicht wie im System A auf horizontalen, sondern auf schiefen Geraden, die ebenso stark gegen die x-Achse geneigt sind wie die Weltlinien von B gegen die t-Achse. Die Uhr von S geht $5\frac{5}{8}$ Sekunden, die Uhr von T $11\frac{1}{4}$ Sekunden im Vergleich zum System A vor, ohne daß dies den Bewohnern von B bewußt ist.

Was hat das nun für Konsequenzen? Nehmen wir an, zwei Ereignisse treffen genau in dem Moment ein, wenn die Bewohner von R und T auf ihren Uhren 14.00 ablesen. Die Bewohner von R und T bezeichnen in diesem Fall das Eintreffen der beiden Ereignisse als gleichzeitig. Im graphischen Fahrplan der Figur 8 würden die beiden Punkte, die die Ereignisse markieren, auf einer schiefen Geraden liegen. Könnten von irgend zwei Gondeln des Systems A die gleichen Ereignisse beobachtet werden, so würden diese Bewohner behaupten, eines dieser beiden Ereignisse sei um 11¼ Sekunde früher eingetroffen als das andere. Das heißt aber nichts anderes, als daß in den beiden Systemen verschiedene AUFFASSUNGEN darüber bestehen, was GLEICHZEITIG und was NICHT GLEICHZEITIG ist.

Die beiden Systeme vermessen sich gegenseitig mit Hilfe von Protokollen

Die Gondelbewohner selbst, die ja keinen graphischen Fahrplan zur Verfügung haben, können ihre Lage natürlich nicht auf die einfache Weise erklären wie der außenstehende Beobachter, der weiß, welcher Gondelzug steht und welcher sich bewegt. Beide Systeme halten an ihren Axiomen fest, weil es weder den Bewohnern von A noch den Bewohnern von B möglich ist, mit Hilfe der beschränkten Mittel und Kenntnisse, die ihnen zur Verfügung stehen, eines der Axiome in bezug auf das eigene System durch ein Experiment zu widerlegen. Aus diesem Grund konzentrieren sie sich darauf, Fehler in den Deutungen der Bewohner des ANDERN Systems aufzudecken. Dies geschieht aufgrund der folgenden Abmachungen, an die sich die Bewohner von A und B gleichermaßen halten: Beide Gondelsysteme sollen je in den Nachbargondeln der Kommandogondeln ein Protokoll erstellen lassen. Es soll in diesem Protokoll stehen, zu welcher Zeit auf der Borduhr welche Gondel des andern Gondelsystems genau auf gleicher Höhe vis-à-vis gesichtet wird. Auf der Basis der Protokolldaten will man dann in jedem System den Gang der Uhren und die Größe der Gondelabstände des andern Systems kontrollieren.

Nach der Durchführung des Experiments liegen vier Protokolle mit Meßergebnissen vor, die sowohl in der Kommandogondel K wie auch in der Kommandogondel S ausgewertet und gedeutet werden. Über die Fakten, wie sie in der folgenden Tabelle aufgelistet sind, sind sich die Bewohner der beiden Systeme einig; in den Deutungen dagegen ergeben sich Widersprüche, weil jedes System die Fakten gemäß den Annahmen in bezug auf das eigene System auswertet. Der Leser kann die Fakten anhand des graphischen Fahrplans in Figur 8 überprüfen.

Begegnung von J mit R:	Auf der Uhr von J:	0 Sekunden nach 12.00
(Marke „120 Meter")	Auf der Uhr von R:	0 Sekunden nach 12.00
Begegnung von J mit T:	Auf der Uhr von J:	20 Sekunden nach 12.00
(Ereignis D)	Auf der Uhr von T:	31¼ Sekunden nach 12.00
Begegnung von L mit R:	Auf der Uhr von L:	20 Sekunden nach 12.00
(Ereignis F)	Auf der Uhr von R:	20 Sekunden nach 12.00
Begegnung von L mit T:	Auf der Uhr von L:	40 Sekunden nach 12.00
(Ereignis H)	Auf der Uhr von T:	51¼ Sekunden nach 12.00

Zuerst stellt man sich in der Kommandogondel K die Frage, ob die Uhr in der Gondel R richtig laufe. Diese Uhr wurde zuerst um 12.00 von J gesichtet und zeigte genau 12.00 an. Die GLEICHE Uhr wurde 20 Sekunden nach 12.00 von L gesichtet, wobei auch L übereinstimmend die Zeit 20 Sekunden nach 12.00 auf der Uhr von R festgestellt hat. Vom System A aus scheint also die Uhr in R korrekt zu laufen. Anschließend untersuchen sie die Uhr in T und stellen fest, daß sie zwar richtig läuft, aber falsch gerichtet ist. Wenn die Uhren im System A 20 Sekunden nach 12.00 anzeigen, stehen nämlich die Zeiger der Uhr in T bereits auf 31 1/4 Sekunden nach 12.00, und um 40 Sekunden nach 12.00 zeigen sie bereits 51 1/4 Sekunden nach 12.00 an.

Nun wird die obenstehende Tabelle auch in S ausgewertet und gedeutet. Man überprüft den Gang der Borduhr von J. Diese Uhr wurde von R um 12.00 gesichtet und zeigte ebenfalls 12.00 an. Die gleiche Uhr wurde später von T um 31 1/4 Sekunden nach 12.00 gesichtet, zeigt aber erst 20 Sekunden nach 12.00 an. Man kommt zum Ergebnis, daß offenbar die Uhr in der Gondel J ZU LANGSAM läuft, wenn man davon ausgeht, daß im eigenen System B alles in Ordnung ist. Die Uhren von A laufen also – von B aus beurteilt – mit einem Faktor 16/25 (das ist das Divisionsergebnis von 20 : 31 1/4 = 80 : 125 = 16/25) zu langsam. Die Längenmessungen, die mit Hilfe der Protokolldaten durchgeführt werden müssen, sind nur indirekt möglich und gestalten sich etwas schwieriger. Auf eine dieser Schwierigkeiten wird der Leser mit dem folgenden Exkurs aufmerksam gemacht:

> *Wenn Sie die Breite eines Fensters bestimmen müssen, dann achten Sie natürlich darauf, daß Sie den Maßstab während des Ablesens nicht verschieben. Diese Forderung könnten Sie nicht so leicht erfüllen, wenn man von Ihnen verlangen würde, die Breite eines Fensters eines vorbeifahrenden Zuges zu messen; Sie müßten dann nämlich besonders darauf achten, daß die beiden Ablesungen auf dem Maßstab gleichzeitig erfolgen. Wahrscheinlich würden Sie zu diesem Zweck einen Gehilfen anstellen, der Ihnen beim Ablesen hilft: Auf ein gemeinsames Kommando „jetzt" würden sie die Marken auf dem Maßstab dort setzen, wo die Fensterbegrenzungen in jenem Moment gerade sind.*

Auf eben diese Weise wird in der Kommandogondel K der Abstand der Gondeln R und T vermessen. Wenn die Bewohner von J und L auf ihren Uhren 20 Sekunden nach 12.00 ablesen, sehen sie sich gerade den Gondeln T und R gegenüber. Daraus folgern sie, daß der Abstand zwischen R und T gleich ist wie der Abstand zwischen J und L, also 120 Meter. Die Längen im System B sind also von A aus beurteilt in Ordnung.

Leider ist diese direkte Art der Längenmessung vom System B aus nicht möglich. Die Begegnungen von R mit L und von T mit J finden – vom System B aus betrachtet – nie zur gleichen Zeit statt. Die Leute in der Kommandogondel S lassen sich darum folgende Methode einfallen: Zuerst wollen sie die Geschwindigkeit, mit der sich der Gondelzug A an ihnen vorbeibewegt, ermitteln. Aus dem Protokoll lesen sie heraus, daß die Gondel J für die 120 Meter lange Strecke von R nach T 31 1/4 Sekunden benötigt. Daraus berechnen sie, daß der Gondelzug A mit einer Geschwindigkeit von 3.84 Metern pro Sekunde (120: 31 1/4 = 480 : 125 = 96 : 25 = 384 : 100 = 3.84) an ihnen vorbeizieht. Anhand der Protokolldaten können sie nun ermitteln, daß es 20 Sekunden dauert vom Moment, wo R die Gondel J sichtet, bis zum Moment, wo R die Gondel L sichtet. Die Vorbeifahrt der unbekannten Streckenlänge JL mit der bekannten Geschwindigkeit 3.84 m/s dauert also 20 Sekunden. Durch die Multiplikation der beiden Zahlen (Geschwindigkeit mal Zeit) errechnen sie einen

Abstand von 76.8 Metern zwischen den Gondeln J und L. Der Abstand zwischen J und K und zwischen K und L beträgt also je die Hälfte, nämlich 38.4 Meter. Gegenüber der Behauptung von A, dieser Abstand betrage 60 Meter, erscheint der Gondelabstand des Systems A von B aus beurteilt mit dem Faktor $^{16}/_{25}$ (38.4 : 60 = 384 : 600 = $^{16}/_{25}$) VERKÜRZT.

> *Der außenstehende Beobachter und der Leser können diesen Faktor direkt aus Figur 8 ablesen: Man betrachtet im System B die drei Marken, die 20 Sekunden nach 12.00 angeben. Sie definieren die schiefe Strecke EF. Diese wird von den Weltlinien von J und L in den Punkten G und F geschnitten. GF macht $^{16}/_{25}$ von EF aus.*

Wir fassen zusammen: Vom System B aus beurteilt, erscheint der Abstand der Gondeln des Systems A mit dem Faktor $^{16}/_{25}$ verkürzt, der Gang der Uhren des Systems A mit dem gleichen Faktor $^{16}/_{25}$ verlangsamt. Genauso erstaunlich ist, daß auch die Geschwindigkeit, mit der sich das System A am System B vorbeibewegt, einen andern Wert – 3.84 m/s – hat als die Geschwindigkeit von B in bezug auf das effektiv ruhende System A. Vom System A aus beurteilt haben die Gondeln von B nach wie vor den Abstand von 60 Metern, die Uhren haben einen korrekten Gang und die Geschwindigkeit des Zugs B erscheint unverändert mit 6 m/s.

Veränderungen am bewegten System führen zur Übereinstimmung der Deutungen

In einer Nacht, von niemandem bemerkt, greift der Maschinist erneut ein. Zwar läßt er die Geschwindigkeit, mit der sich der Gondelzug B bewegt, unverändert, schiebt aber die Gondeln dieses Gondelzuges näher zueinander, und zwar so, daß ihr Abstand nun 48 Meter beträgt. Dies ist eine Verkürzung mit dem Faktor $^{4}/_{5}$.

> *Auf diesen Faktor kommt man aus Gerechtigkeitsüberlegungen:*
> *Wenn zuvor die Bewohner von B die Gondelabstände von A mit einem Verkleinerungsfaktor* erscheint *$^{16}/_{25}$ zu klein bewertet haben, so sollte doch eine Verkürzung ihrer eigenen Gondelabstände mit einem Faktor x bewirken, daß der Verkleinerungsfaktor zusätzlich durch x geteilt werden muß. Die Verkleinerung wird weniger extrem ausfallen. Es ist zu erwarten, daß dann aber auch A die Gondelabstände von B mit dem Faktor x verkleinert messen wird. Sollen das Resultat von A für die Gondelabstände von B und das Resultat von B für die Gondelabstände von A gleich groß herauskommen, so muß x die folgende Eigenschaft haben: $^{16}/_{25} : x = x$. Dies wird durch $x = {}^{4}/_{5}$ gewährleistet.*

Zudem verstellt der Maschinist in allen Gondeln des Systems B heimlich die Ganggeschwindigkeit jeder Uhr. Er verlangsamt ihren Gang ebenfalls mit dem Faktor $^{4}/_{5}$. Wie schon bei der ersten Nacht-und-Nebel-Aktion bleibt die Uhr in S nach dem Verstellen stehen. Als die Bewohner von B am nächsten Morgen bemerken, daß ihre Präzisionsuhr über Nacht stehengeblieben ist, setzen sie diese wiederum willkürlich in Gang und schicken zum Synchronisieren der Uhren von der Kommandogondel S aus in beide Richtungen ihre Tauben los, die nach der Ankunft in R und T sofort wieder zurückgeschickt werden. Erstaunt stellt man in der Kommandogondel S fest, daß die Tauben von R und T schon nach 12 Sekunden wieder zurück sind. In der Figur 9 kann man nachsehen, daß im Vergleich mit Figur 8 die Gondelabstände von B tatsächlich mit dem Faktor $^{4}/_{5}$ enger gezeichnet sind und daß die Zeitskala auf den Weltlinien von B mit dem Faktor $^{5}/_{4}$ gedehnt wurde. Da die Bewohner des

Systems B immer noch daran festhalten, daß ihre Gondelabstände 60 Meter betragen, und da sie auch nicht feststellen können, daß ihre Uhren langsamer laufen, nehmen sie eben an, daß ihre Tauben wieder so schnell fliegen wie früher, als die beiden Gondelzüge noch nebeneinander ruhten, nämlich mit einer Geschwindigkeit von 10 m/s.

Diese Neuigkeit wird sofort den Leuten im Gondelzug A mitgeteilt, worauf man beschließt, sich gegenseitig wieder mit Hilfe von Protokollen zu vermessen. Zu diesem Zweck müssen die Uhren im System B auf die gleiche Weise wie beim letzten Mal so verstellt werden, daß die Bewohner der Gondeln J und R bei ihrer Begegnung auf ihren Uhren gegenseitig 12.00 ablesen können. Dies ist in Figur 9 bereits realisiert. Auch diesmal werden die Auskünfte aus den Protokollen der vier Gondeln J, L, R und T, die sich am Experiment beteiligt haben, in einer Liste zusammengestellt. Der Leser kann die Angaben im graphischen Fahrplan (Figur 9) bis ins letzte Detail überprüfen.

Begegnung von J mit R:	Auf der Uhr von J:	0 Sekunden nach 12.00
(Marke „120 Meter")	Auf der Uhr von R:	0 Sekunden nach 12.00
Begegnung von J mit T:	Auf der Uhr von J:	16 Sekunden nach 12.00
(Ereignis D)	Auf der Uhr von T:	20 Sekunden nach 12.00
Begegnung von L mit R:	Auf der Uhr von L:	20 Sekunden nach 12.00
(Ereignis F)	Auf der Uhr von R:	16 Sekunden nach 12.00
Begegnung von L mit T:	Auf der Uhr von L:	36 Sekunden nach 12.00
(Ereignis H)	Auf der Uhr von T:	36 Sekunden nach 12.00

Auch diese Tabelle wird mit der gleichen Methode wie zuvor in den beiden Kommandogondeln ausgewertet.

- Beurteilung der Uhr in R durch das System A:
  Die Uhr in R läuft von 0 bis 16 Sekunden, während im System A 20 Sekunden verfließen. Die Uhr von R läuft also mit dem Faktor $^4/_5$ zu langsam.
- Beurteilung der Uhr in J durch das System B:
  Die Uhr in J läuft von 0 bis 16 Sekunden, während im System B 20 Sekunden verfließen. Die Uhr von J läuft also mit dem Faktor $^4/_5$ zu langsam. Da die Daten der Tabelle nun völlig symmetrisch herausgekommen sind, erstaunt es nicht weiter, daß das System B zum gleichen Schluß kommt wie das System A.

Die Messung des Abstandes der Nachbargondeln der Kommandogondeln muß nun von beiden Systemen so durchgeführt werden wie vorher vom System B, das heißt, zuerst wird die Geschwindigkeit des anderen Systems bestimmt unter der Annahme, daß das eigene System einen Gondelabstand von 60 Metern aufweist und daß die eigenen Uhren perfekt laufen.

- Beurteilung des Abstandes zwischen R und T vom System A aus:
  Die Gondel R braucht 20 Sekunden, um die Strecke von J nach L zu durchfahren. Dies ergibt eine Geschwindigkeit von 6 m/s. Für die Vorbeifahrt der drei Gondeln R, S und T an J werden in J 16 Sekunden registriert. Das gibt einen Abstand zwischen R und T von genau 96 Metern, was zu erwarten war, da wir ja die Manipulation des Maschinisten kennen.
- Beurteilung des Abstandes zwischen J und L vom System B aus:

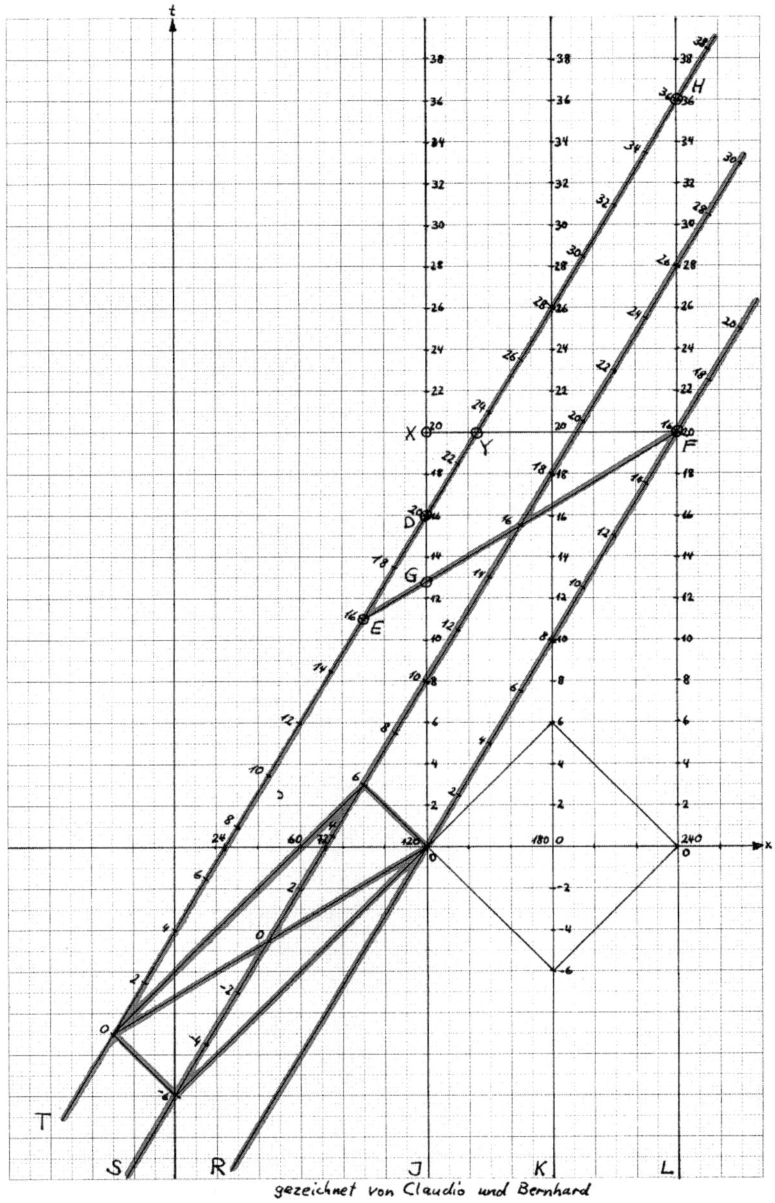

Figur 9: Grundlage für die zweiten Protokolle

Die Weltlinien der bewegten Gondeln des Zuges B sind gleich schief wie in Figur 8, da sich die Geschwindigkeit des Gondelzuges B nicht verändert hat. Da die Gondelabstände von B auf 48 Meter verkürzt wurden, liegen die schiefen Weltlinien allerdings näher beieinander. Sie gehen durch die Marken „24 Meter", „72 Meter" und „120 Meter". Die Verbindungsgerade der Uhren von B, welche die gleiche Zeit 12.00 anzeigen, hat ebenfalls die gleiche Schiefe wie in Figur 8. Das Rechteck, gebildet aus den Taubenweltlinien, ist mit dem Fixpunkt bei der Marke „120 Meter" mit dem Faktor $^4/_5$ verkleinert worden. Die Zeitmarken auf den Weltlinien von B liegen mit Faktor $^5/_4$ weiter auseinander. Zudem erkennt man, daß in der Gondel S die Tauben 6 Sekunden vor 12.00 losgeschickt werden mussen, um genau um 12.00 bei den Gondeln R und T anzukommen.

Die Gondel J braucht 20 Sekunden, um die Strecke von R nach T zu durchfahren. Dies ergibt bei einem angenommenen Abstand von 120 Metern zwischen R und T eine Geschwindigkeit von 6 m/s. Das System A scheint nun im Vergleich zu früher, als man 3.84 m/s berechnet hatte, schneller zu laufen. Die Berechnung des Abstandes zwischen J und L gibt nun ebenso wie bei der Rechnung im System A 96 Meter.

Der außenstehende Beobachter oder der Leser des graphischen Fahrplans kann wiederum direkt feststellen, daß JEDES System das andere mit dem Faktor $^4/_5$ verkürzt mißt: Die Strecke GF macht $^4/_5$ der Strecke EF aus, und die Strecke YF macht $^4/_5$ der Strecke XF aus. Man beachte, daß eine Länge im System A immer so gemessen werden muß, daß die Endpunkte der Strecke GLEICHZEITIGE Ereignisse sind, das heißt, daß sie auf einer Horizontalen (wie zum Beispiel YF) liegen. Analog müssen die Endpunkte einer Strecke, die von B aus vermessen wird, parallel zur schiefen Gleichzeitigkeitsdiagonalen (wie zum Beispiel GF) des Taubenrechtecks liegen.

Zusammenstellung der Deutungen

Deutung gemäß Figur 8	**Deutung gemäß Figur 9**
– A mißt eine Taubengeschwindigkeit von 10 m/s B mißt eine Taubengeschwindigkeit von 6.4 m/s.	– A und B messen eine Taubengeschwindigkeit von 10 m/s.
– Die Relativgeschwindigkeit von B, gemessen von A aus, beträgt 6 m/s. Die Relativgeschwindigkeit von A, gemessen von B aus, beträgt 3.84 m/s.	– Die Relativgeschwindigkeit von B, gemessen von A aus, und auch von A, gemessen von B aus, beträgt 6 m/s.
– B sagt: A mißt unsere Längen und Uhren richtig. A sagt: B mißt unsere Längen und Uhren mit dem Faktor $^{16}/_{25}$ falsch.	– B sagt: A mißt unsere Längen mit dem Faktor $^4/_5$ zu kurz und unsere Uhren mit dem Faktor $^4/_5$ zu langsam. A sagt: B mißt unsere Längen mit dem Faktor $^4/_5$ zu kurz und unsere Uhren mit dem Faktor $^4/_5$ zu langsam.

Der Zusammenhang mit der Wirklichkeit

Wir haben zwei Modelle ausführlich diskutiert. Das eine bezieht sich auf die Figur 8, das andere auf die Figur 9. Wenn wir die Taubenübermittlung durch Lichtübermittlung ersetzen, geht alles viel schneller, im Prinzip ändert sich aber gar nichts. Damit die Verhältnisse ebenfalls gleich bleiben, müßten sich die Gondeln mit einer Geschwindigkeit von $^3/_5$ der Lichtgeschwindigkeit bewegen. Obwohl eine solche Gondelbahn natürlich in der Realität nicht zu konstruieren ist, kann man Experimente mit der Lichtgeschwindigkeit in bewegten Systemen durchaus durchführen. Das Erstaunliche ist nun, daß man sowohl vom System A aus als auch vom System B aus eine konstante Lichtgeschwindigkeit (immer 300 000 km/s) mißt. Das ist ein experimenteller Befund, der die Ausgangslage für Einstein darstellte. Wenn man eine konstante Lichtgeschwindigkeit mißt, dann kann unsere Welt sich nicht so verhalten wie das Modell in

Figur 8. Einstein konnte zeigen, daß es nur einen einzigen Ausweg aus dem Dilemma gibt: Unsere Welt ist gemäß Figur 9 strukturiert. Dann ist von beiden Systemen aus die gleiche Lichtgeschwindigkeit (Taubengeschwindigkeit) meßbar. Dafür handelt man sich aber andere Probleme ein. Man muß akzeptieren, daß die Begegnungsprotokolle zweier gegeneinander bewegter Systeme A und B total symmetrisch ausfallen. Damit kann man nicht mehr entscheiden, ob sich A oder B bewegt. Da es keinen außenstehenden Schiedsrichter gibt, muß man wie die Gondelbewohner sich damit abfinden, daß man die absolute Bewegung gegen den „Äther" nicht feststellen kann. Es ist durchaus denkbar, daß es einen solchen „Äther" gibt; jedoch mit unseren physikalischen Möglichkeiten ist er von zwei bewegten Systemen aus nicht nachweisbar. Genauso ist die Luft, die die Tauben ja trägt, für die Gondelbewohner aufgrund ihrer Begegnungsprotokolle nicht nachweisbar. In einer solchen Situation lautet die Aussage eines Physikers: „Es gibt kein Trägermedium des Lichts – keinen Äther."

Ein zweites Problem, das man als weit dramatischer empfindet, ist die Veränderlichkeit der Längen- und Zeitmaßstäbe. Man muß in einem Modell gemäß Figur 9 akzeptieren, daß ein sehr schnell bewegtes System B von einem System A aus verkürzt gemessen wird. Man vergesse jedoch nicht, daß auch A von B aus mit demselben Faktor verkürzt erscheint. Ebenso treten die bewegten Uhren als verlangsamt in Erscheinung. Da niemand unsere definierten Längen- und Zeiteinheiten an einer dritten (außenstehenden) Referenz überprüfen kann, sind wir genau in der gleichen Situation wie die Gondelbewohner, die den Gondelabstand grundsätzlich auf 60 Meter setzen und die ihren Präzisionsuhren unendliches Vertrauen entgegenbringen. Man stelle sich nur vor, eines Tages wäre die ganze Welt doppelt so groß. ALLE Maßstäbe, alle Längen wären verdoppelt im Vergleich zum Vortrag. Wer könnte dies nachweisen? So steht es auch mit den Uhren, die ursprünglich nach der Sonne und heute nach Atomschwingungen gerichtet werden. Wenn ALLE periodischen Abläufe heute plötzlich doppelt so langsam gingen, könnte man das nicht feststellen.

Die Konsequenzen aus der Konstanz der Lichtgeschwindigkeit – und diese physikalische Tatsache ist im Verlauf unseres Jahrhunderts mehrfach erhärtet worden – sind also primär einmal die drei Fakten:

- Nichtexistenz des Lichtäthers
- Längenkontraktion
- Zeitdilatation

Weitere Folgerungen schließen sich an, so zum Beispiel die Unerreichbarkeit der Lichtgeschwindigkeit oder die Äquivalenz von Masse und Energie.

Die Formeln, die den Übergang von einem System A auf ein relativ zu ihm bewegtes System B bewerkstelligen, heißen LORENTZ-TRANSFORMATION. Sie erlauben es, ein Ereignis ohne graphische Fahrpläne rein rechnerisch von einem System ins andere umzurechnen (Figur 10). Aus diesen Formeln läßt sich dann auch der Längenkontraktions- und der Zeitdilatationsfaktor allgemein berechnen. Dabei muß die Relativgeschwindigkeit der beiden Systeme natürlich nicht mehr exakt $\frac{3}{5}$ von der Lichtgeschwindigkeit betragen, sondern darf beliebig sein, bloß nicht größer als die Lichtgeschwindigkeit (Taubengeschwindigkeit).

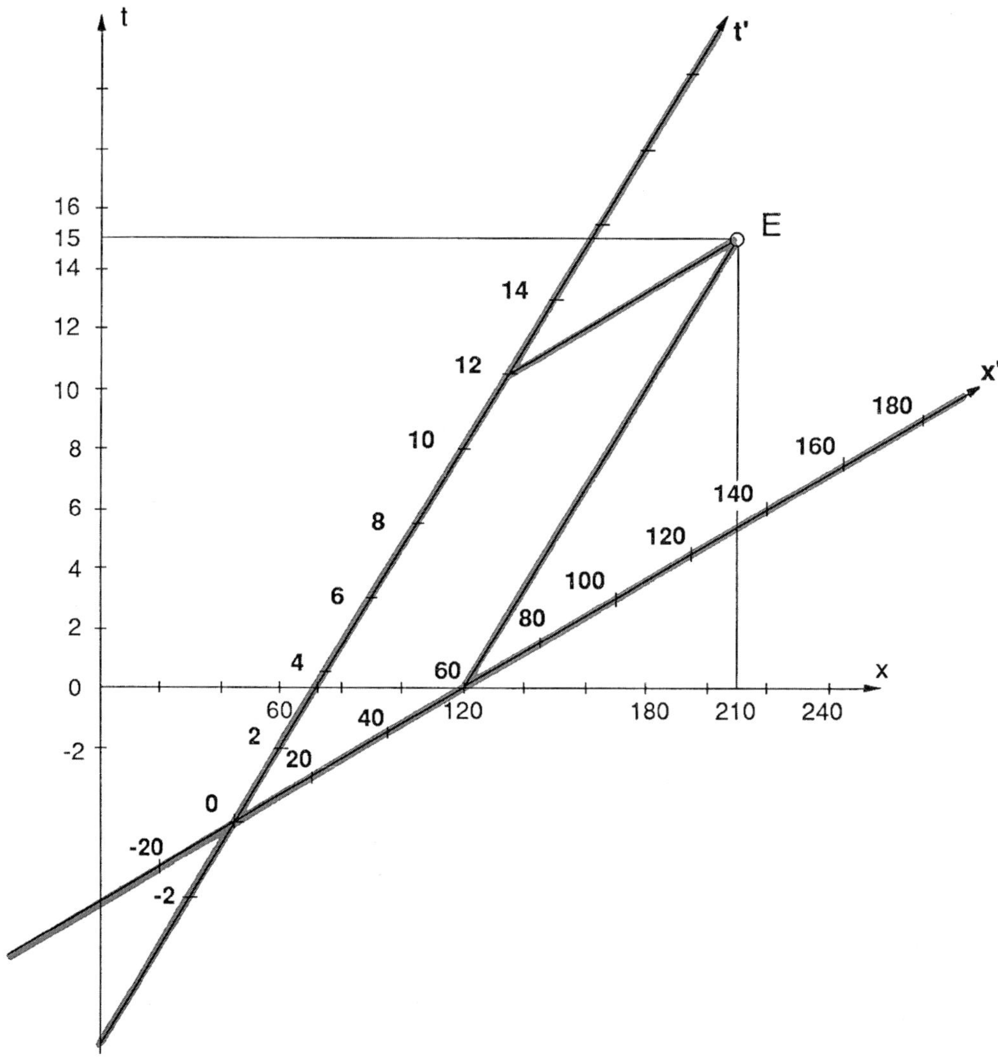

Figur 10: Ereignis E wird von A und B aus vermessen

Da nun die Gondelsysteme A und B schließlich als völlig gleichwertig erkannt worden sind, kann man nicht mehr von einer wirklichen, absoluten Zeit und einem wirklichen, absoluten Ort sprechen. Zeit und Ort hängen davon ab, von welchem System aus ein Ereignis beschrieben wird. Das eingezeichnete Ereignis E geschieht für das System A bei der Marke „210 Meter" 15 Sekunden nach 12.00. Dasselbe Ereignis E geschieht für das System B bei dessen Marke „60 Meter" (von der Gondel S aus gemessen) 12 Sekunden nach 12.00. Man muß also auch dem System B ein eigenes Koordinatensystem zubilligen, dessen x'-Achse gegen die alte x-Achse des Systems A ebenso stark geneigt ist wie die t'-Achse (Weltlinie der Kommandogondel S) gegen die t-Achse. Die Koordinaten eines Ereignisses werden in diesem schiefwinkligen x'-t'-Koordinatensystem mit Hilfe von Parallelen zu dessen Achsen durch E abgelesen.

Konsequenzen

Der Kerngedanke der speziellen Relativitätstheorie lautet: Es gibt nur eine Konstante – die Geschwindigkeit des Lichts. Licht benutzt man, um das eigene System zu synchronisieren: Damit man im eigenen System ungehindert miteinander kommunizieren kann, richtet man alle Uhren auf die gleiche Zeit. Wendet man seine Maßstäbe aber auf ein anderes bewegtes System an, so kommt es zu Widersprüchen: Eigeninterpretation und Fremdinterpretation weichen voneinander ab. Gegenseitig hat man den Eindruck, die Längen im andern System seien zu kurz und die Uhren laufen zu langsam. Einzig bei der Vermessung der Lichtgeschwindigkeit kommen alle Systeme auf das gleiche Ergebnis. Sie allein ist konstant.

Die Tatsache, daß die Ausbreitungsgeschwindigkeit des Lichts von jedem bewegten System aus gleich groß gemessen wird, hat Einstein zur Ausarbeitung seiner Relativitätstheorie veranlaßt. Die ersten Konsequenzen, die sich aus der Konstanz der Lichtgeschwindigkeit ergeben, sind die Längenkontraktion und die Zeitdilatation. Alle Längen und alle Zeiten, die ein Physiker ermitteln kann, sind nur relativ zum Bezugssystem gültig, in dem er sich befindet. Die Insassen einer Rakete zum Beispiel, die mit großer Geschwindigkeit in geringer Höhe über die Erdoberfläche fliegen, müßten feststellen, daß ihre Borduhr langsamer läuft als die Zeit, welche die untereinander synchronisierten Uhren an den Kirchtürmen, an denen sie vorbeifliegen, anzeigen. Wer von diesen zwei Systemen die Zeit richtig beurteilt, läßt sich nicht ausmachen: beide sind GLEICHBERECHTIGT. Ähnlich verhält es sich mit den Längen. Wollten die Bewohner der Rakete die Länge eines Kirchenschiffs bestimmen, so müßten sie – vorausgesetzt, ihre Rakete ist um einiges länger als das Kirchenschiff – je eine Marke dort in ihrer Rakete setzen, wo Anfang und Ende des Schiffs sich zu einem ganz bestimmten Zeitpunkt befinden. Dabei sind sie offenbar auf eine genaue Synchronisation aller Borduhren angewiesen. Das Resultat wäre erschütternd: Sie würden eine kürzere Länge zwischen den beiden Marken messen als die Erdenbewohner in den Plänen der Kirche nachlesen können. Merkwürdigerweise – und das wird häufig falsch berichtet – ist es aber nicht so, daß die Raketenbewohner mit ihren Augen das Kirchenschiff verkürzt wahrnehmen könnten. Da macht die Geschwindigkeit des Lichts, welches zur Erzeugung des Bildes im Auge benötigt wird, einen Strich durch die Rechnung. Wenn man mittels der Formeln der Lorentz-Transformation nachrechnet, wie das Kirchenschiff von der Rakete aus gesehen oder fotografiert werden kann, so ergibt sich nicht eine Verkürzung, sondern eine Verdrehung des Schiffs. Es würde also leicht schräg zur Flugrichtung der Rakete erscheinen, obwohl die Rakete genau parallel zum Schiff fliegt.

Im modernen naturwissenschaftlichen Wirklichkeitsmodell gibt es also keine absolute Zeit und keinen absoluten Raum mehr; die Messergebnisse sind RELATIV. Das heißt aber nicht, daß sie willkürlich sind. In jedem System können Länge und Zeit exakt gemessen werden, und es gibt keinerlei Meinungsverschiedenheiten. Entscheidend ist aber, daß es sogar möglich ist, mit einem anderen bewegten System, wie beispielsweise der Rakete, zu kommunizieren. Zwar kommen Raketen- und Erdbewohner zu unterschiedlichen Ergebnissen, wenn sie sich gegenseitig vermessen. Beide haben den Eindruck, die Uhren des Partners laufen zu langsam und seine Längen seien verkürzt. Beide verfügen aber über eine Methode (Lorentz-Transformation), mit deren Hilfe sie ihre Messergebnisse so umrechnen können, daß sie sich mit denen des Partners decken. Jeder Partner ist also in der Lage, sein Gegenüber zu vermessen und zu beurteilen, und jeder kann dank seiner Transformationsformel zugleich ermitteln, wie sein Gegenüber sich selbst beurteilt. Ja, er könnte seinem Gegenüber sogar Rechnungs- und Meßfehler, die dieser im eigenen System gemacht hat, nachweisen. Zwar verfügt niemand über absolute Meßergebnisse und Urteile, aber alle können miteinander kommunizieren, und jeder Meßvorgang in einem bestimmten System kann dank der TRANSFORMATIONSARBEIT von jedem anderen System aus nachvollzogen und auf seine Richtigkeit überprüft werden.

Vergleicht man die Denkfiguren, die das relativistische Weltbild der Physik charakterieren, mit den pädagogischen Gedankengängen, die wir in diesem Buch entwickelt haben, so stellt man überraschende Analogien fest. Die moderne Physik basiert auf einer entscheidenden Annahme: die Lichtgeschwindigkeit ist konstant. Würde diese Annahme durch ein Experiment widerlegt, bräche die ganze Theorie in sich zusammen. Das ist bis heute nicht geschehen: Alle physikalischen Experimente haben die Voraussagen der Relativitätstheorie – und damit ihre schmale Basis – immer wieder bestätigt. Ähnlich schmal ist die Basis, auf die wir unser pädagogisches Konzept abstützen: ALLE LERNENDEN SIND VON EINEM GESTALTUNGSWILLEN BESEELT. Das ist die Konstante, die unantastbar ist und aus der wir die Konsequenzen für das pädagogische Handeln ableiten. Der Lernende, so behaupten wir, ist willens und fähig, seine singuläre Welt, so klein und bescheiden sie aus unserer Sicht auch sein mag, immer wieder neu zu ordnen und zu strukturieren. Diese Welt wird durch die Kommunikation mit andern Menschen, zum Beispiel dem Lehrer, immer wieder verunsichert und in Frage gestellt. Jedesmal, wenn der Lernende sich mit einer stark wirksamen Kernidee konfrontiert sieht, gerät er in die Situation der Gondelbewohner, die ihre Uhren neu synchronisieren müssen. Herausgefordert durch neue Gegebenheiten, die seine bisherigen Orientierungsmuster überfordern und außer Kraft setzen, muß er sich auf seinen Gestaltungswillen verlassen können, mit dessen Hilfe er seine singuläre Welt neu organisieren kann. Ähnlich verfahren die Gondelbewohner mit ihren Tauben oder die Physiker mit ihrem Licht, um ihr System neu zu synchronisieren.

Doch nicht nur in der Grundannahme, sondern auch in den Konsequenzen lassen sich Analogien zwischen Physik und Pädagogik erkennen. Wenn man den Gestaltungswillen der Lernenden zur Basis des Unterrichts macht, muß man den Standort des außenstehenden Beobachters aufgeben. Die „Systeme" aller Menschen, die sich am Unterricht beteiligen, sind gleichberechtigt. Kein System, auch nicht das des Lehrers oder des Lehrbuchs, darf absolut gesetzt werden. Kein System ist berechtigt, als absoluter Maßstab zur Vermessung anderer Systeme aufzutreten. Was das in der Praxis heißt, haben wir in den Szenen des zweiten Teils erläutert. Ein besonders deutliches Beispiel liefert die Geschichte von Patrick (Seite 48 ff.). Wenn wir Patricks schwer zugänglichen Text an einem vorgegebenen Raster messen, ohne ihn vorerst sorgfältig zu transkribieren und der gängigen Rechtschreibung anzupassen, so werden wir ihm nicht gerecht. Durch die Brille eines auf diese Weise absolut gesetzten Rasters kann man die Qualitäten von Patricks Text unmöglich erkennen. Erst wenn man voraussetzt, daß hinter diesem abstoßenden Schülergekritzel ein Gestaltungswille steckt, erst wenn man sich die Mühe nimmt, die Eigengesetzlichkeit dieser singulären Notation zu erforschen und eine Transformation in unser reguläres System vorzunehmen, kann man Patricks LEISTUNG GERECHT BEURTEILEN. Bevor wir also mit unseren Beurteilungskriterien an Patricks Text herantreten, müssen wir eine sauber geschriebene und orthographisch korrekte Fassung herstellen.

Wir haben uns allerdings nicht darauf beschränkt, Patricks Text in unser System zu transformieren und ihn an unseren Kriterien zu messen, indem wir nach Merkmalen dramatischer Gestaltung und sogar nach Analogien zur griechischen Tragödie suchten. Wir haben, um Patricks Rechtschreibleistung zu beurteilen, auch den umgekehrten Weg beschritten: Wir sind aus unserem singulären System der Orthographie herausgetreten und haben nach einer Systematik in Patricks privatem Rechtschreibsystem gefragt. Dank dieser Transformation in der anderen Richtung war es möglich, Patricks Leistung an seinem eigenen System zu messen und ihm Fehler relativ zu seiner privaten Orthographie nachzuweisen. Eine solche Rücktransformation, so meinen wir, ist unerläßlich, wenn ein Kind begreifen soll, was ein Fehler ist. Im relativistischen Denken darf man als FEHLER nur das bezeichnen, was, gemessen am System, in dem man gerade arbeitet, inkonsequent ist. Diese wirklichen und einsehbaren Fehler darf man unter keinen Umständen verwechseln mit Abweichungen, die sich ergeben, weil man ein fremdes System vermißt und dabei sein eigenes System absolut setzt. Die Schuld für solche Abweichungen darf man nicht dem Partner zuweisen, den man vermessen hat, die Schuld trägt der Messende selbst. Genauer: die Abweichung ist eine Folge der Relativbewegung der beiden Systeme zueinander und sagt nicht das geringste aus über Mängel oder Qualitäten der beiden Systeme.

Hauptmerkmal einer nicht-relativistischen Pädagogik ist eine permanente GEGENSEITIGE HERABMINDERUNG UND ENTWERTUNG. Die Lehrer sind verärgert darüber, daß die Schüler so langsam vorwärtskommen und daß die Fortschritte, die sie machen, so kurz bemessen sind. Auch wir mußten unsere Ungeduld zügeln, als wir Oliver mit dem Transporteur hantieren oder Cyrille mit seinen Zahlenpaketen operieren sahen. Fragt man die Schüler, so geht es ihnen ebenso: Auch sie begreifen oft nicht, warum der Lehrer so lang bei einem so kurzen Goethe-Gedicht verweilen oder warum er so viel Aufhebens um eine so simple Formel wie etwa $a^0 = 1$ machen kann. Auch ihnen erscheinen die diffizilen Ausführungen der Lehrer oft unergiebig, und sie sind der Ansicht, da werde über fast nichts unendlich lang geredet. Ein erstaunliches Phänomen: Wenn Schüler und Lehrer sich je aus ihrer Optik heraus gegenseitig beurteilen, kommen sie auf die gleichen Aussagen; sie kritisieren die gleichen Defekte: Das Gegenüber kommt und kommt nicht vorwärts, sein Puls ist langsam, seine Schritte klein. Auch hier treffen wir auf eine Analogie zur Relativitätstheorie: Die Gondelbewohner, die sich gegenseitig beurteilen, werfen sich ebenfalls gegenseitig die gleichen Mängel vor: Die Uhren des Gegenübers laufen zu langsam und seine Längen sind alle zu kurz. Diese Dünkel und diese Überheblichkeit hüben und drüben sabotieren jeden vernünftigen Dialog. Für die Gondelbewohner gilt das gleiche wie für Schüler und Lehrer: Erst wenn sie ihren Absolutheitsanspruch aufgeben, erst wenn sie sich die Mühe nehmen, Transformationen vom eigenen ins fremde System zu riskieren, können sie voneinander etwas lernen.

Es liegt uns fern, aus solchen Analogien eine Beweiskraft für den hier vorgetragenen pädagogischen Ansatz abzuleiten. Die Analogie dient tatsächlich nur der Veranschaulichung. Sie mag einem naturwissenschaftlich interessierten Leser den Zugang zu einer Unterrichtspraxis erleichtern, die auf den Standort des außenstehenden Betrachters verzichtet. Sie mag aber auch erlebbar machen, was mit diesem Verzicht alles verbunden ist. Wer sich einlebt in die Situation der Gondelbewohner, die plötzlich die Übersicht verlieren und in einen dichten Nebel eintauchen, wird intuitiv spüren, was es bedeutet, den absoluten Beurteilungsmaßstab aus der Hand zu geben und sich an den wenigen Indizien der RELATIVISTISCHEN BETRACHTUNGSWEISE zu orientieren. Daß die Physik mit diesem Verzicht Erfolg gehabt hat, erleichtert der Lehrerin oder dem Lehrer die Entscheidung in keiner Weise. Es braucht Mut und Risikobereitschaft, die singulären Welten der Schülerinnen und Schüler als prinzipiell gleichberechtigt zu anerkennen und das Vertrauen in ihren Gestaltungswillen und ihre Eigenaktivität zu setzen.

Anhang

Nachwort

von Helmut Fend und Horst Sitta

Hinweise zum Weiterlesen

Nachwort von Helmut Fend und Horst Sitta

Ohne Frage: Der Zeitgeist steht gegen dieses Buch. Nach teils aufopferungsvollen und teils überschäumenden Bemühungen, Schule humaner zu gestalten, Lernen lebendiger zu arrangieren, den Unterricht offener zu organisieren, den Bedürfnissen der Kinder gerechter zu werden, sind wir in eine Phase eingetreten, in der die härteren Bedingungen menschlichen Daseins und menschlichen Überlebens wieder in den Vordergrund treten. Diese Tendenz ist im amerikanischen Sprachbereich ebenso unübersehbar wie im deutschen. Das Bild einer soliden Schule ist hier wieder klar gezeichnet: Hohe Leistungsstandards, hohes Qualitätsbewußtsein werden erwartet, der Unterrichtsstoff selbst ist hochstrukturiert, in exakte Etappen eingeteilt und konsequent in Lehrgängen auf Abschlüsse hin ausgerichtet. Die nächste Klassenarbeit, die nächste Schularbeit bestimmt die Unterrichtsgestaltung. Vom Lehrer wird vor allem Unbestechlichkeit und Genauigkeit in der Leistungsprüfung und vielleicht etwas Freundlichkeit und Entgegenkommen, insbesondere in den ersten Unterrichtsphasen einer Unterrichtsstunde, erwartet. Nüchternheit und Planung, Zuverlässigkeit und Langfristigkeit sind gefragt. Schule wird als Vorbereitungsstätte für harte Lebensbedingungen gesehen, an die Heranwachsende langsam herangeführt werden sollen. Intimität und Zuneigung, Individualisierung und Betonung der Bedeutung des Kindes sind der Familie vorbehalten.

Gegen dieses Bild wird hier eine andere Pädagogik entwickelt. Ausgangspunkt dabei ist die Erfahrung, daß das Kind nichts oder wenig oder nur gezwungen und nur oberflächlich lernt, wenn es selbst mit seinen eigenen Vorstellungen und mit seiner eigenen Person draußen vor der Tür bleibt. Der Stoff muß unter diesen Umständen fremd bleiben, er muß erdrücken, wenn er nur äußerlich angeeignet wird, wenn er nichts mit der Vorstellungswelt der Kinder und Jugendlichen zu tun hat. Aber auch der Lehrer kann in einem solchen Zusammenhang erdrückt werden. Er kann sich in unübersehbaren Stoffen erschöpfen, sich in nicht mehr bewältigbaren Formen einer strikten Unterrichtsdurchführung aufreiben.

Demgegenüber steht bei U. Ruf und P. Gallin nicht die kühle Luft leistungsbeurteilender Institutionen im Mittelpunkt, sondern die Wohn- und Schulstubenatmosphäre, die den Menschen in den Mittelpunkt stellt. Aber, und dies ist das Frappierende und Faszinierende, Ruf und Gallin verlassen sich nicht auf einen betulichen und behütenden interaktiven Stil und auf bloße emotionale Zuwendung. Im Gegenteil: Sie beginnen sich auf die Sache zu konzentrieren, sie setzen in dem Bemühen, der Individualität des Schülers gerecht zu werden, bei der Vermittlung des Stoffes an: Denn dies ist ja auch das Geschäft der Schule, darin kristallisiert sich ihr zentrales Bemühen.

Schwierigkeiten mit der Schule sind schließlich vor allem Lernschwierigkeiten. Dabei stellen sie zwei kühne, aber tröstliche Behauptungen auf.

1. Es stimme gar nicht, daß viele Stoffe in der Schule ungeheuer schwer und ungeheuer schwer zu verstehen seien, vielmehr lägen die Probleme vor allem darin begründet, daß die Grundideen nicht verstanden werden, daß Inhalte nicht von einem Grundverständnis getragen vermittelt werden.
2. Es sei nicht notwendig, daß die Stoffülle die Kinder und die Schule erdrückt. Was im Kern gelernt werden muß, sei eigentlich sehr übersichtlich und sei zu bewältigen. Das geht aber nur, wenn der Stoff von Kernideen her erschlossen wird, die ihn auch zugänglich machen.

Die Szenarien können den Leser bewegen, dies zu überprüfen, es zu glauben oder zu verwerfen.

Bei solch großen Versprechungen ist die Frage unvermeidbar, ob Ruf und Gallin die ersten sind, die solche Ideen haben, und ob sie unbegleitete Pioniere sind, ja, ob hier ein neuer Pestalozzi in doppelter Ausführung vor uns steht. Natürlich ist dies nicht der Fall, und Ruf und Gallin wären sicher die ersten, eine solche Anmutung abzuwehren. Immerhin stehen sie in einer langen Tradition didaktischer Bemühungen, und sie sind – teils ohne es immer zu wissen – flankiert von vielen Gleichgesinnten.

Nur unsystematisch sei hier an solche Zusammenhänge erinnert, die im folgenden kommentierten Literaturverzeichnis differenzierter ausgeleuchtet werden.

- In der Lernmotivationsforschung stand seit Jahren die Frage im Vordergrund, ob es möglich ist, Kinder von der generalisierten Leistungsbereitschaft der ersten Schuljahre zu intrinsischen Interessen und zu Sachinteressen zu führen und ihre Neugiermotivation möglichst lange zu erhalten, Lernen somit möglichst lange vor der Überwucherung durch instrumentalistisches Denken zu bewahren.
- Auch Lerntheoretiker haben sich seit langem mit der Frage beschäftigt, ob es nicht möglich ist, von atomistischem Lernen wegzukommen und über die Vermittlung von Ankerideen solche Transferprozesse einzuleiten, daß am exemplarischen Fall wesentliche Grundstrukturen erfahren werden können.
- Schließlich gibt es didaktische Traditionen, in die Ruf und Gallin gut hineinpassen. Es sei nur auf die Wagenscheinschen Vorstellungen verwiesen, auf die vielen kreativen Versuche, selbsttätiges Lernen zu initiieren, die unzähligen didaktischen „Glanzideen" in der Vermittlung einzelner „Unterrichtsstoffe" usw.

Dabei ist es natürlich schon so, daß Ruf und Gallin nicht nur eine Didaktik, sondern eine Pädagogik insgesamt vertreten. Aber auch hier sind sie nicht allein: Sehr viele, die sich um eine kommunikative Didaktik bemüht haben, wollten ähnliches, wenngleich hier die Beziehung stärker im Vordergrund stand und nicht so sehr die ichbezogene Rekonstruktion von Inhalten wie bei Ruf und Gallin. Und auch die Bewegung des offenen Unterrichts steht den hier vertretenen pädagogischen Konzeptionen nicht fern.

Schließlich ist auch eine unverkrampfte Beziehung zu pestalozzianischen Vorstellungen der Didaktik möglich. Pestalozzi war nicht von der Idee geprägt, daß Schule eine Instanz der Vermittlung von Inhalten zum Zwecke der Schul- und Berufskarriere ist; vielmehr stand für ihn die Pflege des individuellen Charakters in einer familienähnlich gestalteten Wohnumwelt und Schulstube im Vordergrund. Schule war bei ihm sehr viel mehr familienähnlich als bürokratiekonform. Und genau diese Traditionen sind heute als Gegentendenz zur kühlen Luft der leistungsbezogenen Institution wieder wichtig geworden.

Zuletzt sei darauf verwiesen, daß als Kontrast zu den harten Leistungsethikern im amerikanischen Raum immer stärker pädagogische Konzepte zum Tragen kommen, die den „reflektierenden Lehrer" favorisieren, einen Lehrer, der sich nicht auf Schemata und auf Vorgegebenes fixiert, sondern sich in einer ständigen Exploration der Schüleräußerungen und des Schülerverhaltens auf deren individuelle Aneignungsformen von „Stoff" einläßt.

Mit all dem kann nur angedeutet werden, wie die hier vorgestellte Arbeit einzuordnen ist. Der Leser sollte sie aber weniger nur einordnen, sondern sich mit seiner Person in die Gedanken hineinziehen lassen, um so das zu erleben, was Ruf und Gallin auch ihren Schülern ermöglichen wollen.

Hinweise zum Weiterlesen

Unsere Vorschläge, wie man Schüler auf ihren eigenen Wegen zur Fachkompetenz begleiten kann, sind aus der Praxis des Unterrichtens heraus entwickelt worden. Sie richten sich an Lehrerinnen und Lehrer, die ihre Schülerinnen und Schüler zu mehr Eigenständigkeit und Eigentätigkeit anleiten möchten. Natürlich sind die beiden Autoren auch beeinflußt von Ideen und Theorien über Unterricht, wie sie vor und neben ihnen publiziert und diskutiert worden sind. Daß dies nur an wenigen Stellen auch im Text zum Ausdruck kommt, hat vor allem zwei Gründe. Akademische Kontroversen hätten den Text belastet und der Absicht, ein handhabbares Buch für Praktiker zu schreiben, widersprochen. Zudem wären wir im Moment noch gar nicht in der Lage, unsere Ergebnisse in die gegenwärtige wissenschaftliche Diskussion einzubetten. Es ist nicht nur die tägliche Herausforderung zum pädagogischen Handeln, die alle unsere Kräfte fordert und zu ganzheitlichen Antworten zwingt; es liegt auch an der Art unserer Beobachtungen und Erfahrungen. Weil persönliche und situative Momente – etwa die jeweils aktuelle Beziehung eines Lehrers zu seinem Stoff – eine wichtige Rolle spielen, lassen sich unsere Erfahrungen nicht ohne weiteres übertragen; sie haben den Charakter von Empfehlungen und Modellen, die dem Benützer bei der Deutung und Umgestaltung seines eigenen Handlungsraums als Orientierungshilfe dienen können. Trotzdem möchten wir es nicht unterlassen, auf Personen oder Bücher hinzuweisen, die uns auf der Suche nach einem humaneren Umgang mit Schülern und einem sachgerechteren Umgang mit Stoffen begleitet haben. Wir stellen sie aus unserer persönlichen Optik heraus dar als Zugänge zu einer pädagogischen Haltung, die Vertrauen in die Faszination der Unterrichtsstoffe und die Eigentätigkeit der Lernenden setzt. In der nun folgenden Übersicht sind Zitate mit eingeklammerten Zahlen versehen, die auf die entsprechenden Seiten im jeweils besprochenen Werk verweisen.

Wozu Texte im Mathematikunterricht?

Es ist kein Zufall, wenn gerade vom Deutschunterricht her das Bedürfnis nach ganzheitlichem Lernen und nach fächerübergreifendem Unterricht angemeldet wird. Die Sprachwissenschaft hat sich in den letzten Jahrzehnten stark verändert, und das findet seinen Niederschlag nun auch in der Lehrerausbildung und in den Lehrbüchern. Grob gesagt, handelt es sich um eine Ausdehnung des Interessenbereichs. Früher galt die Aufmerksamkeit der *Sprache als System* (langue): Anhand von sprachlichen Zeugnissen wurde untersucht, wie Sprache (synchron) in bestimmten historischen Epochen funktioniert und wie sie sich (diachron) im Laufe der Geschichte entwickelt und verändert hat. Heute richtet sich das Interesse vermehrt auch auf den *Sprachgebrauch* (parole). Parallel dazu kommt es in der Sprachwissenschaft zu einer Öffnung gegenüber andern Disziplinen. Wichtig werden vor allem Erkenntnisse aus der Soziologie, der Psychologie und den Interaktions-, Kommunikations- und Zeichentheorien.

Beobachtet man Menschen, die mündlich oder schriftlich miteinander kommunizieren, so stellt man fest, daß Kenntnisse der Grammatik und des Wortschatzes für die Verständigung bei weitem nicht ausreichen. Wer verstehen oder verstanden werden will, muß vielfältige Bedingungen, Regeln und Konventionen des Sprachgebrauchs beachten, die ihm meist nur zu einem kleinen Teil bewußt sind: eigene und fremde psychische Prozesse (Intentionen, Erwartungen, Emotionen, Verhaltensweisen, Deutungen), Rahmenbedingungen der aktuellen Situation (Ort, Zeit, Umstände), soziale und gesellschaftliche Gegebenheiten (Rolle, Art der Beziehung, Machtverhältnisse) und Normen des jeweiligen Kommunikationszusammenhangs (Art des Gesprächs, Textsorte). Für die Schule bedeutet das zum Beispiel: Wenn ein Lehrer einen Sachverhalt aus seinem Fachgebiet klar, einfach und anschaulich erklärt hat, ist das noch keine hinreichende Bedingung dafür, daß ihn seine Schüler auch tatsächlich verstehen können.

Zwei Wissenschaftler, die sich um die Vermittlung linguistischer Erkenntnisse für die Schulpraxis besonders verdient gemacht haben, sind Hans Glinz und Horst Sitta. Beide haben Erfahrung als Volks- oder

Mittelschullehrer und arbeiten eng mit Lehrerinnen und Lehrern dieser Stufen zusammen. Den folgenden beiden Publikationen verdanken wir besonders wichtige Impulse.

Wolfgang Boettcher / Horst Sitta: Der andere Grammatikunterricht. München (Urban und Schwarzenberg) 1978. Ausgehend von Verunsicherungen des Lehrers werden dem klassischen Grammatikunterricht, der sich ausschließlich am Sprachsystem orientiert, Bedingungen der Sprachverwendung gegenübergestellt, wie sie in der neueren Sprachwissenschaft erforscht worden sind. Daraus werden Konsequenzen für einen Sprachunterricht abgeleitet, der vor den Fachgrenzen nicht haltmacht. Sprachschulung wird verstanden als Reflexion über sprachliches Handeln in Situationen, welchen die Schüler innerhalb und außerhalb der Schule begegnen. Dabei wird auch die Rolle der grammatischen Phänomene untersucht und gedeutet. Wie dieser andere, situationsorientierte Grammatikunterricht in der Praxis aussehen kann, wird an Unterrichtsmodellen aus verschiedenen Schulstufen demonstriert.

Mach doch endlich die Augen auf und lies, was dasteht! Ein verzweifelter Appell, den Schüler unzählige Male von ihren Lehrern zu hören bekommen. Genügt es aber, einfach die Augen aufzumachen, wenn man einen Text verstehen will? Ist es nur Mangel an Konzentration oder gutem Willen, wenn Schüler aus Erklärungen oder Texten nicht klug werden oder sie anders verstehen als ihre Lehrer? Gibt es überhaupt ein „richtiges" Textverständnis? Um solche Fragen geht es in den beiden „Studienbücher zur Linguistik und zur Literaturwissenschaft" von **Hans Glinz: Textanalyse und Verstehenstheorie (Band 1 und 2).** Wiesbaden (Verlagsgesellschaft Athenaion) 1977 und 1978. Den Versuch, „ausgehend von einer Theorie und Praxis des Textverstehens, den Gesamtbereich von Sprach-Aufbau und Sprach-Verwendung zu klären", und zwar „in seinem Zusammenhang mit dem Handeln, dem Fühlen/Denken und der Ich-Konstitution überhaupt", bezeichnet Glinz selber als „Wagnis" (Band 2, 5). „Bewußt und kontrollierbar" zu machen, „was alle geübten Leser bisher meist intuitiv praktiziert haben" (Band 1, 3), ist sein Ziel. Er bewegt sich damit in einem Grenzbereich zwischen Linguistik, Literaturwissenschaft und Sprachdidaktik und bezieht auch wichtige Aspekte der Psychologie, Psychiatrie und Soziologie mit ein. Das anspruchsvolle und anstrengende Buch kann selektiv gelesen werden. Die Theorie wird an einer Fülle von Beispielen erläutert und erprobt. Als Einstieg für den Lehrer bieten sich etwa das Kapitel 5 im Band 1 an, wo Glinz sein Verfahren am Beispiel eines Aufsatzes eines neunjährigen Mädchens im Detail entwickelt und demonstriert, oder das Kapitel 5 im Band 2, wo gezeigt wird, wie ein Kind zwischen dem 7. und dem 20. Lebensmonat die Bedeutung des Wortes „Fisch" lernt. Bedeutungen können, das macht Glinz mit seinem „Schichtenmodell der Gesamtkompetenz" (Band 2, 102 f.) deutlich, nicht einfach als gedankliche Vorstellungen imitativ übernommen werden; ihr Aufbau erfordert eine „kreative Leistung des Individuums" (Band 2, 94). Das erwähnte Kind zum Beispiel lernt das Wort Fisch im Zusammenhang mit einem Stofftier kennen, das eine wichtige Rolle in seinem Leben spielt. So wird „Fisch" vorerst zum Kristallisationspunkt aller Handlungen und Gefühle, die dem Kind im Zusammenhang mit diesem Stofftier wichtig sind. Erst allmählich wird ihm bewußt, daß die Erwachsenen das Wort in einem viel engeren Sinn gebrauchen. Zögernd schränkt es seine singuläre, im individuellen Erleben verankerte Bedeutung auf die reguläre Bedeutung „Fisch" ein. Dieses kleine Beispiel zum Thema Spracherwerb kann man als Modell für die BEGRIFFSBILDUNG in der Schule benützen. Weil es „bei allem Schulunterricht" um „das Entwickeln von Strategien und Bedeutungen" geht, kommt es darauf an, „daß die Schüler selbst handeln, daß sie selbst etwas probieren, selbst Lösungswege finden – auch wenn sie dabei manche Umwege machen" (Band 2, 117). Weil alle Begriffsbildung auf singulärem Handeln beruht, wecken die gleichen Wörter bei verschiedenen Menschen verschiedene Erinnerungen und Emotionen. So werden zwei Leser den gleichen Text auch dann verschieden interpretieren, wenn ihnen alle regulären Bedeutungen der Wörter vertraut sind. Wenn es aber mehrere, gleichberechtigte Varianten des Verstehens gibt, wenn neben dem objektiv verfügbaren Text auch subjektive Faktoren wie „Situation" oder „Eigenbeitrag des Lesers" Anteil am Textverständnis haben, dann hat das Konsequenzen für den Unterricht. Wissen kann dann nicht mehr bloß in der neutralen Sprache des

Lehrmittels oder des Lehrers an die Schüler herangetragen werden, weil ohne Reflexion der Gesprächssituation und ohne Einbezug des Schüler-Ichs kein Verstehen möglich ist.

Weil sich Singuläres und Reguläres beim mündlichen und beim schriftlichen Sprachgebrauch durchdringen, kommt dem Verfassen von Texten beim Lernen in der Schule eine Schlüsselrolle zu. Das wird in **Harald Weinrich: Linguistik der Lüge.** Heidelberg 1970 durch die einfache, aber grundlegende Unterscheidung von MEINUNG und BEDEUTUNG nachgewiesen. Im Bereich des Meinungspols arbeitet die Textsemantik. Sie untersucht die Bedeutung der Wörter in Texten. Im Gebrauch bekommt das Wort, eingeschränkt und bestimmt durch die Situation und die andern Wörter des Textes, in die es eingebettet ist, eine sehr enge, konkrete, auf die private Meinung des Sprechers bezogene Bedeutung (Text-Bedeutung). Untersucht man dagegen, wie die Wortsemantik das tut, isolierte Einzelwörter, bewegt man sich am Bedeutungspol. Jedes Wort verfügt über ein mehr oder weniger großes Bedeutungsspektrum, deshalb kann es in ganz verschiedenen Situationen gebraucht werden. Dieses Bedeutungsspektrum wird im Lexikon skizziert (Lexikon-Bedeutung). Die im Lexikon aufgelisteten Bedeutungen verweisen aber nur noch in einer sehr vagen und abstrakten Form auf die Menge der möglichen Situationen, in denen das Wort innerhalb der Sprachgemeinschaft üblicherweise gebraucht wird. Zwischen dem Bedeutungspol und dem Meinungspol gibt es eine gleitende Skala. „Kontext und Situation sind die Regulative, mit denen wir auf dieser Skala jeden beliebigen Wert einstellen können." (31) Stufen auf dieser Skala sind Einzelwörter, Begriffe, Eigennamen, Wörter in Texten.
Der SPRACHERWERB verläuft vom Meinungspol zum Bedeutungspol. Zuerst sind Sätze da in konkreten Situationen. Aus vielen Meinungen bildet der Sprecher Hypothesen über die möglichen Verwendungsweisen der Wörter und stößt so zu den Bedeutungen vor. Beim Spracherwerb sind also die gleichen Spielregeln wirksam wie in der Wissenschaft: Verifikation und Falsifikation von Hypothesen. Sie gelten auch für das Lernen. Darum darf der beschwerliche Weg vom singulären Meinen zu den regulären Bedeutungen nicht mit unlauteren Abkürzungen versehen oder mit kurzlebigen Rezepten planiert werden. Lernen beginnt bei den individuellen Erkenntnissen und Irrtümern und zielt auf das allgemein anerkannte Wissen. Diesem Zweck dient ein Unterricht mit Kernideen und Reisetagebüchern. Ausgangspunkt ist der Meinungspol: die in einer Kernidee gebündelte persönliche Sicht des Lehrers auf ein Stoffgebiet. Die Meinung des Lehrers soll es dem Lernenden ermöglichen, eine eigene Meinung – also eine eigene Kernidee – zu entwickeln und selbständig mit ihr zu arbeiten. Die Spuren dieser Arbeit werden im Reisetagebuch gesichert. In der Auseinandersetzung mit dem Stoff kommen neue Meinungen dazu: Der Lernende muß seine ursprüngliche Kernidee revidieren: Singuläres und Reguläres durchdringen sich mehr und mehr. Das Schreiben spielt dabei eine zentrale Rolle. Wer einen Text verfaßt, muß versuchen, seine subjektive Sicht der Dinge mit Hilfe der vorgegebenen, regulären Lexikon-Bedeutungen nachvollziehbar darzustellen. Er muß dabei sich selber, der Sache und dem Leser gerecht werden. Gelingt ihm das, so hat er nachgewiesen, daß er den beschriebenen Sachverhalt in seine singuläre Welt integriert und also begriffen hat.

Über das Verhältnis von Sprache, Wissenschaft und Schule äußert sich der gleiche Autor in **Harald Weinrich: Wege der Sprachkultur.** Stuttgart 1985. „Die belangvollen Sprach- und Sprachnormprobleme" unserer Zeit liegen, so meint Weinrich, „bei dem heiklen und mit fortschreitender industrieller Zivilisation immer heikler werdenden Verhältnis der Gemeinsprache zu den verschiedenen FACHSPRACHEN". Und hier liegt auch das Hauptproblem der Schule. „Es besteht kein Zweifel, daß die Schule der Ort ist, wo Kinder zum ersten Mal methodisch in verschiedene Fachsprachen eingeführt werden." Aber: „Wie abstrakt müssen denn Fachsprachen im Schulunterricht sein, um die in ihnen ausgedrückten Theorien ganz genau wiederzugeben, und welcher Verzicht auf Sinnlichkeit, Anschaulichkeit und eigene Erfahrung wird den Schülern damit ... auferlegt?" (29)
Jede Wissenschaft ist selber verantwortlich für die Übersetzung ihrer formalisierten Sprache in die GEMEINSPRACHE: „Sie darf nicht sekundären Vermittlern und bloßen Anwendern überlassen werden." (49) Neben Denkmodellen, die zwischen dem anschaulichen und dem unanschaulichen Denken

vermitteln, käme vor allem auch dem ERZÄHLEN eine zentrale Rolle zu. „Fachlehrer" sind also, „ob sie es wollen oder nicht – immer auch Deutschlehrer" (27). Und das Sprachproblem, das sie zu bewältigen haben, wird immer schwieriger, weil unsere Lebenszusammenhänge immer abstrakter werden. „Frühere Schülergenerationen" konnten „außerhalb der Schule in einer weniger domestizierten Natur und in handwerklicheren und häuslicheren Arbeitsvorgängen viel leichter erfahrungsgesättigte Einsichten und Erkenntnisse gewinnen, als das der heutigen Schülergeneration möglich ist". – „Ist es also allen Lehrern an deutschen Schulen klar", fragt Weinrich besorgt, „daß die deutsche Sprache als Unterrichtssprache fast aller Schulfächer und als wichtigstes Verständigungsmittel des ganzen Erziehungsprozesses stets in ihren Bedingungen aufs genaueste beobachtet und in ihrem Gebrauch aufs sorgsamste bedacht werden muß, wenn die jetzigen Schüler und zukünftigen Bürger unseres Landes befähigt werden sollen, sich ihrer in allen Situationen des privaten und öffentlichen Lebens angemessen zu bedienen?" (27)

Der Mensch und sein Körper

Neben den Sprachwissenschaftlern haben sich in neuerer Zeit auch Naturforscher mit Fragen befaßt, die sehr direkt das Lernen betreffen. Es geht um die Erforschung der biologischen Bedingungen des Lernens und um komplexe Fragen des Zusammenwirkens von Psychischem und Physischem, von „Geist" und „Materie". Der erste Impuls, diese Thematik in unsere Überlegungen einzubeziehen, ist ausgegangen von **Frederic Vester: Denken, Lernen, Vergessen**. München (Deutscher Taschenbuch Verlag) 1982. Das populärwissenschaftlich geschriebene Buch richtet sich an ein breites Publikum und stellt vor allem für Lehrer eine Herausforderung dar. Daß eine Schule niemals „gegen den Menschen, sondern mit ihm arbeiten" (93) soll, ist zwar klar, wird jedoch durch viele unkritisch übernommene Unterrichtstraditionen laufend ignoriert. Die Kenntnisse der biologischen Voraussetzungen, die jeder Lernende mitbringt, fassen in der Pädagogik nur zögernd Fuß. Die anatomische Verfassung und Vernetzung der Hirnbahnen zum Beispiel und auch die Leistungsfähigkeit sowie die Aufgabenverteilung der Eingangskanäle unserer sinnlichen Wahrnehmung sind individuell verschieden strukturiert. Nur zu einem kleinen Teil sind sie vererbt, zur Hauptsache werden sie unter dem Einfluß äußerer Wahrnehmungen in den ersten Lebensmonaten aufgebaut und unveränderbar festgelegt. Unsere Umwelt prägt sich also zu Beginn des Lebens in unserem Gehirn als kodifiziertes Abbild ein. Alles spätere Lernen bewegt sich in den fixierten Bahnen dieses Grundmusters. Jeder Mensch muß folglich durch Selbstbeobachtung (Reflexion) herausfinden, was für ein „Lerntypus" er ist. Vester fordert eindringlich einen Unterricht, der den unzähligen verschiedenen LERNTYPEN besser gerecht wird. Hier erfüllt das Reisetagebuch seine vornehmste Aufgabe: Es erlaubt dem Schüler, seinen individuellen Lerntyp kennenzulernen und dem Lehrer Hinweise zu geben, auf welche Art der Belehrung er am besten anspricht.

In einem zweiten Schwerpunkt seines Buches befaßt sich Vester mit den HORMONEN, welche bei der Übergabe der Information von den Eingangskanälen über das Ultrakurzzeit-Gedächtnis bis zum Langzeit-Gedächtnis eine zentrale, steuernde Funktion ausüben. Fremdes erzeugt, je nach dem Klima der Umgebung, in der es auftritt, eine erhöhte Hormontätigkeit: „Positive" Hormone erzeugen Neugier und öffnen die Zugänge zum Langzeit-Gedächtnis; „negative" Hormone erzeugen eine Denkblockade, lenken alle Energie in die Muskeln und lösen den Fluchtreflex aus. In der Vermittlung des Stoffes in Form von Kernideen machen wir den Versuch, den hormonellen Bedingungen des Lernenden Rechnung zu tragen. Das Fremde, Unbekannte und Neue soll dem Schüler in einer faßbaren und freundlichen Gestalt entgegentreten. Damit vermindern wir die Gefahr, daß ungünstige „Sekundärassoziationen" (112) das Lernen behindern.

Man darf sich das Gedächtnis heute nicht mehr als geordnete Datenbank, als passiven Computer-Speicher, vorstellen. Zutreffender ist der Vergleich mit einem Hologramm: Informationen werden nicht fein säuberlich nebeneinander angeordnet, sondern über alle Gehirnzellen verstreut abgelagert. In jeder Zelle steckt, mehr oder weniger deutlich strukturiert, die ganze Information. Aber nicht nur über die Inhalte, sondern auch über die Funktionen des Gehirns bilden sich neue Vorstellungen heraus. Das

Gehirn ist, so stellt man es sich heute vor, eingeteilt in Zonen, die ganz spezifische Tätigkeiten ausführen. In sehr plakativer Weise beschreibt V. V. Ivanov, der am Moskauer Institut für Slavistik und Balkanistik eine Abteilung für strukturelle Typologie leitet, die Tätigkeit des Gehirns als Wechselspiel zwischen einer linken Hemisphäre (Hirnhälfte), die vorwiegend ANALYTISCH arbeitet, und einer rechten Hemisphäre, die eher SYNTHETISCHE Aufgaben übernimmt.
V. V. Ivanov: Gerade und Ungerade. Stuttgart (Hirzel) 1983. Die Aufdeckung der spezifischen Funktionen der beiden Hirnhälften wirft ein neues Licht auf das Lernen in der Schule und die Bedeutung interdisziplinären Zusammenarbeitens. Die nach außen orientierte linke Hemisphäre ist (bei der Mehrzahl der Menschen) für das abstrakte Denken, für die logische Deutung von Details und für das Sprechen, Schreiben und Rechnen verantwortlich. Die nach innen gerichtete rechte Hemisphäre führt das konkrete, nonverbale Denken aus, verschafft räumliches Bewußtsein und erlaubt ein musikalisches Verständnis. Erst das Zusammenspiel beider Hirnhälften ermöglicht eine Verbindung der uns umgebenden Zeichen und Gestalten und eine vom Ich verantwortete und gesteuerte Kommunikation mit der Außenwelt. Erschöpft sich beispielsweise Mathematik in algorithmischen Fertigkeiten (linke Hirnhälfte) und ignoriert bildlich ganzheitliches Erfassen des Problems (rechte Hirnhälfte), so wird sie sich dem Lernenden kaum als ein menschgemäßes und sinnträchtiges Fachgebiet präsentieren können und deshalb zur Entfremdung von Mensch und Wissenschaft beitragen.

Wer tiefer in „das Problem der Beziehung zwischen Körper und Geist" eindringen möchte und wer sich speziell für den Zusammenhang „zwischen den Strukturen und Prozessen des Gehirns einerseits und geistigen, bewußtseinsmäßigen Anlagen andererseits" interessiert, findet in **Karl R. Popper / John C. Eccles: Das Ich und sein Gehirn.** München (Piper) 1982 einen spannenden interdisziplinären Dialog zwischen einem Philosophen und einem Gehirnphysiologen. Beide sind Anhänger der Theorie der Wechselwirkung zwischen Physischem und Psychischem, und beide schreiben dabei der Rolle des tätigen Ichs eine zentrale Bedeutung zu. Als Einstieg eignet sich besonders der Teil III des Buches, der zwölf Gespräche der beiden Autoren als Protokoll wiedergibt. Popper geht davon aus, daß am Anfang jeder Erkenntnis eine Hypothese steht, die dann nach dem Verfahren von VERSUCH UND IRRTUM getestet wird. Primär ist also die Aktion des Menschen, das Aufstellen und Behaupten auf der Basis des Vorwissens, dann folgt die Überprüfung, die Korrektur, das „Passend-Machen". Dem stimmt der Hirnphysiologe zu. In der Hirntätigkeit ist der gleiche Mechanismus wirksam wie in der Erkenntnistheorie. Unsere Sinneseindrücke ergeben nämlich nicht einfach Sinnesdaten, die man zur Kenntnis zu nehmen hat. Sinneseindrücke bedeuten vielmehr „einen Ruf nach Aktion" (517); sie haben den Charakter von Fragen und enthalten „die Aufforderung, etwas zu tun, nämlich zu interpretieren" (511). Die gängige Auffassung, man müsse den Schülern zuerst Wissen vermitteln, bevor sie selber tätig werden können, ist also falsch. Am Anfang von Lernprozessen stehen singuläre Annahmen und Behauptungen, die dann Schritt für Schritt differenziert und revidiert werden. „Lernen ist Interpretation und Bildung neuer Theorien, neuer Erwartungen und neuer Fertigkeiten" (507), dafür liefern die Szene 5, wo Cyrille mit 10 multiplizieren lernt, oder die Szene 12, wo Oliver die Winkelmessung erforscht, eindrückliche Beispiele. Wir sollten, so meint Popper, „während unseres gesamten Lebens vermeiden ..., lediglich passive Informations-Empfänger zu sein". Er kritisiert das Lernen „in einer engen Schulbank ..., die so gebaut war, daß sie die Bewegungs-Möglichkeiten der Kinder einschränkte, damit die nicht andere Kinder und besonders den Lehrer stören konnten". Und er fordert: „Ein heranwachsender Mensch sollte dazu angeregt werden, sich Probleme zu stellen, die er dann zu lösen versucht, und man sollte ihm bei der Lösung dieser Probleme nur dann helfen, wenn er Hilfe nötig hat. Er sollte nicht indoktriniert und nicht mit Antworten gefüttert werden, wo keine Fragen gestellt wurden: wo die Probleme nicht von innen kommen." (516)

Abweichungen von der Norm

Merkmal der Schule ist es, daß sie bestimmte Kenntnisse und Verhaltensweisen vorschreibt, die erlernt werden müssen. In der Schule lernt man lesen, schreiben, rechnen, zeichnen, singen, turnen, und man erwirbt Kenntnisse aus der Literatur, der

Naturkunde und der Geschichte. Wir haben diese Kenntnisse und Verhaltensweisen, die in den Lernzielen der einzelnen Schulstufen definiert sind, als Welt des Regulären bezeichnet. Im Unterschied zu den klar definierten Lernzielen haben wir über das, was die Lernenden an Wissen und Können immer schon mitbringen, nur sehr vage Vorstellungen. Diese von Schüler zu Schüler unterschiedlichen Vorgaben haben wir mit dem Begriff „singuläre Welt" charakterisiert. Aufgabe der Schule ist es, die singulären Kenntnisse und Verhaltensweisen durch Veränderung oder Stabilisierung den regulären Kenntnissen und Verhaltensweisen anzunähern.

Mißt man das, was die Schüler mitbringen, am vorgeschriebenen Lernziel, stellt man größere oder geringere Abweichungen fest. Die unterschiedlichen Vorgaben der Lernenden erscheinen dann unter dem Aspekt eines Defizits, das mehr oder weniger groß ist. Eine solche Betrachtungsweise mündet leicht in einen Unterricht, der Defizite so rasch als möglich auszugleichen versucht. Wendet man sich dagegen zuerst dem Lernenden zu und faßt das, was er mitbringt, als ein zusammenhängendes Ganzes auf, genügt es nicht mehr, bloß Defizite im Vergleich zu den Lernzielen festzustellen. Die Äußerungen und das Verhalten des Lernenden müssen immer auch verstanden werden als mehr oder weniger verschlüsselte Botschaften aus einer noch weitgehend unbekannten singulären Welt. Was im Vergleich mit den regulären Kenntnissen und Verhaltensweisen als unbeholfen und fehlerhaft erscheint, ist, so nehmen wir an, im Horizont seiner singulären Welt durchaus sinnvoll und zweckmäßig. Es genügt deshalb nicht, fehlerhafte Äußerungen zu korrigieren und reguläre Formen einzuüben – das wäre bloß Symptombekämpfung –, der Lernende muß auch Gelegenheit erhalten, neue Kenntnisse und Verhaltensweisen so in seine singuläre Welt zu integrieren, daß sie auch aus seiner Optik sinnvoll und zweckmäßig erscheinen. Will ihm die Lehrperson dabei helfen, muß sie seine oft rätselhaften Äußerungen, wie wir das in den Szenen demonstriert haben, immer auch unter dem Aspekt des Singulären zu interpretieren versuchen: als Phase einer Entwicklung. Die Art, wie Lehrer unserer Meinung nach mit Schüleräußerungen umgehen müßten, ist vergleichbar mit der Art, wie Sigmund Freud, der Begründer der Psychoanalyse, mit den Äußerungen seiner Patienten umgeht. In **Sigmund Freud: Die Traumdeutung.** (Gesammelte Werke, Band 2 und 3). Frankfurt am Main (Fischer) 1968 kann der Leser miterleben, wie ein Mensch seine eigene singuläre Welt erforscht. Freud hat erkannt, daß die Spaltung des Menschen in einen Bereich, der akzeptiert und von der Außenwelt anerkannt ist, und einen Bereich, in den alles Unpassende, Ungebührliche, Verbotene abgeschoben und verdrängt wird, so viel psychische Energie verbrauchen kann, daß er schließlich lebensunfähig wird. Soll der Mensch gesund und lebensfähig bleiben, muß zwischen diesen beiden Bereichen – dem Bewußtsein, das sich in Übereinstimmung mit dem Regulären weiß, und dem Unbewußten, in das Singuläres verbannt wird – ein reger Austausch stattfinden. Der Mensch muß lernen, sich den singulären Botschaften aus seinem Unbewußten zu stellen, damit er seine Aufgaben im Bereich des Regulären ungestört erfüllen kann.

Das Handwerk zur Deutung singulärer Botschaften erwirbt sich Freud durch Beschreibung und Analyse seiner eigenen Träume. Gestützt auf die Hypothese, daß „es in psychischen Äußerungen nichts Kleines, nichts Willkürliches und Zufälliges" gibt, läßt sich Freud durch fremdartige und verschlüsselte Ausdrucksweisen nicht abschrecken und vermag selbst die verworrensten Träume als sinnvolle Leistungen der Psyche zu deuten (Gesammelte Werke, Band 8, Seite 38). Der Leser der „Traumdeutung" lernt eine Haltung und eine Arbeitsweise kennen, die auch für den Umgang mit singulären Schüleräußerungen in mehrfacher Hinsicht vorbildlich ist:

1. Der Dialog mit der eigenen singulären Welt ist Voraussetzung für das Verständnis fremder singulärer Welten. Das bedeutet: Zugang zu singulären Schüleräußerungen findet die Lehrperson nur, wenn sie sich auch über ihre persönliche Beziehung zu den Unterrichtsstoffen Rechenschaft gibt. Fachwissen, mit dem die Lehrperson nicht in einen singulären Dialog treten kann, ist für den Unterricht unbrauchbar.
2. Man darf dem Singulären nicht vorschreiben, in welcher Gestalt es zu erscheinen hat. Deshalb muß sich die Lehrperson in der Fähigkeit üben, zuzuhören, ohne sofort korrigierend und zensierend einzugreifen. Der Zwang und die Anstrengung, sich jederzeit regulären Normen und Erwartungen gemäß auszudrücken, drängen

das Singuläre als Störfaktor ins Abseits und bringen es schließlich zum Verstummen.

3. Die Sprache des Singulären ist – verstümmelt und verschlüsselt durch ein ausgeklügeltes Zensursystem – oft rätselhaft und unappetitlich. Sie bedarf einer fachkundigen Entschlüsselung. Je weniger sich die Lehrperson durch die Fremdartigkeit und Lückenhaftigkeit der singulären Ausdrucksweise irritieren läßt, desto schneller lernt der Schüler, sich verständlich und zusammenhängend auszudrücken.
4. Eine vorerst unverständliche Schüleräußerung muß zuerst auf ihren Sinn im Horizont der singulären Schülerwelt befragt werden, bevor sie am Maßstab der regulären Sach- und Sprachnormen gemessen und kritisiert wird.

Ein solcher Dialog mit dem Singulären setzt eine Selbstbeschränkung des Regulären voraus, wie sie **Hartmut und Gernot Böhme: Das Andere der Vernunft.** Frankfurt am Main (Suhrkamp) 1983 fordern. Am Beispiel Kants untersuchen die beiden Autoren die „Entwicklung von Rationalitätsstrukturen" seit der Aufklärung. Der zivilisierte Mensch des 20. Jahrhunderts ist Produkt einer bestimmten Entwicklung menschlicher Möglichkeiten, die in der Lebensform des höfischen Menschen ihren Ausgangspunkt hat. Sein Merkmal ist die Distanzierung und Entfremdung von der Natur: Er beeinflußt und beherrscht die Natur, diese kann aber nicht mehr auf ihn zurückwirken. Natur dient am Hof zur Inszenierung gesellschaftlicher Werte wie „Macht, Pracht und Ordnung" (36). Ausdruck dieser NATURBEHERRSCHUNG sind etwa der französische Garten, die inszenierte Jagd, die Disziplinierung des Leibes im höfischen Ritual und das Naturalienkabinett, das die Welt symbolisch in den Verfügungsbereich des Fürsten holt. Speziell dafür freigestellte Fachleute üben bei der Betreuung dieser „höfischen Kuriositas" eine Haltung ein, die zur Grundlage der Naturwissenschaft wird: isolieren der Phänomene im Labor und zweckfreies Forschen, das einer rein theoretischen Neugier folgt (39). In der bürgerlichen Gesellschaft wird die Naturbeherrschung der höfischen Welt dank Wissenschaft, Technik und Markt demokratisiert. Natur wird für alle, die Geld haben, mehr oder weniger verfügbar. Entsprechend wird in der bürgerlichen Erziehung das Programm zur Entfremdung vom Leib popularisiert: „Der Leib wird zum Körper veräußerlicht", der, „abgehärtet gegen Affektionen", als Werkzeug bürgerlicher Arbeits- und Lebensweise reibungslos funktioniert (68). Durch ZIVILISATION wird Fremdzwang in Selbstzwang umgewandelt. Das kann modellhaft an Kants Leben und Denken nachgewiesen werden. Obwohl sich Kant – ein süchtiger Leser von Reisebeschreibungen – nach grenzüberschreitenden Erlebnissen sehnt, kapselt er sich in Königsberg ein und zwingt sich zu einer bis in Einzelheiten streng ritualisierten und berechenbaren Lebensweise (464). „Ich habe", so formuliert der 22-jährige Kant in seiner „Theorie des Himmels", „auf eine geringe Vermutung eine gefährliche Reise gewagt und erblicke schon das Vorgebürge neuer Länder", doch dann beschränkt er sich auf die Aufgabe, den Kompetenzbereich der Vernunft abzustecken. „Die Grenze des Selbstbesitzes ist leicht überschritten", schreibt Kant. „Ständig bedroht", kommentiert Böhme, „zieht sich die Vernunft zurück. Sie befestigt das eigene Territorium und macht die Grenzen dicht." Das ausgeschlossene Andere – zum Irrationalen erklärt – bleibt sich selbst überlassen und „verkommt zu einem diffusen, unheimlichen und bedrohlichen Bereich" (14): „Die Sinne werden zur bloßen Sinnlichkeit, der Leib wird zum bestialischen Teil des Menschen, die Religion außerhalb der Grenzen der Vernunft zur Schwärmerei, die Natur zur teils gefürchteten, teils verehrten Wildnis" (273). Aufgabe der Philosophie nach Nietzsche und Freud ist es, dieses Andere, Singuläre, Nicht-Wissenschaftliche anzuerkennen und ein „Selbstverständnis der Vernunft" zu entwickeln, „die weiß, daß sie nicht das Ganze ist" (24).

Wie ein Denken, welches das Andere der Vernunft nicht ausklammert, aussehen könnte, kann im leider noch viel zu wenig bekannten Werk von Helmut Plessner nachgelesen werden. Plessner geht davon aus, daß es das „Verhältnis des Menschen zu seinem Körper" ist, das spezifisch menschliche Leistungen wie Sprechen, Handeln und Gestalten ermöglicht. Darum gibt das Zusammenspiel von Mensch und Körper Aufschluß über die Grundstruktur seiner Existenz in der Welt. Das ist beispielhaft dargestellt in **Helmut Plessner: Lachen und Weinen.** In: Philosophie Anthropologie. Frankfurt am Main (Fischer) 1970. Im gleichen Band findet sich auch der wundervolle, nur zwölf Seiten umfassende Aufsatz „Das Lächeln", das als „Mimik des Geistes" (183) gedeutet wird. Plessner akzeptiert die „verhängnisvolle Aufspaltung des menschlichen Seins in eine körperliche und eine nichtkörperliche Region" nicht als etwas Gegebenes, Vorfindliches, sie ist vielmehr Produkt einer bestimmten Einstellung des reflektierenden Bewußtseins: Sie ist Produkt einer Rückschau. Als Erlebender – in der Position der Vorschau also – agiert und reagiert der Mensch ganz aus seiner leiblichen Mitte heraus. Beides zusammen erst macht den Menschen zum Menschen. Unaufhebbar SIND wir in uns, in unserem Leib, aber zugleich HABEN wir einen Körper, über den wir verfügen, den wir instrumentalisieren können und müssen. Wir sind nicht nur Akteure unseres Lebens – eingebunden in gesellschaftliche, geschichtliche, kulturelle Umwelten –, wir befinden uns immer auch in einer „EXZENTRISCHEN POSITION", schauen uns als unsere eigenen Zuschauer über die Schulter und können Abstand nehmen.

Der Mensch ist also zugleich Objekt und Subjekt seines Lebens, Gegenstand und Zentrum. Als „Doppelgänger" ist er gezwungen, sich zu verkörpern. Im Umweg über andere und anderes kommt er zu sich selbst und findet sein Gleichgewicht, aber nicht, um sich hier auszuruhen, sondern um das Gelingen aufs neue zu versuchen. Seine Fähigkeit, Distanz zu nehmen, um Nähe zu schaffen, hindert ihn also am Verweilen: Sie hält das Bewußtsein wach, daß sich das, wozu er sich macht, nicht deckt mit dem, was er ist. Der Mensch kann sein Gleichgewicht – wie er es beim Gehen schon gelernt hat – nur beibehalten, indem er es – mit ihm spielend – aufgibt und sich fallen läßt, um sich wieder aufzufangen. An dieser Grenze sind Lachen und Weinen angesiedelt. Mit Widersinn konfrontiert – „vom Schmerz gepackt, vom Leid erfüllt, von Freude überwältigt, von Schönheit und Erhabenheit ergriffen" –, fällt der Mensch aus seiner Rolle. Er verliert die Distanz zu sich selbst und damit die Möglichkeit, mit Worten oder Gebärden zu antworten. Als Reaktion auf diese Krise verfällt er dem Lachen oder dem Weinen. Der Körper antwortet gleichsam in einer „sinnvollen Fehlreaktion" für die außer Gefecht gesetzte Person. Anders beim Lächeln: Hier „bewahrt der Mensch seine Distanz zu sich und zur Welt und vermag sie, mit ihr spielend, zu zeigen. Lachend und weinend ist er Opfer seiner exzentrischen Höhe, lächelnd gibt er ihr Ausdruck." In dieser Formel bringt Plessner die Eigenart des menschlichen Verhaltens, das in Grenzsituationen geraten und kapitulieren kann, in **Helmut Plessner: Die Frage nach der Conditio humana.** Frankfurt am Main (suhrkamp taschenbuch 361) 1976 auf den Begriff (73). Bedingt durch seine „exzentrische Positionalität" ist der Mensch darauf angewiesen, daß ihm seine Umwelt, in die er eingebettet ist, einen Spielraum läßt: Er muß die Möglichkeit haben, aus seiner Mitte herauszutreten UND SICH IN EINE BEZIEHUNG ZU EINEM GEGENÜBER ZU SETZEN. Er braucht Distanz zu allem, was ihm begegnet, ihn umgibt und trägt, um es in einen Sinnzusammenhang einzuordnen. Das gilt auch für das Lernen in der Schule. Der Schüler muß Subjekt und Objekt seines Lernprozesses sein können. Er kann ja gar nicht wählen, ob er sich in ein Verhältnis zu den Schulstoffen setzen will oder nicht. Er steht immer schon in einem Verhältnis zu ihnen. Entscheidend ist, daß er den Spielraum gewinnt, um dieses Verhältnis immer wieder zu definieren. Er darf nicht fixiert bleiben auf lebenshemmende Deutungen wie „Dieser Stoff geht mich nichts an" oder „Das ist zu schwierig für mich". Öffnen und Erweitern des Spielraums, innerhalb dessen die Schüler immer wieder neu entdecken können, was es für eine Bewandtnis hat mit dieser Rechnung, mit jenem Gedicht, ist deshalb der Hauptauftrag der Schule. Der Stoff muß also so präsentiert werden, daß die Schüler nicht kapitulieren – sich weinend verschließen oder lachend abwenden. Zuerst müssen sie in die Lage versetzt werden, den Stoff in IRGEND einem Sinn zu nehmen, erst dann können sie ihn in den Sinnzusammenhang stellen, der vom Lehrer vorgesehen ist. Sie müssen also nicht primär lernen, wie man addiert, subtrahiert, multipliziert oder dividiert; sie müssen lernen, jedesmal, wenn ihnen Zahlen oder Wörter begegnen, ein neues, angemessenes Verhältnis zu ihnen zu finden.

Die Fähigkeit des Menschen, sein eigenes Vorwissen im Dialog mit Fremdem aufs Spiel zu setzen, zu revidieren, zu differenzieren und als umgestaltetes Vorwissen zu integrieren, öffnet den Zugang zum Regulären. Diesen „Zirkel des Verstehens" beschreibt **Hans-Georg Gadamer: Wahrheit und Methode.** Tübingen (Mohr) 1965. Zwei Begriffe aus diesen „Grundzügen einer philosophischen Hermeneutik" sind in unserem Zusammenhang besonders wichtig: der Begriff des Spiels (98-127) und der Begriff der FRAGE (344-360). „Wissen", so stellt Gadamer mit Verweis auf die sokratische Dialektik fest, „kann nur haben, wer Fragen hat" (349). Der Weg zum Wissen führt über die Konfrontation mit dem Nichtwissen. Und nur aus der lebendigen Erinnerung an das Nichtwissen, aus dem es herausgewachsen ist, bezieht das Wissen seinen Sinn. Verblaßt die Erinnerung ans Nichtwissen, verkümmert das Wissen zur Meinung. Merkmal einer Meinung ist, daß sie den Blick auf die Frage verstellt, auf die sie Antwort zu sein beansprucht. Um die vergessene Frage wieder zu entdecken, muß der Mensch bereit sein, seine Meinungen aufs Spiel zu setzen. Der VORGANG DES VERSTEHENS HAT ALSO DIE STRUKTUR EINES SPIELS. Das Spiel ist zweckfrei. Es setzt die Bereitschaft der Beteiligten voraus, Abstand zu nehmen von sich selbst und sich von etwas Fremdem ansprechen zu lassen. Ein Text, ein mathematisches Problem, ein Gemälde, ein Konzert kann einen Menschen in ein solches Spiel verwickeln. Auch das Gespräch hat die Struktur des Spiels. Indem die Gesprächspartner ihre unterschiedlichen Meinungen ins Spiel bringen und damit zur Diskussion stellen, wird die besprochene Sache aus dem herrschenden Vorurteil befreit. „Gegen die Festigkeit der Meinungen bringt das Fragen die Sache mit ihren Möglichkeiten in die Schwebe." (349) Jetzt erst wird die Sache für die Gesprächsteilnehmer verstehbar: Sie gewinnt in der Sprache, die im Gespräch erarbeitet werden muß, eine neue Gestalt und schafft unter den Beteiligten eine „neue Gemeinsamkeit" (360). Lernen heißt also, an einem Gespräch teilnehmen, in welchem die besprochene Sache – die Dichtung, das Bruchrechnen, die Grammatik, die Trigonometrie – für alle Beteiligten – also auch für den Lehrer – fraglich wird, um sich in einer neuen Gestalt zu zeigen. Der Lehrer mag sich noch so gut vorbereitet haben: wenn das Gespräch in der Klasse nicht auch ihm eine neue Sicht auf das Sachgebiet eröffnet, hat er nicht richtig mitgespielt.

Verstehen lernen, wie Kinder denken

Mißt man Produkte kindlichen Denkens an Erwachsenenvorstellungen, so erscheinen sie fast zwangsläufig als mangel- und fehlerhaft. Begreift man diese aber als Vorformen einer geistigen Entwicklung, die in die Richtung eines wissenschaftlichen Denkens zielt, wird die Auseinandersetzung mit scheinbar unverständlichen oder unsinnigen Schüleräußerungen zu einem höchst spannenden Unterfangen. Darauf machen in eindrücklicher Weise die Forschungen von Jean Piaget aufmerksam. **Jean Piaget: Psychologie der Intelligenz.** Stuttgart (Klett) 1980. Das Denken von Piaget bewegt sich im Spannungsfeld zwischen den Polen Biologie und Erkenntnistheorie. Die Fähigkeit des Erkennens ist nicht einfach vorgegeben, sie entwickelt sich. Diese Erkenntnis ist für die Pädagogik von fundamentaler Bedeutung. Wenn unser Unterricht den Schülern gerecht werden will, müssen wir ihr Denken und Tun als Signale ihrer geistigen ENTWICKLUNG verstehen lernen und dürfen ihre Äußerungen nicht unbedacht durch eine Kritik entwerten, die sich nur an der Sachlogik orientiert. Piaget hat versucht, Gesetzmäßigkeiten der geistigen Entwicklung zu formulieren und einzelnen Altersstufen zuzuordnen. Solche Entwicklungsschemata mögen dem Lehrer als Orientierungshilfe dienen, sie entbinden ihn aber nicht von der Pflicht, jeden einzelnen Schüler auf seinem individuellen Lernweg zu begleiten. Die Aktualität von Piagets Werk liegt unserer Meinung nach weniger in den Generalisierungen seiner klinischen Experimente als vielmehr in der Haltung und im Verhalten des Forschers, der genau zuhört und der sich bemüht, die Wege des kindlichen Denkens zu verstehen. Die intensive Zuwendung, die Piaget seinen Versuchsschülern im klinischen Experiment hat zukommen lassen, ist für unsere Arbeit als Lehrer vorbildlich; sie ist, so glauben wir, für den Lernerfolg unerläßlich. Eine für den interessierten Lehrer sehr gut verständliche Einführung in Piagets Denken gibt **Fritz Kubli: Erkenntnis und Didaktik. Piaget und die Schule**. Basel (Reinhardt) 1983. Als Physiklehrer an einer Zürcher Kantonsschule verbindet Kubli Piagets Grundanliegen mit den Anforderungen des täglichen Unterrichtens und zeigt auf, wie Erkenntnisse aus den klinischen Experimenten zu einer Verbesserung des Unterrichts am Gymnasium eingesetzt werden können. Ebenfalls von Piaget beeinflußt ist die psychologisch fundierte Allgemeine Didaktik von **Hans Aebli: Zwölf Grundformen des Lehrens.** Stuttgart (Klett Cotta) 1985. Die zwölf Grundformen gliedern sich in drei verschiedenen Dimensionen: Es gibt fünf verschiedene MEDIEN des Lehrens und Lernens (Erzählen und Referieren, Vorzeigen, Anschauen und Beobachten, mit Schülern lesen, Texte verfassen), drei verschiedene STRUKTU-

REN der Lerninhalte (Handlungsablauf erarbeiten, Operation aufbauen, Begriff bilden) und vier verschiedene Stufen des LERNPROZESSES (problemlösendes Aufbauen, Durcharbeiten, Üben und Wiederholen, Anwenden). Aebli distanziert sich deutlich von den klassischen Lerntheorien, insbesondere von den behavioristischen Transfertheorien. Er verweist deren Mechanismen in den engen Bereich des Übens und unterstreicht immer wieder seinen eigenen, KONSTRUKTIVISTISCHEN ANSATZ: „Wir sind der Meinung, daß alle neuen Inhalte des geistigen Lebens durch Konstruktion aus einfacheren Elementen hervorgehen." (389) Die höchste Form der Konstruktion sieht Aebli in der „Anwendung", die in der Schule oft zu kurz komme: „Die meisten Schüler, die unter der Leitung des Lehrers einen Begriff oder eine Operation aufgebaut haben, sind nicht ohne weiteres fähig, diese gedanklichen Mittel einzusetzen, um einen neuen Gegenstand zu erfassen ... Der Schüler gleicht einem Bergsteiger, der einen Berg unter der Leitung des Führers ersteigt." (367) Bei gelingender Anwendung dagegen emanzipiert sich der Schüler vom Lehrer und überträgt die Handlungen, Operationen und Begriffe selbständig auf neue Situationen und Probleme. Dabei spielen „metakognitive Überlegungen" eine wichtige Rolle, mit denen der Lernende – unter Mithilfe des Lehrers – seine eigenen Strategien im Umgang mit dem Stoff ans Licht holt. Auch Aebli schenkt dem individuellen Verhalten der Lernenden größte Aufmerksamkeit. An der von ihm geleiteten Abteilung für pädagogische Psychologie der Universität Bern hatten wir Einblick in seine Forschungsarbeiten zur METAKOGNITION. Beeindruckend für uns waren die minutiösen Analysen der physischen und psychischen Bewegungen von Kindern, die mit Hilfe von durchsichtigen Tischplatten, Spiegeln und Kameras beim schriftlichen Lösen von Problemen beobachtet worden sind. Auf diese Weise sollen die metakognitiven Prozesse beim Problemlösen erforscht werden. Wir stimmen mit Aebli in der Annahme überein, daß dem Wissen des Lernenden über sein Verhalten beim Lernen eine zentrale Bedeutung zukommt. Die Frage ist nur, wie solches Wissen erworben und optimiert werden soll. Natürlich ist die Versuchung groß, aus den Beobachtungen im Labor erfolgversprechende PROBLEMLÖSUNGSSTRATEGIEN abzuleiten und sie dann anschließend im Unterricht zu vermitteln. Das wäre unserer Meinung nach aber äußerst gefährlich. Bloß angelerntes metakognitives Wissen, das nicht zum Beobachten von eigenen und fremden Lernprozessen anregt, ist wertlos. Macht man Problemlösungsstrategien zum Lernstoff, so steigern sie – aufgestockt auf das konventionelle Lernprogramm – den Stoffdruck und die Belastung der Schüler, anstatt sie abzubauen.

Zweifellos ist es unerläßlich, daß der Lehrer erfolgversprechende metakognitive Strategien kennt und beim eigenen Problemlösen darüber verfügt. Sie sind eine Voraussetzung dafür, daß er Wege und Irrwege des Lernenden verstehen und beurteilen kann. Der Schüler darf aber nicht in der Rolle des Beobachtungsobjekts und Informationsempfängers gefangengehalten werden. Er muß vielmehr lernen, seine Lernwege selber zu dokumentieren. Darum halten wir das Reisetagebuch für das wichtigste Instrument der Metakognition. Hier ist der SCHÜLER ZUGLEICH SUBJEKT UND OBJEKT SEINES LERNPROZESSES. Er lernt, Spuren seiner geistigen Tätigkeit zu sichern, damit er sein Verhalten in der Rückschau beurteilen und im Blick auf die Zukunft korrigieren kann. Selbst wenn das Verhalten eines Schülers dem beobachtenden Lehrer unzweckmäßig oder gar falsch erscheint, darf er nicht eingreifen. Er muß dem Lernenden Gelegenheit geben, die Grenzen oder gar Abgründe, auf die er zusteuert, selber zu erfahren. Erst wenn er die Konsequenzen seines Verhaltens auch tatsächlich zu Gesicht bekommen hat, ist er vorbereitet auf eine Verhaltensänderung. Gerade weil die Konsequenzen eines Fehlverhaltens im Bereich der kognitiven Fächer viel weniger dramatische Auswirkungen haben als etwa im Bereich des Straßenverkehrs oder im Umgang mit Hammer und Säge, müssen und dürfen sie in der Schule real erfahrbar gemacht werden. Sprache und Mathematik sind deshalb ideale Lernfelder für Verhaltensänderungen, die auf Erfahrung und Einsicht und nicht bloß auf Instruktion und Zwang beruhen. Wir nehmen Fehler und Irrtümer auf der Sachebene so lange in Kauf, bis der Schüler sie als Folgen eines Fehlers auf der Verhaltensebene identifizieren kann. METAKOGNITIVE KOMPETENZ HAT VORRANG VOR DEM SACHWISSEN. Erst wenn die Fähigkeiten, das eigene Lernverhalten zu dokumentieren, zu reflektieren und zu korrigieren, dauerhaft in der Person verankert sind, dürfen sie vorsichtig beeinflußt und optimiert werden. Metakognitives Wissen darf – ebenso wie das Sachwissen

– nicht als Fertigprodukt vermittelt werden: Es muß – ganz im Sinne des konstruktivistischen Ansatzes – in der realen Auseinandersetzung mit Problemen individuell aufgebaut werden, wenn es wirksam und beständig sein soll. Dabei spielen die Medien der Darstellung, wie der um Jerome Bruner an der Harvard-University gruppierte Kreis von Forschern betont, eine wichtige Rolle. **Jerome S. Bruner, Rose R. Oliver, Patricia M. Greenfield u. a.: Studien zur kognitiven Entwicklung.** Stuttgart (Klett) 1971. Das Buch ist Jean Piaget gewidmet und hat die Grundhaltungen der jetzigen Lehrergeneration zweifellos stark beeinflußt. Im Gegensatz zu Piaget mißt Bruner der Sprache als drittem Darstellungsmedium neben den Handlungen und Bildern eine zentrale Rolle zu. Weil sich die Fähigkeiten zur symbolhaften, sprachlichen Darstellung nicht unabhängig von sozialen und kulturellen Einflüssen entwickeln können, wird die Aufgabe des Lehrers dank Bruners Arbeiten viel klarer umrissen als in Piagets Werk. Im Spannungsfeld der drei Darstellungsmedien – dem enaktiven Medium des Handelns, dem ikonischen Medium der Bilder und dem symbolischen Medium der Sprache –, in den Widersprüchen dieser Medien und in deren Auflösung erkennt Bruner eine treibende Kraft der kognitiven Entwicklung. Das haben wir beim Knotenknüpfen in der Szene 7 auf eindrückliche Weise selbst erfahren. Alle drei Darstellungsformen sind dort in starke Wechselwirkung miteinander getreten. Im Schulunterricht ist das leider die Ausnahme. Allzuhäufig verselbständigt sich die symbolische Darstellung und ist für den Lernenden mit keinen bildhaften und handlungsmäßigen Erfahrungen mehr in Bezug zu bringen. Dann ist es die Aufgabe des Lehrers, darauf zu achten, daß die Schüler Handlungsräume und Veranschaulichungen generieren, in denen die zur kognitiven Entwicklung notwendige „Interaktion der (drei) Systeme" sich abspielen kann.

Studien und Versuche in der Praxis

Der wohl berühmteste Bericht über einen Schulversuch stammt aus der Feder eines vielgerühmten und wenig beachteten Pädagogen: **Johann Heinrich Pestalozzi: Stanser Brief. In: Pestalozzi über seine Anstalt in Stans.** Weinheim/Basel (Beltz) 1982. Unter widrigsten Umständen – als Protestant unter Katholiken und als Vertreter einer Regierung, die zuvor einen Aufstand der Bevölkerung brutal niederschlagen ließ – hat Pestalozzi vergeblich versucht, seinen Traum einer humanen Schul- und Lebensgemeinschaft in den engen Räumlichkeiten des Stanser Kapuzinerklosters zu verwirklichen. Anfänglich 50, später 80 verwahrloste Waisenkinder hat Pestalozzi zusammen mit einer Haushälterin während sechs Monaten Tag und Nacht betreut und in einem Schulzimmer von rund 60 Quadratmetern Fläche unterrichtet. Hier entwickelt er sein Programm einer sittlichen und geistigen Elementarbildung. Basis der schulischen Erziehung ist die reale Situation, in der Pestalozzi mit seinen Kindern zusammenlebt: „Keine künstlichen Hilfsmittel", das ist Pestalozzis Programm, „sondern bloß die die Kinder umgebende Natur, die täglichen Bedürfnisse und die immer rege Tätigkeit derselben" dürfen als Bildungsmittel benutzt werden. „Schulunterricht", der nicht „auf das ganze Leben der häuslichen Verhältnisse gebaut" ist, „führt ... zu einer künstlichen Verschrumpfungsmethode" (11). Lernen erfolgt in drei Stufen. Am Anfang steht eine „Gemütsstimmung", die dem gemeinsamen Erleben entspringt. Sie wird durch „Gewöhnung" und konsequentes Handeln befestigt und erst am Schluß durch „Nachdenken" begriffen. Interessant ist das Beispiel der Aufnahme von 20 Kindern, die durch den Brand von Altdorf obdachlos geworden sind. Am Anfang steht Pestalozzis Bericht über das Unglück, der bei seinen Kindern, die ja ein ähnliches Schicksal erlebt haben, heftige Emotionen auslöst. Jetzt konfrontiert Pestalozzi seine Kinder mit der Möglichkeit, 20 Schicksalsgefährten aus Altdorf in die Stanser Lebensgemeinschaft aufzunehmen. Dadurch wird das Gefühl des Mitleids auf die Probe gestellt: Die Kinder können nur aufgenommen werden, wenn alle bereit sind, sich noch mehr einzuschränken und noch mehr zu arbeiten. Auf dem Weg über diese Leistung erst, die Pestalozzi seinen Kindern zumutet, festigt sich das Mitleidsgefühl im Begriff der Hilfsbereitschaft und der Menschlichkeit. Diese Art von Begriffsbildung im Bereich des Sittlichen kann, so meinen wir, ohne weiteres auf den Bereich der Schulfächer übertragen werden, zu welchem Pestalozzi nur spärliche Ausführungen macht. Der Schulversuch wurde von der Regierung abgebrochen, weil die von Pestalozzi renovierten Räumlichkeiten für die Einrichtung eines Militärspitals benötigt wurden. Die Fortsetzung des

Versuchs wurde Pestalozzi verweigert: Das Waisenhaus wurde an einem andern Ort und unter anderer Leitung wieder eröffnet.

Rund 120 Jahre später – nach dem ersten Weltkrieg – begründet der französische Pirmarlehrer Célestin Freinet auf der Leitidee „durch Selbsttätigkeit zur Selbständigkeit" seine „Ecole moderne", die vor allem in Frankreich (von ca. 30 000 Lehrern), aber auch im deutschen Sprachraum von einer großen Zahl von Lehrkräften praktiziert wird. **Célestin Freinet: Pädagogische Texte mit Beispielen aus der praktischen Arbeit nach Freinet.** Hamburg (Rowohlt) 1980. Was Kinder selbst beobachten, erfahren und begreifen können, muß ihnen nicht dozierend beigebracht werden. Lernen heißt aktiv handeln, statt passiv rezipieren. Das Interesse der Kinder, die Welt zu entdecken und sich mitzuteilen, ist groß und damit natürlicher Antrieb genug, mehr Verantwortung für das eigene Lernen zu tragen. Wichtig ist dabei, daß geeignete Arbeitsmittel bereitstehen. Eine zentrale Rolle spielt das Verfassen und Drucken von Texten. Aus der sehr umfangreichen Literatur zu Freinet sollen im folgenden noch zwei Bücher vorgestellt werden, die den Erfahrungsberichten aus der Praxis breiten Raum gewähren und einen Einblick in zentrale Aspeke der Freinet-Pädagogik vermitteln.
Dietlinde Baillet: Freinet-praktisch. Beispiele und Berichte aus Grundschule und Sekundarstufe. Weinheim/Basel (Beltz) 1983. Das Erziehungsziel Freinets und die Konsequenzen für den Unterricht werden in der Einführung erörtert. Die Beispiele aus dem Schulalltag der Grundschule reichen vom Lesenlernen bis zum fächerübergreifenden Unterricht. Dieses Buch enthält auch Beispiele zu Sprachunterricht, Mathematik, Kunsterziehung und Physik auf der Sekundarstufe.
Roland Laun: Freinet – 50 Jahre danach. Dokumente und Berichte aus drei französischen Grundschulklassen. Heidelberg (bvb edition 28) 1982. Unter dem Titel „Das Konzept der Freinet-Pädagogik" werden auf gut 50 Seiten Freinets Leben und Wirken, seine Grundgedanken der Verknüpfung von Leben und (Schul-)Arbeit sowie fünf wesentliche Elemente seiner Pädagogik dargelegt. Es folgen drei ausführliche, gut strukturierte Klassenberichte, durch die ein lebendiges Bild des Schulalltags eingefangen und vermittelt wird.

Schulreformen gehen in der Regel von pädagogischen, lernpsychologischen und didaktischen Fragestellungen aus. Im Sog der Überlegungen, wie die vorgeschriebenen Unterrichtsstoffe noch besser präpariert und vermittelt werden könnten, fällt die Frage, wozu die Kinder diese Stoffe überhaupt brauchen und was sie hier und jetzt für sie bedeuten, leicht unter den Tisch. Pädagogen, so scheint es, trauen der Eigendynamik und der Wirkung unpräparierter Unterrichtsstoffe wenig zu. So erscheint der Stoff mehr als drückende Last denn als anregender Spielraum. Ein spektakuläres Gegenbeispiel stellt ein Schulversuch dar, der zwischen 1930 und 1935 im amerikanischen Bundesstaat New Hampshire durchgeführt und im Jahr 1988 durch eine Übersetzung von E. Ch. Wittmann im deutschen Sprachraum wieder bekannt gemacht worden ist. **L. P. Benezet: The Story of an Experiment Journal of National Education Association 24 (1935) und 25 (1936).** Deutsche Übersetzung von E. Ch. Wittmann: Die Geschichte eines Unterrichtsexperiments. In: Praxis der Naturwissenschaften. Sachunterricht und Mathematik in der Primarschule Nr. 8. Köln (Aulis Verlag Deubner) 1988. Auslöser des Experiments war der nüchterne Befund eines hochgestellten Schulaufsehers namens Frank D. Boynton im Jahre 1929. „Er stellte fest, daß fortlaufend neue Inhalte und Themen in die Lehrpläne aufgenommen werden sollen, daß aber niemand ernsthaft darüber nachdenkt, was gestrichen werden könnte." Er forderte seine Amtskollegen auf, Streichungsvorschläge zu machen. L. P. Benezet ließ sich durch diesen Auftrag herausfordern und antwortete: „Zunächst scheint es mir, daß wir in der Volksschule viel Zeit mit Dingen verschwenden, die ausgelassen oder verschoben werden könnten, bis die Kinder sie wirklich brauchen. Wenn es nach mir ginge, würde ich den FÖRMLICHEN RECHENUNTERRICHT in den ersten sechs Schuljahren streichen." Benezet zog auch gleich die Konsequenzen und setzte seine Vorschläge in seinem Schulkreis Manchester in die Tat um. In sechs Versuchsklassen wurde auf eine Vermittlung von Techniken zum Lesen, Rechnen und Schreiben verzichtet. Ins Zentrum des Unterrichts rückte stattdessen das „Berichten": Die Kinder wurden mit Problemen konfrontiert und aufgefordert, sprachlich ausgestaltete Lösungsvorschläge zu entwickeln. Das Resultat war verblüffend. Durch die SACHBEZOGENE SPRACH- UND DENKSCHULUNG war eine emotionale und kognitive Grundlage geschaffen worden, die es den Kindern ermöglichte, sich den gesamten algorithmischen Rechenstoff von acht Jahren in den letzten zwei Schuljahren (7. und 8. Klasse) mühelos anzueignen. Warum wurde der Versuch trotz dieses Erfolgs abgebrochen, warum geriet er in Vergessenheit? Wittmann gibt, gestützt auf Nachforschungen eines amerikanischen Kollegen, folgende Erklärung: Es waren die Eltern aus der sozialen Mittelklasse, die das Experiment stoppten. Sie waren „von diesem Unterrichtsstil" nicht zu überzeugen, weil er „ihre eigenen Kinder gegenüber den Einwandererkindern nicht mehr bevorzugte und auch ihrer eigenen Auffassung über Schule nicht entsprach".

Von der pädagogischen Aufbruchstimmung der sechziger und siebziger Jahre ist heute nicht mehr viel zu spüren. Die Zeit der großen Entwürfe ist vorbei. Reform in kleinen Schritten ist gefragt. Es ist kein Zufall, daß ein Reformprojekt, das sich mehr um Konkretisierung als um Verbreitung kümmert, Bestand gehabt hat: die Laborschule in Bielefeld. Für ihren Begründer, Hartmut von Hentig, spielt das Beobachten und Beschreiben von Unterricht eine zentrale Rolle. Basierend auf den Erfahrungen mit seiner Laborschule macht er sich Gedanken über das „Verhältnis von Pädagogik und Erziehungswissenschaft".

Hartmut von Hentig: Erkennen durch Handeln. Stuttgart (Klett) 1982. Als Wissenschaftler, der seine Theorien immer wieder in der Praxis des Unterrichtens erprobt, nimmt Hentig die Pädagogik gegenüber der ERZIEHUNGSWISSENSCHAFT in Schutz. Erfahrungswissen läßt sich zwar nie ganz von der Person lösen, die es entwickelt hat, aber es gewährt „Handlungssicherheit". Deshalb ermutigt er die Lehrer, über ihre Erfahrungen nachzudenken. Sie sollen sich nicht von der Erziehungswissenschaft bevormunden lassen, sondern ihr pädagogisches Handeln durch Beobachtung ihrer Schüler überprüfen und korrigieren. „Erkennen durch Handeln" ist Programm: Erfahrung muß wieder als Quelle der Erkenntnis genutzt werden. „Es müssen ... Verfahren entwickelt werden, die es Lehrern ermöglichen, unmittelbar aus ihrer eigenen Lage zu lernen, gleichsam wissenschaftlich auf ihre Erfolge und Schwierigkeiten zu reagieren." (17) Und an dieser Stelle ist die Pädagogik auf die Erziehungswissenschaft angewiesen: Diese unterzieht das Erfahrungswissen der notwendigen Kritik, überprüft es auf seine Erkenntnissicherheit und erforscht Bedingungen des pädagogischen Handelns. Zu diesem Zweck müssen die Forscher aber „zur Beobachtung ins Erziehungsfeld zurückkehren und zunächst wieder beschreiben lernen" (17).

In diesem Zusammenhang sei noch auf zwei Projekte hingewiesen, die das Schwergewicht auf das Beobachten und Reflektieren des eigenen kognitiven Handelns legen: Das Projekt *„Eigenständige Lerner"* an der Pädagogischen Hochschule St. Gallen steht unter Leitung von Erwin Beck; das Projekt *„Interdisziplinäre Zusammenarbeit Deutsch/Mathematik: Lernen auf eigenen Wegen"* wird von den Autoren dieses Buches geleitet und von der Pädagogischen Abteilung der Erziehungsdirektion Zürich getragen. Beide Projekte erstreckten sich über eine Versuchsdauer von zwei Jahren (1988-1990) und spielten sich im Rahmen des regulären Schulunterrichts ab. Ausgehend von Fragestellungen der pädagogischen Psychologie im Umkreis von Hans Aebli geht es im St. Galler Projekt um das Entwickeln von Strategien, mit deren Hilfe Schüler auf dem Weg zum eigenständigen Lernen unterstützt werden können. Ausgangspunkt des Zürcher Projekts sind die Unterrichtsstoffe und ihre Wirkungen auf Menschen. Untersucht werden Möglichkeiten des Aufbaus von Fachkompetenzen, die im Ich des Lernenden verwurzelt sind. In beiden Projekten spielen Lernprotokolle eine wichtige Rolle. Zwei Beispiele dazu sind in Zeitschriften publiziert worden. Peter Geering („Schweizer Schule" Nr. 2, 1989) zeigt am Beispiel der Wahrscheinlichkeitsrechnung und dem Lösen von Gleichungen, wie das „Mathematik-Journal" für Lehrerstudenten zur Grundlage des eigenständigen Lernens werden kann. Fredy Züllig („Primarschule Magazin" Nr. 2, 1988) illustriert am Thema Bruchrechnen, wie Schüler einer fünften Primarschulklasse ihre Fachkompetenz selbständig aufbauen, indem sie die individuellen „Spuren des Lernens" im Reisetagebuch dokumentieren. Beide Autoren machen deutlich, daß das Journal oder Reisetagebuch kein Reinheft ist, sondern ein Arbeits- und Kommunikationsinstrument, das Wege und Irrwege des Lernenden festhält und für den Lehrenden nachvollziehbar darstellt.
An dieser Stelle möchten wir Urs Vögeli von der

Schweizerischen Koordinationsstelle für Bildungsforschung danken für die Unterlagen zum St. Galler Projekt und für seine Literaturhinweise zu Freinet, Wagenschein und Beeler. Die **Schweizerische Koordinationsstelle für Bildungsforschung.** Francke-Gut, Entfelderstraße 61, CH-5000 Aarau, führt seit 1974 eine permanente Erhebung über Forschungs- und Entwicklungsprojekte in der Schweiz durch und stellt ihre zusammenfassenden Berichte interessierten Kreisen zur Verfügung. Was sich als Grundtenor ausmachen läßt, ist die Forderung, daß die Schule nicht primär neue Inhalte, sondern vordringlich eine Hinführung zum selbständigen Lernen, Denken und Handeln braucht. Wie das auf dem Gebiet des Sachunterrichts in der Primarschule aussehen könnte, zeigt **Armin Beeler: Selbst ist der Schüler.** Zug (Klett/Balmer) 1982.
In diesen Überlegungen und praktischen Vorschlägen zum Lernen lernen wird eine vierstufige Aufbauphase vorgeschlagen. Dabei wird angenommen, daß Selbsttätigkeit und Selbständigkeit wesentliche Lernmotive der Kinder sind, die gefördert und genutzt werden sollen. Es wird aber auch anerkannt, daß die Rolle des Lehrenden eine beachtliche Veränderung erfährt und daß gerade diese zu den größten Einstiegshemmungen führt, die es zu überwinden gilt.

Ein Unterricht, der sich auf die Eigenständigkeit der Lernenden konzentriert, verlangt von der Lehrperson nicht nur ein hohes Maß an Bereitschaft, sich auf die unterschiedlichsten Denk- und Handlungsweisen einzulassen, sie setzt auch ein fundiertes FACHWISSEN voraus. Und gerade hier fühlen sich viele Lehrer unsicher. Sie haben meist selber einen Unterricht erlebt, der sich auf die unpersönliche Vermittlung von Wissen und Techniken beschränkte, und stehen nun mit dem Auftrag, das angelernte Wissen persönlich zu durchdringen, allein und ziemlich hilflos da. Die gebräuchlichen Lehrbücher helfen hier wenig und lenken zudem in die falsche Richtung. Sie segmentieren den Lehrstoff im Blick auf eine schrittweise Vermittlung und verstellen so die Sicht aufs Ganze. Nötig wären Lehrbücher, die in der Art eines Lexikons die Themen der Schule zusammenhängend und in ihrer historischen Genese darstellen. Lehrbücher also, die sich nicht nur auf eine Klassenstufe beziehen und die von Lehrern und Schülern gleichermaßen benützt werden können. Ein Versuch in dieser Richtung findet sich in **Urs Ruf (Hrsg.): Rechtschreibunterricht. Konferenz der kantonalen Erziehungsdirektoren der Ostschweiz**. Zürich (Schweizerischer Lehrerverein) 1987. Das Buch richtet sich zwar an Lehrer und enthält Vorschläge für einen ganzheitlichen Rechtschreibunterricht, es kann aber auch von Schülern benützt werden. Das System der deutschen Orthographie wird durchschaubar gemacht als hierarchisch geordnetes Ganzes mit drei Ebenen: Prinzipien, Regeln, Einzelfestlegungen. Ein Rückblick in die Geschichte unseres Schriftsystems zeigt Möglichkeiten auf, wie Gesprochenes in Geschriebenes übersetzt werden kann, und erklärt die heutige Regelung als Produkt historisch bedingter Entscheidungen. Dabei werden interessante Parallelen zwischen den Stufen der Schriftgeschichte und der Entwicklung der Schreibfähigkeit der Schüler festgestellt. Solche Kenntnisse sind Voraussetzungen für einen Sprachunterricht, der die singulären Schülerleistungen sach- und stufengerecht zu würdigen und zu fördern vermag. Gegen einheitliche Lerngänge mit einem einheitlichen Lernprogramm wendet sich auch **Hans Brügelmann: Kinder auf dem Weg zur Schrift.** Konstanz (Faude) 1983. „Lesen und Schreiben sind nicht bloß Techniken im Umgang mit Schrift, sondern ein Teil der kindlichen Entwicklung und Weltdeutung ... Jeder muß seinen eigenen Weg finden.“ Was der Lehrer braucht, ist eine „Landkarte“, auf der „verschiedene Zugänge zur Schrift“ beschrieben sind. Brügelmann zeichnet sie differenziert und materialreich. Der Leser erfährt, was alles geschieht und geschehen kann, wenn Kinder den langen Weg zur Schrift unter die kleinen Füße nehmen. Auf dem gleichen Spracherfahrungsansatz basiert **Marion Bergk: Rechtschreiben-lernen von Anfang an. Kinder schreiben ihre ersten Lesetexte selber.** Frankfurt am Main 1987. Das Buch zeigt, wie Kinder in eigener Verantwortung schreiben lernen, indem sie eigene Texte auf- und ausbauen. Eine Fülle von konkreten Vorschlägen für den (Anfangs-)Unterricht werden verständlich und anschaulich dargestellt. Sie haben den Charakter von Kernideen und zielen auf ein umfassendes, stufenübergreifendes Schreibkonzept.

Ähnliches wie Hans Brügelmann und sein Kreis im Bereich des Spracherwerbs unternimmt Heinrich Bauersfeld mit seiner Forschergruppe im Bereich der Mathematikgenese. Es gehört zur Grundidee des konstruktivistischen Ansatzes, daß man Wissen nicht einfach vom Lehrer zum Schüler transportieren kann. Schlimmer noch: Eine Person kann ihr eigenes, gespeichertes Wissen nicht immer ohne weiteres abrufen. Immer ist da ein Sinnzusammenhang nötig, an den das Wissen gekoppelt ist und ohne den Wissen nicht erzeugt (konstruiert) werden kann. Individuell verschiedene, singuläre Welten sind also der Ausgangspunkt allen Lernens. Selbst innerhalb eines einzelnen Menschen können verschiedene singuläre Welten nebeneinander bestehen und sich konkurrenzieren. Die Kernideen dieser Welten müssen sich bewähren und treiben ihre Ausdifferenzierung voran. Die Arbeitsgruppe um Heinrich Bauersfeld am Institut der Didaktik der Mathematik (IDM) in Bielefeld hat solche Prozesse unter dem Begriff „subjektiver Erfahrungsbereich" studiert.

Heinrich Bauersfeld u.a.: Lernen und Lehren von Mathematik. Köln (Aulis Verlag Deubner) 1983. Bereits „für den Erstrechenunterricht" sind, so fordert Bauersfeld, „individuelle Lösungswege aufzunehmen und vergleichend zu diskutieren". Auch wenn sie zunächst „nicht den vom Lehrer angestrebten Normverfahren entsprechen", sind sie „wichtige Fundamente des Denkens und der alleinige Nährboden für neue Ideen ..." (53). Damit werden, wie Bauersfeld zu Recht betont, „besondere Ansprüche an das Sprachverstehen und an den Sprachgebrauch des Lehrers gestellt, die von der Lehrerausbildung bisher nicht thematisiert werden ... Will der Lehrer sinnvolle Hilfen geben, so werden als Voraussetzungen eine theoriegeleitete Aufmerksamkeit gefordert und eine erhebliche Zurückhaltung und Überprüfung von rasch sich einstellenden Deutungen des auffälligen Handelns der Kinder." (54) So wird verhindert, daß der Lehrer durch segmentierende Wissensvermittlung die SUBJEKTIVEN ERFAHRUNGSBEREICHE der Schüler überrollt und sie als Ausgangspunkt und Träger des Erkennens ausschaltet. Die Folgen wären verheerend. Das zeigt in kaum zu überbietender Schärfe ein erschütterndes Buch, das, aus dem Französischen übersetzt, kürzlich erschienen ist. **Stella Baruk: Wie alt ist der Kapitän?** Basel, Boston, Berlin (Birkhäuser) 1989. Die Autorin weist nach, wie die meisten Kinder durch den Mathematikunterricht zu Schaden kommen und schließlich bestenfalls als uneinsichtige „Automathen" (sic!) mit sinnleeren Zeichen hantieren. Sie bietet eine umfassende Diagnose der weitverbreiteten MATHEMATIKSCHÄDIGUNG aus der Sicht einer engagierten Mathematik-Therapeutin. Baruk zeigt mit aller Deutlichkeit, daß der Ausgangspunkt allen Unterrichts das je vorhandene Vorwissen des Schülers sein muß: Dem großen Einfluß Piagets auf die Pädagogen schiebt sie die Schuld zu, daß die Lehrer glauben, „daß man in ein Nichts hinein unterrichtet, daß man etwas aus einem Nichts heraus aufbauen muß". Baruk hat erfahren, daß die muttersprachlich erfaßte Welt Basis des Unterrichtens ist: „Die MUTTERSPRACHE ist das Reservoir sämtlicher Sinngarantien." (282) Sie folgert, daß es „außerhalb muttersprachlichen Verstehens keinen Zugang zum Wissen gibt" (355).
Nicht nur Mathematiklehrer sind herausgefordert durch diese erschreckende Bilanz des Mathematikunterrichts. Leider bietet Baruk nur spärliche Alternativen an, weil – wie sie meint – gewisse Grundfragen nach der Notwendigkeit und der Kultur der Mathematik noch unbeantwortet sind: „Und daher kann man nur eine Schlußfolgerung ziehen: daß man, zumal in der gegenwärtigen Situation, überhaupt nichts ändern darf, weil es nur ein weiteres Mal zu nichts führen würde." (354) Wir schätzen die Situation etwas weniger pessimistisch ein und glauben, daß die Arbeit mit Kernideen und Reisetagebuch einen gangbaren Ausweg aus dem Mißstand weist.

Mathematik in der Vorschau

Ist ein Forschungsgegenstand einmal geklärt, so wird er Bestandteil des Wissens. Aus der Vorschau auf eine spannende, aber unstrukturierte Frage wird in der Rückschau eine in übersichtliche Teilschritte gegliederte Antwort. Wer nun aber Lehrbücher und Didaktik aus der Perspektive der Rückschau aufbaut, der begeht die – nach Freudenthal treffend genannte – „antididaktische Inversion". Er setzt dem Schüler beispielsweise Mathematik als „Fertigprodukt" vor, anstatt diese in „statu nascendi" – eben aus der Vorschau-Perspektive – erleben zu lassen. Im didaktischen Standardwerk **Hans Freudenthal: Mathematik als pädagogische Aufgabe.** (2 Bände) Stuttgart (Klett) 1973 zieht Freudenthal mit vielen Lehrbüchern und Didaktikern scharf ins Gericht. Selbst die mathematisierende Theorie Piagets kommt nicht ungeschoren davon. Von der Genese des elementaren Zahlbegriffs bis zur Integralrechnung untersucht Freudenthal die Wege und Irrwege der Schule. Er macht dem Lehrer Mut, unabhängig von Lehrmitteln und Didaktiken den Stoff zuerst selbständig zu analysieren und mit den Schülern den Weg der genetischen, sokratischen und exemplarischen Methode (vgl. Wagenschein) zu beschreiten. Nicht „Algorithmen", „Schemata", „Taktiken" oder „Strategien" stehen am Anfang des Unterrichts, sondern „das Singuläre, das Individuelle, die Hapax Legomena, wie man im griechischen Sprachunterricht die seltenen Worte nennt, das heißt das, was nur einmal vorkommt" (Band 1, 136). – „Jeder, der Mathematik treibt", weiß „welch viel größere Rolle, verglichen mit den logisch-exakten Prozeduren, das Sich-einfühlen in einen Problemkreis in der Mathematik spielt" (Band 1, 110). Auf Grund solcher Überlegungen fordert Freudenthal die Lehrer auf, sich bei der methodisch-didaktischen Analyse eines Stoffgebiets an der Perspektive der Schüler zu orientieren und sich immer wieder zu fragen: „Welches ist die Bedeutung solchen Stoffes für sie?" (Band 1, 136)

In den sechziger Jahren haben sich die Stoffe des Mathematikunterrichts unter dem Einfluß der sogenannten „Neuen Mathematik" stark zu wandeln begonnen. Herausgefordert von diesem Umbruch stellt **Kurt Strunz: Der neue Mathematikunterricht in pädagogisch-psychologischer Sicht.** Heidelberg (Quelle/Meyer) 1971 zunächst eine Übersicht über die zentralen Themen des Mathematikunterrichts zusammen. Strunz weist nach, daß „die heutige formalisierte Mathematik auch in Lebensgebieten erfolgreich sein kann, deren Mathematisierung früher nicht in Frage kam" (178). Trotz dieser Bereicherung auf der thematischen Seite der Mathematik warnt der auf wohldosierte Mittelwege bedachte Autor unermüdlich vor den Gefahren eines formaldozierenden Unterrichtsstils. Unter dem Titel „Das produktive Denken, Esprit und Gründlichkeit; die Pflege der Kreativität als zentrale pädagogische Aufgabe" faßt Strunz eindrücklich zusammen, wie der individuelle Weg zu einer (mathematischen) Erkenntnis von einem singulären Impuls – einer Kernidee – ausgeht und in sprachlich gefaßter Form ihren Abschluß findet. Besonders wichtig ist dabei der Aufbau einer beziehungsreichen und sinngeladenen Problemlandschaft: „Im Gedankenspiel, in einer mehr gelockerten Einstellung empfängt man das Geschenk der Problemlösung." (236) Solch ein Unterricht erfordert einen „guten Lehrer", den Strunz folgendermaßen charakterisiert: „Seine Aufmerksamkeit richtet sich ... vor allem ... auf die Art und Weise, wie der mathematische Gegenstand im Bewußtsein der Schüler lebendig ist, was davon gemerkt wird, was in ihm zum Bildungsbesitz geworden ist bzw. überhaupt werden kann." (64) Wer sich für eine aktuelle Literaturliste zum Thema Mathematikdidaktik interessiert, sei auf das gut lesbare Buch **Heinz Jörg Claus: Einführung in die Didaktik der Mathematik.** Darmstadt (Wissenschaftliche Buchgesellschaft) 1989 verwiesen. Claus gibt eine Übersicht über die Entwicklung der Didaktik der Mathematik und räumt schließlich allen modischen Strömungen und allen methodischen Schwierigkeiten zum Trotz dem genetischen Mathematikunterricht die größten Erfolgschancen ein. Beachtenswert zudem ein Zitat von F. A. W. Diesterweg (1790-1846): „Die Einsichten, die Wissenschaften sind dem Lernenden nicht zu geben, sondern er ist zu veranlassen, daß er sie finde, sich selbsttätig ihrer bemächtige. Diese Lehrmethode ist die beste, die schwierigste, die seltenste." (184) Alt ist also die Erkenntnis, daß die individuelle und singuläre Vor- und nicht die normierte und reguläre Rückschau auf Mathematik der Ausgangspunkt des Unterrichts ist.

Weitaus konsequenter und kompromißloser verfolgt der Mathematiker und Physiker Martin Wagenschein (1896-1988) diese Lehrmethode. Er setzt das Verstehen von zentralen Phänomenen vor das Anhäufen von oberflächlichem und angelerntem Wissen ohne kognitive Verankerung. Verstehen ist für ihn ein Prozeß der Aneignung, der vom Wahrnehmen, Staunen und Fragen zum Beschreiben, Anwenden und (formalisierten) Erfassen führt. Deshalb muß der Lehrgang des Verstehens durch drei Elemente gekennzeichnet sein: 1. Der Lehrgang ist genetisch, das heißt im eigentlichen Sinne pädagogisch, weil er mit dem Werden von Menschen und dem Aufbau von Wissen zu tun hat. 2. Er bedient sich der sokratischen Methode, weil der Dialog die geistigen Kräfte am wirksamsten entwickelt und stärkt. 3. Er richtet sich nach dem exemplarischen Prinzip und beschränkt sich auf bzw. vertieft sich in Schlüsselphänomene und -fragen (Kernideen), zu deren Verständnis Zeit und Raum notwendig gewährt werden müssen. Deshalb fordert Wagenschein auf der

Ebene der Unterrichtsorganisation die Einführung des Epochenunterrichts. Der kleine Band **Martin Wagenschein: Verstehen lehren.** Weinheim/ Basel (Beltz) 1968 enthält drei Vorträge. Darin entwickelt Wagenschein seine Theorie des genetischen, sokratischen und exemplarischen Lehrens. Da er seinen Ansatz mit Phänomenen oder an Lerngegenständen konkretisiert, bleiben die Aussagen nicht graue Theorie, sondern sind nachvollziehbar. **Martin Wagenschein: Naturphänomene sehen und verstehen. Genetische Lehrgänge.** Stuttgart (Klett) 1980. Diese Sammlung von Texten aus der Feder von Wagenschein deckt den Zeitraum von 1950 bis in die siebziger Jahre ab. Sie führen den Leser mit zahlreichen „Exempeln" an das Konzept des genetischen Lehrens heran. Thematisch werden Naturphänomene wie das Licht, der Magnet, das Fallgesetz aufgegriffen. Am Beispiel der Himmelskunde wird ausführlich dargestellt, wie sokratisches, exemplarisches und genetisches Lehren in der Praxis realisiert werden kann.

Singuläre Welten spielen eine zentrale Rolle beim Lernen. Ohne sie gäbe es keine Vorschau auf noch unbekannte Sachgebiete. Das Interesse für singuläre Welten beschränkt sich natürlich nicht nur auf die Schule. Ohne Zuwendung zu singulären Welten gäbe es weder Kunst noch Wissenschaft. Das zeigt auf eine spezielle Weise die folgende Gruppe von Büchern. Obwohl die meisten keineswegs für die Schule geschrieben worden sind, können Schüler und Lehrer von ihnen profitieren.

Singuläre Welten oder Die Kunst, sachgerechte Spiele zu erfinden

„Was du ererbt von deinen Vätern hast, erwirb es, um es zu besitzen." In diesen zwei Zeilen bringt Goethe die Grundbewegung des Lernens auf den Begriff: In welcher Form ein Mensch das in seiner Zeit verfügbare Wissen auch immer antrifft, er kommt nicht darum herum, es von Grund auf neu aufzubauen und es mit seinen eigenen Erfahrungen zu durchdringen. Es ist lebenswichtig für den Lernenden, daß er von Zeit zu Zeit Bilanz zieht und das, was er kann und weiß, im begrenzten Horizont seiner singulären Welt spielerisch verknüpft und zu einem vorläufigen Ganzen zusammenfügt. Aus solchen spielerischen Experimenten entstehen Denk- und Handlungsräume, die in den meisten Fällen kurzlebig und nur für ihren Erfinder von Bedeutung sind. Es gibt allerdings Ausnahmen. **Albert Einstein: Über die Spezielle und Allgemeine Relativitätstheorie (gemeinverständlich).** Braunschweig (Vieweg) 1960. Einstein erklärt seine epochemachende Entdeckung mit Hilfe von bildhaften Gedankenmodellen. Das Bild vom vorbeifahrenden Zug und vom Bahndamm, von denen aus Blitze vermessen werden, ist von andern Physikern abgewandelt und der menschlichen Erfahrung zugänglicher gemacht worden. Max Born zum Beispiel spricht in seinem Buch **Max Born: Die Relativitätstheorie Einsteins.** Berlin/ Heidelberg/New York (Springer) 1969 von Frachtkähnen, die sich im Nebel mit Hilfe von Schallsignalen verständigen. G. Gamov macht noch mehr Konzessionen an die menschliche Erfahrungsmöglichkeit. **George Gamov: Mr. Tompkins' seltsame Reise durch Kosmos und Mikrokosmos.** Braunschweig/Wiesbaden (Vieweg) 1980. Gamov reduziert die Lichtgeschwindigkeit, eine zentrale Größe der Relativitätstheorie, auf etwa 16 Kilometer pro Stunde. Jetzt kann bereits ein Radfahrer die dramatischen Auswirkungen der Verflechtung von Raum- und Zeitdimension am eigenen Leib erfahren. Das Erfinden solcher Gedankenmodelle ist für das Begreifen abstrakter Zusammenhänge unerläßlich. Wie leistungsfähig bereits einfache Gedankenmodelle sind, haben wir im Modell mit den Halbkugeln aus Holz (Szene 10) oder sehr ausführlich im Gondelmodell (Seite 182 ff.) nachgewiesen. Je besser es gelingt, die Struktur des abstrakten Zusammenhangs im begrenzten Horizont eines Handlungsraums einzufangen und der Anschauung zugänglich zu machen, desto sachgerechtere Erfahrungen ermöglicht es dem Benützer. Ein brillantes Beispiel dafür liefert **Douglas R. Hofstadter: Gödel, Escher, Bach – ein Endloses Geflochtenes Band.** Stuttgart (Klett) 1985. Indem Hofstadter den Mathematiker Gödel, den Maler Escher und den Musiker Bach in vielfältige Dialoge verwickelt, werden nicht nur drei geniale singuläre Welten sichtbar, diese erhellen sich auch gegenseitig. Einfache und leicht durchschaubare Spielregeln kennzeichnen die verschiedenen „Szenen" in Hofstadters reichhaltigem Buch über Mathematik. Durch sie wird es dem Leser möglich, die tiefschürfenden mathematischen Aussagen Gödels nicht nur nachzuvollziehen, sondern auch mit Prinzipien der Kunst – wie zum Beispiel dem der Unendlichkeit oder des Selbstbezugs – zu vergleichen. Hofstadter offeriert mit seinen äußerst sachgerechten Spielen eine reiche Palette von Handlungsräumen, in denen der Leser unversehens die Identität des „Homo ludens" mit dem „Homo mathematicus" erfährt.

Viele Menschen können im Mathematikunterricht allerdings nicht die spielerische Muße erleben, zu der uns Hofstadter einlädt. Wenn eigenständiges Aufgabenlösen immer nur im Hinblick auf Prüfungen gefordert und geleistet wird, verbindet sich Mathematik letztlich unlösbar mit der Vorstellung von Angst und Zeitdruck. Das konkretisiert sich im Gefühl, eine Aufgabe müsse schon gelöst sein, bevor sie gelesen ist. Diesem hektischen und unproduktiven Verhalten wollen wir diametral entgegensteuern. Einen Versuch, den Lösungsvorgang bei mathematischen Problemen durch mußevolles Einleben zu verlangsamen, haben wir in unserem Buch **Peter Gallin/Urs Ruf: Neu entdeckte Rätselwelt.** Zürich (Silva Verlag) 1981 unternommen. Der Leser muß sich die Aufgabenstellung anhand einer recht ausführlich beschriebenen, alltäglichen Begebenheit zuerst sorgfältig erarbeiten, bevor er überhaupt ans Lösen denken kann. Viele Berufsmathematiker haben uns vorgeworfen, daß solche Umwege stören, weil sie das Mathematische verschleiern. Fachleute ziehen möglichst kurz und abstrakt formulierte Aufgaben vor. Dabei übersehen sie, daß Laien sich in eine mathematische Welt nur einleben können, wenn der Lösungsprozeß zunächst stark verlangsamt wird. Wer glaubt, man könne mathematisches Denken und Handeln anhand von perfekt und kurz formulierten Aufgaben lernen, verwechselt Lernen mit Prüfen. Wie unzweckmäßig das ist, kann man sich ausmalen, wenn man sich Sportlehrer vorstellt, die ihre Schützlinge stets nur unter Wettkampfbedingungen trainieren lassen.

Singuläre Welten zu kleinen mathematischen Themen können sehr beachtlichen Umfang annehmen. Das demonstriert eindrücklich **Rune Mields: 2^{64}-1. Die Schachlegende vom Weizenkorn.** Köln (DuMont) 1980.
Die Zahl $2^{64} - 1 = 18446744073709551615$ ist Anlaß für ein ganzes Buch. Nur die ersten 13 Seiten tragen Text; auf den restlichen 130 Seiten des Buches baut Mields ausschließlich mit Bildern eine möglichst konkret faßbare Vorstellung der riesigen Zahl von Weizenkörnern auf, die der Erfinder des Schachspiels angeblich von seinem Auftraggeber als Lohn forderte. Wenn ein mathematisches Phänomen eine Person dazu bewegt, sich schreibend oder zeichnend zu äußern, so ist das ein untrügliches Zeichen dafür, daß sie eine singuläre Welt aufbaut, in die der neue Sachverhalt integriert und in der er verstanden wird. Das ist die Haupttätigkeit, die wir ins Zentrum des Mathematikunterrichts stellen wollen.

Wahrscheinlich hat niemand so konsequent die Idee verfolgt, eine Mathematik-Welt für Kinder zu konstruieren, wie **Seymour Papert: Mindstorms: Kinder, Computer und neues Lernen.** Basel (Birkhäuser) 1982. Obwohl Paperts Erziehungstheorie von Didaktikern scharf kritisiert wird, darf ihm doch zugute gehalten werden, daß er im Bereich der Computererziehung ganz wesentliche Gesichtspunkte und Impulse eingebracht hat. Gewiß lernen die Kinder mit seiner „Schildkrötengeometrie" nicht die ganze Mathematik. Auch ist der „Dialog" mit der Maschine ein sehr kümmerlicher. Aber allemal sind die Erlebnisse, die Schüler im Umgang mit dem Programmieren einer Maschine machen, Ausgangspunkt und Anlaß, mit Lehrern und Kameraden ein sachbezogenes Gespräch zu führen. Wir haben selbst die Erfahrung gemacht, daß aus vorerst singulären Computerinteressen schließlich reguläre Mathematikkenntnisse entstehen können. Dies bekräftigt auch Bruners Mitarbeiterin Patricia M. Greenfield in „Minds and Media: The Effects of Television, Video Games and Computers", London 1984, wenn sie sagt: „Computer beschleunigen die kognitive Entwicklung, unterstützen Selbständigkeit und Selbstorganisation."

Doch nicht nur die Mathematik verlockt zur spielerischen Ausgestaltung singulärer Welten, auch mit der Sprache kann man spielen. Wie bereits ein Druckfehler – Gückl statt Glück – zum Keim einer Geschichte werden kann, zeigt **Franz Hohler: Sprachspiele.** Zürich (Schweizerisches Jugendschriftenwerk) 1979. „Sprache ist das schönste, leichteste und billigste Spielzeug." Man kann Sätze verfremden, indem man Wörter wegläßt oder Buchstaben mit einer ansteckenden Krankheit einfügt.

Man kann mit Wörtern reisen, Verbote verulken, Landschaften erfinden, Leben erfinden, Sprachen erfinden. Bei Hohlers Sprachspielen können schon Schulanfänger mitmachen. Eine Fülle von elementaren Sprachspielen findet sich auch bei **Hans Manz: Worte kann man drehen.** Weinheim/Basel (Beltz/Gelberg) 1985. Dieses „Sprachbuch für Kinder" macht von den vielfältigen Möglichkeiten der konkreten Poesie Gebrauch und ist aus der Praxis des Unterrichtens heraus entstanden. Es möchte „eine ganz neue Sprachlehre" anregen, in der neue Fachgebiete wie „Honigsprache, Stausprache, Seufzersprache, Bissensprache, Podestsprache, Echowandsprache, Verfolgungssprache, Versteckspräche" vorkommen. Dieser neue „Sprachunterricht würde zuallererst, vor aller Wortschatzerweiterung, Syntax, Grammatik, Poetik und Orthographie bewußt machen, daß Laute, Sätze und Wörter ein lebensbestimmendes, lebensgefährdendes, lebenserhaltendes Instrumentarium sind" (137 f.). Das wohl umfassendste Sprachspielbuch stammt von einem ostdeutschen Schriftsteller und ist ursprünglich in „Der Kinderbuchverlag Berlin/DDR 1978" erschienen. **Franz Fühmann: Die dampfenden Hälse der Pferde im Turm von Babel.** Frauenfeld (Huber) 1981. Dieses „Sprachbuch voll Spielsachen" und „Spielbuch in Sachen Sprache" ist auch ein „Sachbuch der Sprachspiele". Fünf Kinder entdecken bei „regelrecht ekelerregendem Regenwetter" die Welt der Sprache. Sprachgeister wie Küslübürtün und Schopenhauer begleiten sie auf einer Reise durch Laute und Schriftzeichen, durch Formen und Bedeutungen, durch Textsorten der Kunst und des Alltags weit zurück bis zu den Anfängen der Sprache und der Kultur. Ein reiches Wissen über Sprache und Dichtung wird in spielerischen Formen exemplarisch entfaltet. Eine Fülle von Spielideen regt zum eigenen Forschen und Entdecken an. Eine ähnliche Wirkung geht aus von **Andreas Thalmayr: Das Wasserzeichen der Poesie.** Nördlingen (Greno) 1985. Es geht, wie der Untertitel sagt, um „Die Kunst und das Vergnügen, Gedichte zu lesen". Diese Kunst und ihr Handwerk werden bereits im Inhaltsverzeichnis in der Art von Kernideen vorgestellt. In neun Hauptstücken führt **Hans Magnus Enzensberger** in ein „höchst verwickeltes Spiel" ein, wie es „Dichter und ihre Leser" immer schon „trieben". Er versteckt sich nicht nur hinter dem Pseudonym Thalmayr, sondern taucht da und dort unter diesem oder jenem Namen auf, greift ein, verfremdet, verfälscht, verspottet, zerstört und streut eigene Texte ein. Unversehens geht ein Gedicht eines bekannten Autors in Brüche, und ein anderes, vielgelesenes, erscheint in neuem Glanz. Aber der Leser soll mitspielen; und er kann sich nicht entziehen. Vielleicht beginnt es damit, daß sich Zweifel regen, wenn man unter einem Gedicht den Namen Goethe liest. Echt oder gefälscht? Mit solchen Fragen beginnen die Kunst und das Vergnügen des Lesens. Die Unverwechselbarkeit eines echten Kunstwerks wird erfahrbar erst, wenn man sich VARIANTEN denkt: In der Landschaft, die durch die Menge aller Varianten gebildet wird, erweist sich die Qualität der künstlerischen Leistung. Die Fähigkeit, sich zu einem festen Wert – einem Gedicht, einer Skulptur oder gar einer Berechnung – Varianten zu denken, die Fähigkeit, um ein isoliertes Objekt herum eine umfassende Landschaft aufzubauen, die Fähigkeit, das Objekt als Optimalwert einer Funktion zu erkennen, ist grundlegend für sprachliches, künstlerisches und mathematisches Tun.

Peter Gallin
geboren 1946 in St. Moritz (Schweiz), besuchte das Lyceum Alpinum in Zuoz. Es folgte ein Studium der theoretischen Physik an der ETH in Zürich mit Diplomabschluß. Anschließend war Peter Gallin zwei Jahre Assistent und bildete sich gleichzeitig zum Gymnasiallehrer für Mathematik und Physik weiter. Seine Dissertation befaßt sich mit der n-dimensionalen Geometrie. Seit 1973 ist er Lehrer an der Kantonsschule Zürcher Oberland und seit 1985 Lehrbeauftragter für Fachdidaktik der Mathematik an der Universität Zürich.
Adresse: Tüfenbach 176, CH-8494 Bauma
Telefon (+41) (0)52 386 12 33

Urs Ruf
geboren 1945 in Olten (Schweiz), studierte nach dem Primarlehrerdiplom Pädagogik, Germanistik und Psychologie. Er verfaßte eine Dissertation zum Thema „Franz Kafka – Das Dilemma der Söhne". Seit 1972 ist er Lehrer für Deutsch und Philosophie an der Kantonsschule Zürcher Oberland und seit 1982 Lehrbeauftragter für Deutschdidaktik an der Universität Zürich.
Adresse: Glärnischstraße 19, CH-8344 Bäretswil
Telefon (+41) (0)1 939 17 53

Seit 1980 sind die beiden Autoren gemeinsam in der Weiterbildung der Gymnasial- und Volksschullehrer tätig. Sie haben sich zum Thema Sprache und Mathematik in mehreren Publikationen geäußert. Die in diesem Buch skizzierten Vorschläge für eine relativistische Pädagogik sind im Rahmen eines Entwicklungsprojekts der Erziehungsdirektion Zürich in verschiedenen Schulklassen erprobt worden. Die Ergebnisse wurden in den Jahren 1990 und 1991 zusammengetragen und ausgewertet. Gestützt auf diese Ergebnisse haben die beiden Autoren ihr pädagogisches Konzept in den Jahren 1991 bis 1998 weiterentwickelt, mit den erforderlichen didaktischen und methodischen Instrumenten ausgestattet und publiziert in: Urs Ruf/Peter Gallin: Dialogisches Lernen in Sprache und Mathematik. Band 1: Austausch unter Ungleichen. Grundzüge einer interaktiven und fächerübergreifenden Didaktik. Band 2: Spuren legen, Spuren lesen. Unterricht mit Kernideen und Reisetagebüchern. Seelze (Kallmeyer) 1998.